斯尔教育
SINCERE EDU

中级会计实务

会计专业技术中级资格考试辅导用书·冲刺飞越
（全 2 册·上册）

斯尔教育　组编

北京理工大学出版社
BEIJING INSTITUTE OF TECHNOLOGY PRESS

·北京·

图书在版编目（CIP）数据

冲刺飞越. 中级会计实务 : 全2册 / 斯尔教育组编.
北京 : 北京理工大学出版社, 2024. 6.
(会计专业技术中级资格考试辅导用书).
ISBN 978-7-5763-4247-5

Ⅰ.F23

中国国家版本馆CIP数据核字第20243AN662号

责任编辑： 多海鹏   **文案编辑：** 多海鹏
责任校对： 周瑞红   **责任印制：** 边心超

出版发行 / 北京理工大学出版社有限责任公司

社　　址 / 北京市丰台区四合庄路6号

邮　　编 / 100070

电　　话 / （010）68944451（大众售后服务热线）

　　　　　（010）68912824（大众售后服务热线）

网　　址 / http://www.bitpress.com.cn

版 印 次 / 2024年6月第1版第1次印刷

印　　刷 / 三河市中晟雅豪印务有限公司

开　　本 / 787 mm×1092 mm　1/16

印　　张 / 18.75

字　　数 / 280千字

定　　价 / 41.30元（全2册）

同学们好，中级会计冲刺阶段真的来了，考试离我们越来越近了，可能你已经完成了基础阶段的复习，抑或是复习进入瓶颈期。无论你们是哪种情况，都不要轻言放弃，你们要明白一个道理，能够走进考场则有50%的概率通过考试，而不参加考试则是100%无法通过考试。学习不易，且需要长期坚持，你们都很棒，已经坚持到最后，就差"临门一脚"了。在最后冲刺阶段如果能够科学、高效地复习，还是有很大希望能够实现"逆袭"的。

接下来，我和你们说说如何在冲刺阶段高效复习。

第一，必须完课。

无论你有何种理由，请记住，绝大多数考试成为"分母"的同学都是因为没有完课，即基础班还没有学完。因此，我奉劝同学们一定要克服困难，必须把基础班的课学完，最好也能把配套的《只做好题》做完。

第二，切莫大意。

很多同学认为学完基础班就是万事大吉，更有甚者学习了两遍。但是，我想说的是，无论你基础班学习几遍，请一定要记住我下面的话："你离60分还有很长的距离"。如何解决呢？

首先，大部分同学有可能是基础不牢，想着靠冲刺突击，抑或是在冲刺阶段懈怠了，因此，同学们从心态上不能"轻敌"，不要认为题目都做过了，课也都听完了就万事大吉。这段时间你需要分析你属于哪种情况，如果是基础不牢，需要补课；如果是懈怠的，请你"保温"。

其次，这段时间也是针对之前的错题进行第二轮练习的绝佳时间。

最后，如果你是去年"失利"的考生，请一定要利用好这段时间，总结去年失败的经验，不断地将自己薄弱的知识在此时完成"加固"，切记不可在这段时间松懈。

第三，坚持到底。

冲刺阶段非常难熬，有时你会感觉什么都会，而大部分时间你会自我否定，感觉什么都不会了，自己学个"寂寞"。我想告诉同学们的是，这是绝大多数同学们的状况，你可以把它理解为考前焦虑症。既然我们知道了病因，接下来就需要对症下药。来吧，同学们，你的"灵丹妙药"就是本书。

接下来，同学们应该如何高效使用这本书呢？首先，每一记基本都会有配套的飞越必刷题，都这个时候了，这些题目是你必须做且要100%掌握的；其次，对于涉及"通关绿卡"的部分，一定要认真对待，这不是专业知识点，而是你答题的策略，它是你在考场上的"参谋"；涉及"记忆口诀"的部分，则是帮你快速记忆的捷径。最后，需要背记的知识点，辛苦你一定要背下来，这部分内容不多，请放心背。

　　第四，调整身体。

　　正所谓"身体是革命的本钱"，最后这段时间一定要把自己的身体保护好，注意劳逸结合，切不可连续熬大夜，更不要听信任何伪科学的谣言。同学们注意及时补充蛋白质，保证适当的睡眠。临近考前一定要身心愉悦，切不可自暴自弃。你就想，大不了明年再和刘老师见上一面，看看老了一岁的刘老师有啥变化！

　　最后，诚挚地祝福我们的同学们，逢考必过！

比你们还着急的老师：

2024年6月

本书按3个模块进行拆分，以便帮助同学在复习时建立框架感，更好应对中级会计实务考试的综合性题目。同时，为了提升同学们的解题能力，还特地设置了应试攻略专栏，本专栏主要帮助同学们整理考试中的常考点及"雷区"，以便在今年考场上发挥得更加游刃有余。

以下是飞越必刷题做题的建议：

第一，合理规划做题时间，提升做题效率。

为了提升复习效率，建议大家能够按照模块学习88记篇内容，同时按照模块完成相应题目。额外要提醒同学们的是，不要盲目为了提升做题效率和速度而忽略了对知识的消化吸收，正确的复习思路应该是先夯实基础知识，然后再通过题目强化，特别是针对多选题，每个选项对错的原因都要做到了如指掌。

第二，应试攻略。

该专栏是精心为同学们设计的内容。本专栏主要告诉同学们考查频率、考查方式以及潜在的黑马考点，因此，遇到该专栏时，同学们务必要能够按照专栏所述内容，对照88记篇的内容，把相关考点再进行强化。特别是不清楚章节重点，盲目做一些偏题、怪题、难题的同学们，务必要仔细阅读专栏内容，以及时纠正自己复习时出现的偏差。

第三，高亮标记背记内容。

快考试了，哪些需要背？这是这个阶段广大考生共同的心声。虽然中级会计实务查背记的内容不多，但是近两年对理论表述题目的考查频率有所上升，而理论表述属于大多数同学的短板。因此，我们在【斯尔解析】以下划线的方式标注了哪些内容在做题之后，还需要进一步背记，以提高知识点掌握程度、专业表述能力以及适应语境的阅读能力。同时，针对主观题我也将采分点进行标注，以便同学们更清楚各类题目的重点所在。

第四，相信相信的力量。

同学们，我能够深刻体会到你们现在的焦灼与紧张，但是我想对你们说的是，有些困难，咬一咬牙就过去了；有一些你以为的高山，过去以后其实就是一个小土坡。在你几近崩溃的时候，给自己一个发泄的机会，但要尽快调整自己，因为，中级会计考试，除了考查你的专业能力，还在考查你的心理素质。越早突破瓶颈期，你就会离及格线更近一步！相信自己，你可以！

最后，希望同学们能够认真对待飞越阶段的题目，认真对待考试，认真对待自己！

期待你们及格的老师：

2024年6月

目　录

88 记篇

第二模块
性价比很高

飞越必刷题篇

命题角度	记忆口诀	页数
选择属于会计人员职业道德或注册会计师职业道德的内容	"坚守"	3
根据资料选择属于非货币性资产交换且执行非货币性资产交换准则的内容	"四舍五入"	37
根据经济业务判断暂时性差异的类型	"资账小计可抵扣"	71

88 记篇

性价比极高

● 根据历年真题统计，考题中大概有50%的分值在基础知识，因此，在考试时比拼的不是难题谁会做，而是基础知识谁能不丢分，基础知识本身难度低，且考核方式也简单，同学们在冲刺阶段切不可丢了西瓜捡芝麻，不然，在考场上你一定会后悔！

基础不牢，地动山摇！

第 1 记 〔1分〕〔记〕 夯实基础知识

飞越必刷题：1、2、35

558 1-1

（一）会计职业道德

（1）坚持诚信，守法奉公。

（2）坚持准则，守责敬业。

（3）坚持学习，守正创新。

◀ ◀ ◀ **记忆口诀**

命题角度： 选择属于会计人员职业道德或注册会计师职业道德的内容。

会计人员职业道德口诀为"坚守"。

（二）会计法规体系

体系	内容
会计法律	是指导会计工作的最高准则，主要会计法律包括《会计法》和《中华人民共和国注册会计师法》
会计行政法规	由国务院制定并发布，或者国务院有关部门拟定并经国务院批准发布，主要包括《总会计师条例》和《企业财务会计报告条例》
会计部门规章	由国家主管会计工作的行政部门即财政部以及其他相关部委根据法律和国务院的行政法规、决定、命令制定的规章制度，主要包括《会计基础工作规范》《企业会计准则——基本准则》《政府会计准则——基本准则》《会计人员管理办法》《会计档案管理办法》《代理记账管理办法》和《会计专业技术人员继续教育规定》
会计规范性文件	除会计行政法规以及部门规章外，由国务院财政部门依照法定权限、程序制定并公开发布，涉及公民、法人和其他组织权利义务，具有普遍约束力，在一定期限内反复适用的公文，通常以财会字文件印发

（三）会计信息质量要求

主要包括可靠性、相关性、可理解性、可比性、实质重于形式、重要性、谨慎性和及时性等。

◀ ◀ ◀ **通关绿卡**

命题角度：选项中给定具体业务进行会计信息质量要求的判断。

（1）同学们需要注意，如果考试中出现"指鹿为马"的现象，一般就是实质重于形式要求的体现，易错易考点包括分期付款购买固定资产、具有重大融资成分的收入确认、附有追索权的票据贴现等。

（2）重要性要求企业在进行会计处理时"抓大放小"，"大"和"小"需要从金额和性质两个角度判断，易考点包括前期重大的会计差错需要进行追溯重述等。

（3）所有资产计提减值准备均体现谨慎性，预计负债的确认本身也是谨慎性的体现。

（4）及时性要求既不能"迟到"，也不能"早退"。

（5）可比性一般考核会计政策前后期间保持一致。

第 2 记 **1分** **存货初始计量**

飞越必刷题：3、36

（一）外购存货的入账成本

外购存货的入账成本=购买价款（包含运输途中合理损耗）+相关税费+运费+装卸费+保险费+入库前挑选整理费等

（二）采购过程中的损耗处理

（1）合理损耗部分无须单独处理，不影响存货总成本，但是由于入库数量减少，故会导致单位成本上升。

（2）非合理损耗部分不构成外购存货成本，应暂作为待处理财产损溢进行核算，查明原因后再作处理。

（三）外购存货的特殊说明

存货采购入库后发生的储存费用，应在发生时计入当期损益。但是，在生产过程中为达到下一个生产阶段所必需的仓储费用应计入存货成本。

◀◀◀ 通关绿卡

命题角度：根据经济业务计算外购存货的入账成本。

此类题目重点在于哪些计入存货成本，哪些不计入存货成本，总结如下：

存货成本	项目
计入	(1) 存货的采购成本。 (2) 进口关税、进口消费税以及不能抵扣的增值税的进项税额。 (3) 在生产过程中为达到下一个生产阶段所必需的仓储费。 (4) 生产过程中发生的正常的材料费、人工费以及机器设备的折旧费。 (5) 季节性的停工损失等
不计入	(1) 非正常消耗的直接材料、直接人工和制造费用，例如，超定额的废品损失等。 (2) 采购入库后发生的储存费用（在生产过程中为达到下一个生产阶段所必需的仓储费用除外）。 (3) 不能归属于使存货达到目前场所和状态的其他支出，例如，采购人员差旅费等

第3记 `2分` **存货期末计量**

飞越必刷题：4、37、135

（一）计量原则

（1）资产负债表日，存货应当按照成本与可变现净值孰低计量。存货成本高于其可变现净值的，应当计提存货跌价准备，计入当期损益。会计分录为：

借：资产减值损失

　　贷：存货跌价准备

需要说明的是，存货成本高于可变现净值的差额是存货跌价准备科目的期末余额，未必是当期计提的金额，如果期初存货跌价准备科目有余额，则需要分析当期应计提或转回的金额。

（2）当减值因素消失，原计提的存货跌价准备应转回。会计分录为：

借：存货跌价准备

　　贷：资产减值损失

（3）已计提存货跌价准备的存货出售，对应的存货跌价准备应一并结转。会计分录为：

借：主营业务成本、存货跌价准备

　　贷：库存商品

（二）存货可变现净值的计算

存货类别	可变现净值计算
库存商品	库存商品估计售价–销售商品预计的销售税费
生产产品用原材料	生产产品估计售价–进一步加工成本–销售产品预计的销售税费
对外销售用原材料	原材料估计售价–销售原材料预计的销售税费

通关绿卡

命题角度1：计算存货期末应计提的存货跌价准备金额。

此类题目分以下两种情况：

第一，直接对外出售的商品，此时需要注意是否存在部分签订合同、部分未签订合同的情况，如果有，应视为两批存货。对于没有减值的存货无须计提存货跌价准备，发生减值的存货需要计提存货跌价准备，切记不能将有合同部分和没有合同部分的计算结果合并。

第二，生产用原材料，此时需要注意题目中可能会有原材料的估计售价，因该材料是用于生产产品的，所以，原材料的估计售价是给你挖的坑，要避开。同学们需要按以下步骤计算。第一步，需要计算产品是否发生减值，如果产品没有发生减值，无须计提原材料的存货跌价准备。第二步，根据产品的估计售价倒算原材料的可变现净值，从而计算应计提的存货跌价准备。

此外，如果题目仅要求计算应计提的存货跌价准备金额，而选项中均为正数且没有零，生产用原材料存货跌价准备计算时可以省略第一步，直接从第二步开始计算。

命题角度2：计算存货期末账面价值或资产负债表中应列示的金额。

此类题目关键还是计算存货跌价准备，在资产负债表中填列的应当是存货的账面价值，即存货成本减存货跌价准备后的净额。

第4记 固定资产的确认和初始计量 `2分`

飞越必刷题：5、38、69、126

（一）固定资产的确认

固定资产在确认时需要关注的内容包括：

（1）企业由于安全或环保要求购入的环保设备和安全设备应确认为固定资产。

（2）工业企业所持有的备品备件和维修设备等资产通常确认为存货，但符合固定资产定义和确认条件的，应确认为固定资产。

（3）固定资产的各组成部分具有不同使用寿命或者以不同方式为企业提供经济利益，适用不同折旧率或折旧方法的，应当分别将各组成部分确认为单项固定资产。

（二）初始计量

1.购入不需要安装的固定资产

入账成本=买价+装卸费+运输费+相关税费+保险费+专业人员服务费等

需要说明的是，专业人员培训费不构成固定资产入账成本，在发生时应计入当期损益。

2.购入需要安装的固定资产

需要安装的固定资产，通过"在建工程"科目核算，待达到预定可使用状态时再转入"固定资产"。安装过程中领用存货的会计分录为：

借：在建工程

  贷：库存商品、原材料等

3.外购固定资产的其他情形

以一笔款项购入多项没有单独标价的固定资产，应当按照各项固定资产的公允价值比例对总成本进行分配，分别确定各项固定资产的成本。

4.自营方式建造固定资产

企业通过自营方式建造的固定资产，其入账价值应当按照该项资产达到预定可使用状态前所发生的必要支出确定，包括工程物资成本、人工成本、相关税费、应予资本化的借款费用以及应分摊的间接费用等。会计分录如下表所示：

业务	会计分录
购入工程物资时	借：工程物资 应交税费——应交增值税（进项税额） 贷：银行存款等
领用工程物资时	借：在建工程 贷：工程物资
支付其他工程费用时	借：在建工程 贷：银行存款

续表

业务	会计分录
计提工程人员工资薪金时	借：在建工程 　　贷：应付职工薪酬
领用本企业产品或外购原材料时	借：在建工程 　　贷：库存商品、原材料（成本价）
符合资本化条件利息资本化时	借：在建工程 　　贷：长期借款——应计利息
工程完工达到预定可使用状态时	借：固定资产 　　贷：在建工程

5.试运行的会计处理

企业将固定资产达到预定可使用状态前或者研发过程中产出的产品或副产品对外销售的，应对试运行销售相关的收入和成本分别进行会计处理，计入当期损益。

6.存在弃置费用的固定资产

弃置费用的金额与其现值的差额通常较大，需要考虑货币时间价值，企业应当按照弃置费用的现值计入相关固定资产成本，同时确认预计负债。在固定资产的使用寿命内，按照预计负债的摊余成本和实际利率计算确定的利息费用应在发生时计入财务费用。会计分录如下表所示：

经济业务	会计分录
将弃置费用现值计入固定资产成本时	借：固定资产 　　贷：预计负债（弃置费用现值）
每期按实际利率计提预计负债利息时	借：财务费用等 　　贷：预计负债（期初摊余成本×实际利率）

◀ ◀ ◀ **通关绿卡**

命题角度：判断与固定资产相关经济事项的会计处理是否正确。

此类题目主要考查的是对固定资产相关规定的判断，此部分易错易混知识点总结如下：

（1）总体原则是，使固定资产达到预定可使用状态前发生的一切合理必要支出构成固定资产入账成本。

（2）为未来支付的费用不计入固定资产入账成本，例如，未来的维修费、车辆的交强险等。

（3）自行建造的固定资产涉及土地使用权的，土地使用权价值不计入在建工程，其摊销金额满足资本化条件的需要计入在建工程成本。

第 5 记 [2分] 固定资产的后续计量和处置

飞越必刷题：6、39、126

（一）固定资产折旧

（1）除以下情况外，企业应对所有固定资产计提折旧：

①已提足折旧仍继续使用的固定资产。

②按照规定单独计价作为固定资产入账的土地。

③更新改造期间的固定资产。

④划分为持有待售的固定资产。

⑤提前报废的固定资产。

（2）固定资产应当按月计提折旧，当月增加的固定资产，当月不计提折旧，从下月起计提折旧；当月减少的固定资产，当月仍计提折旧，从下月起停止计提折旧。

需要说明的是，因进行大修理而停用的固定资产，正常计提折旧，计提的折旧额应计入相关资产的成本或当期损益。

（3）已达到预定可使用状态但尚未办理竣工决算的固定资产，应当按照暂估价值确认为固定资产，并计提折旧，待办理了竣工决算手续后，再按实际成本调整原来的暂估价值，但不需要调整原已计提的折旧额（会计估计变更采用未来适用法）。

（4）固定资产折旧方法包括年限平均法、工作量法、双倍余额递减法和年数总和法等。固定资产的折旧方法一经确定，不得随意变更。企业应当根据与固定资产有关的经济利益的预期消耗方式，合理选择固定资产折旧方法，但是，不得以包括使用固定资产在内的经济活动所产生的收入为基础进行折旧。

固定资产折旧的会计分录为：

借：制造费用（生产部门用固定资产折旧）

　　管理费用（行政部门用、闲置或尚未使用固定资产折旧）

　　销售费用（销售部门用固定资产折旧）

　　在建工程（用于工程建造固定资产折旧）

　　研发支出（用于研发固定资产折旧）

　　其他业务成本（经营出租固定资产折旧）

　贷：累计折旧

（5）企业至少应当于每年年度终了，对固定资产的使用寿命、预计净残值和折旧方法进行复核。固定资产使用寿命、预计净残值和折旧方法的改变应当作为会计估计变更。

通关绿卡

命题角度：根据资料计算固定资产当期应计提折旧的金额。

此部分要求同学们掌握各种固定资产的折旧方法，特别需要注意的是，当月增加（即使是1日），当月无须计提折旧，从次月起计提折旧；当月减少（即使是1日），当月正常计提折旧，从次月起停止计提折旧。再有，如果是双倍余额递减法和年数总和法计提折旧，请关注折旧年度是否与会计年度一致，如果不一致，需要将折旧年度分摊到所需要计算的会计年度。

（二）固定资产后续支出

1.资本化后续支出

（1）相关固定资产的账面价值转入在建工程，并停止计提折旧，固定资产发生的可资本化的后续支出，应通过"在建工程"科目核算，考试中一般常见的资本化后续支出关键词包括"更新改造""改扩建""改良支出"等。会计分录为：

借：在建工程、累计折旧、固定资产减值准备

　　贷：固定资产

借：在建工程

　　贷：银行存款等

（2）企业发生的固定资产后续支出可能涉及替换原固定资产的某组成部分，应将被替换部分的账面价值从"在建工程"科目中扣除。会计分录为：

借：原材料、营业外支出

　　贷：在建工程

（3）工程完工，达到预定可使用状态，将"在建工程"转入"固定资产"。会计分录为：

借：固定资产

　　贷：在建工程

2.费用化后续支出

（1）与存货的生产和加工相关的固定资产的修理费用按照存货成本原则进行处理，即相关支出计入制造费用。

（2）行政管理部门等发生的固定资产修理费用等后续支出计入管理费用。

（3）企业专设销售机构的，其发生的与专设销售机构相关的固定资产修理费用等后续支出计入销售费用。

（三）固定资产处置

当固定资产处于处置状态（出售、转让、报废、对外投资等），或该固定资产预期通过使用或处置不能产生经济利益时，应终止确认。具体会计处理如下表所示：

经济业务		会计分录
结转固定资产账面价值		借：固定资产清理 　　累计折旧 　　固定资产减值准备 贷：固定资产
发生清理费用等支出		借：固定资产清理 贷：银行存款等
存在残料变价（入库） 及保险公司或责任人赔偿		借：银行存款（残料变价） 　　原材料（残料入库） 　　其他应收款（保险公司或责任人赔偿） 贷：固定资产清理
出售或处置收入		借：银行存款 贷：固定资产清理
结转固定资产清理	因出售、转让等原因产生的固定资产处置利得或损失	借或贷：固定资产清理 贷或借：资产处置损益
	因自然灾害或非常损失发生毁损等原因而报废清理产生的利得或损失	借：固定资产清理 贷：营业外收入（利得） 借：营业外支出（损失） 贷：固定资产清理

通关绿卡

命题角度：根据经济业务针对固定资产处置做出相关的会计处理。

此处客观题和主观题均会涉及，如果涉及客观题，处置固定资产是否影响企业营业利润，需要分清是什么原因，如果是自然灾害或非常损失等原因报废而产生的净损益是不影响营业利润的（关键词是"报废"）；若为其他情况，如出售或用于对外投资，则会影响营业利润。主观题则需要同学们准确编制上述会计分录。同时，需要说明的是，以固定资产进行交换、重组、投资均会涉及固定资产清理相关会计处理，其比照上述规定进行会计核算。

第 6 记 [1分] 无形资产的确认和初始计量

飞越必刷题：7、40、41、127

558 1-6

（一）无形资产确认

无形资产，是指企业拥有或者控制的没有实物形态的可辨认的非货币性资产。

商誉与企业整体相关，其不具有可辨认性，不属于无形资产，商誉通常在个别报表中不确认（吸收合并除外），在合并报表中予以确认。

（二）初始计量

1.外购无形资产的成本

外购无形资产成本=购买价款+相关税费+直接归属于使该项资产达到预定用途所发生的其他支出

2.其他方式取得无形资产的成本

（1）购买无形资产的价款超过正常信用条件延期支付，实质上具有融资性质的，无形资产的成本以购买价款的现值为基础确定。实际支付的价款与购买价款的现值之间的差额，除按照准则规定应予资本化的以外，应当在信用期间内计入当期损益。

（2）内部研发形成的无形资产会计核算如下表所示：

阶段		会计处理
研究阶段		借：研发支出——费用化支出 　　贷：银行存款等 借：管理费用 　　贷：研发支出——费用化支出
开发阶段	不满足 资本化条件	
	满足 资本化条件	借：研发支出——资本化支出 　　贷：银行存款等 借：无形资产 　　贷：研发支出——资本化支出

需要说明的是，企业委托外单位进行研发的，如果委托方承担一切风险，并对研发结果拥有所有权的，比照自行研发进行会计处理（实质上为研发劳务外包的自主开发）。如果委托方仅就受托方研发后的成果支付研发费，并且针对研发结果拥有所有权的，视同外购无形资产进行会计处理。

通关绿卡

命题角度：根据经济业务判断企业内部研发无形资产的会计表述是否正确。

此类题目有三点需要同学们注意：

第一，研究阶段支出一律费用化。

第二，开发阶段支出只有在满足资本化条件时才能资本化，并不是进入开发阶段后，所有支出均资本化。

第三，无法区分研究阶段和开发阶段支出的，根据谨慎性原则一律费用化。

3.土地使用权的会计处理

性质	分类
(1) 已出租的土地使用权。 (2) 持有并准备增值后转让的土地使用权	投资性房地产
房地产开发企业用于建造对外出售的土地使用权，或建造商品房使用的土地使用权	存货
企业外购房屋建筑物所支付的价款中包括土地使用权和地上建筑物价值	(1) 建筑物和土地使用权价值可以合理分配的，分别作为固定资产和无形资产。 (2) 建筑物和土地使用权价值无法合理分配的，全部作为固定资产
其他土地使用权	无形资产

通关绿卡

命题角度：关于土地使用权的会计处理是否正确。

此类题目需要关注以下三点问题：

第一，土地使用权用于建造厂房等自行使用的地上建筑物时，相关的土地使用权账面价值不转入在建工程成本，土地使用权与地上建筑物分别计提摊销和折旧。

第二，房地产开发企业取得的土地使用权用于建造对外出售的房屋建筑物，相关的土地使用权应当计入所建造的房屋建筑物成本。

第三，土地使用权专门用于新厂房建设，在建设过程中，占用了该无形资产并且消耗了其一部分的经济利益，土地使用权的摊销费用应构成新厂房在建工程成本的一部分，应计入在建工程成本，而不应当直接计入当期损益。考试中，还应当关注在建工程建设活动开始的时点、非正常中断以及达到预定可使用状态的时点，以确定摊销是否属于厂房正常建设期间的在建工程成本。

第7记 [1分] 无形资产的后续计量和处置

飞越必刷题：41、42、127

（一）无形资产摊销

（1）确定无形资产摊销年限时，一般为孰短原则。例如，法律保护10年，合同约定8年，按8年摊销；法律保护9年，合同约定10年，按9年摊销。会计分录为：

借：制造费用（用于产品的生产）

管理费用（自用的一般无形资产）

其他业务成本（出租的无形资产）

贷：累计摊销

（2）无法合理确定无形资产为企业带来经济利益的期限的，应将该无形资产作为使用寿命不确定的无形资产，使用寿命不确定的无形资产无须摊销，但应当在每个会计期间进行减值测试。如经减值测试表明已发生减值，需要计提相应的减值准备。无形资产减值准备一经计提，在其持有期间不得转回。会计分录为：

借：资产减值损失

贷：无形资产减值准备

（3）无法可靠确定其预期经济利益消耗方式的（知道使用寿命），应当采用直线法摊销。

（4）企业通常不应以包括使用无形资产在内的经济活动所产生的收入为基础进行摊销，但是，下列极其有限的情况除外：

①企业根据合同约定确定无形资产固有的根本性限制条款，当该条款为因使用无形资产而应取得的固定的收入总额时，取得的收入可以成为摊销的合理基础。

②有确凿的证据表明收入的金额和无形资产经济利益的消耗是高度相关的。

企业采用车流量法对高速公路经营权进行摊销的，不属于以包括使用无形资产在内的经济活动产生的收入为基础的摊销方法。同时，此处考点需要各位考生与固定资产对比复习，固定资产是绝对不能以收入为基础进行折旧的，而无形资产此处开了个"小口子"。

（二）无形资产的处置

经济业务	会计分录
出售无形资产	借：银行存款等 累计摊销 无形资产减值准备 贷：无形资产 差额：资产处置损益
出租无形资产	借：其他业务成本等 贷：累计摊销

续表

经济业务	会计分录
报废无形资产	借：营业外支出 　　累计摊销 　　无形资产减值准备 贷：无形资产

◀ ◀ ◀ **通关绿卡**

命题角度1：根据资料计算当年无形资产的摊销金额。

需要注意的是，并非所有的无形资产都摊销，使用寿命不确定的无形资产不摊销，但需要定期进行减值测试。使用寿命有限的无形资产在取得当月开始摊销（即使是31日），减少当月停止摊销（即使是31日）。

命题角度2：关于无形资产的后续计量会计处理的正误判断。

此类题目属于对基础知识点的考核，重点提示以下三点问题：

第一，使用寿命不确定的无形资产无须计提摊销。

第二，使用寿命有限的无形资产取得当月开始摊销，减少当月停止摊销。

第三，无形资产出售净损益计入资产处置损益，无形资产报废净损失计入营业外支出。

第8记 1分 投资性房地产的范围和计量

飞越必刷题：8、43、44、128

558 1-8

（一）投资性房地产的范围

范围	说明
已出租的土地使用权	企业通过出让或转让方式取得的、以经营租赁方式出租的土地使用权
持有并准备增值后转让的土地使用权	按照国家有关规定认定的闲置土地，不属于投资性房地产

续表

范围	说明
已出租的建筑物	（1）以经营租赁方式租入再转租的建筑物不属于投资性房地产。 （2）企业持有以备经营出租的空置建筑物或在建建筑物，如董事会或类似机构作出书面决议，明确表明将其用于经营出租且持有意图短期内不再发生变化的，即使尚未签订租赁协议，也应视为投资性房地产。"空置建筑物"是指企业新购入、自行建造或开发完工但尚未使用的建筑物，以及不再用于日常生产经营活动且经整理后达到可经营出租状态的建筑物。 （3）企业将建筑物出租，按租赁协议向承租人提供的相关辅助服务在整个协议中不重大的，应当将该建筑物确认为投资性房地产

◀ ◀ ◀ **通关绿卡**

命题角度：对相关资产是否构成投资性房地产作出判断，同时，结合租赁进行考核。

需要同学们掌握以下不属于投资性房地产的常见情形：

（1）自用房地产：为生产商品、提供劳务或者经营管理而持有的房地产。例如，企业拥有并自行经营的旅店或饭店、企业自用的办公楼、企业持有的准备建造办公楼等建筑物的土地使用权等。

（2）作为存货的房地产：房地产开发企业在正常经营过程中销售的或为销售而正在开发的商品房和土地。例如，房地产开发企业开发的商品房、房地产企业持有准备增值后出售的商品房等。

（二）后续计量

（1）投资性房地产后续计量可以选择成本模式或公允价值模式。但是，同一企业只能采用一种模式对其所有的投资性房地产进行后续计量。具体会计处理如下表所示：

内容	成本模式	公允价值模式
收租金	借：银行存款等 　贷：其他业务收入	
计提折旧（摊销）	借：其他业务成本 　贷：投资性房地产累计折旧（摊销）	—
计提减值准备	借：资产减值损失 　贷：投资性房地产减值准备 在持有期间计提减值准备不得转回	—

续表

内容	成本模式	公允价值模式
按公允价值调整	—	借或贷：投资性房地产——公允价值变动 贷或借：公允价值变动损益
发生费用化支出	借：其他业务成本 贷：银行存款等	

（2）后续计量模式的变更。

已采用成本模式计量的投资性房地产满足条件可以变更为公允价值模式计量（会计政策变更），但采用公允价值模式计量的投资性房地产不得变更为成本模式计量。

会计分录为：

借：投资性房地产——成本（变更日公允价值）

投资性房地产累计折旧（摊销）（原房地产已计提的折旧或摊销）

投资性房地产减值准备（原房地产已计提的减值准备）

递延所得税资产（账面价值＜计税基础）

贷：投资性房地产（原值）

递延所得税负债（账面价值＞计税基础）

差额：盈余公积、利润分配——未分配利润

◀ ◀ ◀ 通关绿卡

命题角度1：根据资料计算投资性房地产后续计量模式变更对期初留存收益的影响金额。

影响期初留存收益的金额=（变更日投资性房地产公允价值–原投资性房地产账面价值）×（1–所得税税率）

命题角度2：根据资料计算投资性房地产后续计量模式变更对期初未分配利润（或盈余公积）的影响金额。

影响期初未分配利润的金额=（变更日投资性房地产公允价值–原投资性房地产账面价值）×（1–所得税税率）×90%

影响期初盈余公积的金额=（变更日投资性房地产公允价值–原投资性房地产账面价值）×（1–所得税税率）×10%

第 9 记 [2分] 投资性房地产的转换和处置

飞越必刷题：45、46、47、128

（一）成本模式下投资性房地产的转换

成本模式下，房地产转换后的入账价值为转换前相关资产的账面价值。固定（无形）资产转为投资性房地产的特点为"对转"，都是一一对应的关系。存货转为投资性房地产是将账面价值进行结转。会计分录如下表所示：

情形	自有（用）资产→投资性房地产	投资性房地产→自有（用）资产
会计分录	借：投资性房地产（原资产的账面原值） 累计折旧（摊销） 固定资产（无形资产）减值准备 贷：固定资产（无形资产） 投资性房地产累计折旧（摊销） 投资性房地产减值准备	借：固定资产（无形资产）（原资产的账面原值） 投资性房地产累计折旧（摊销） 投资性房地产减值准备 贷：投资性房地产 累计折旧（摊销） 固定资产（无形资产）减值准备

（二）公允价值模式下投资性房地产的转换

（1）非投资性房地产转为采用公允价值模式计量的投资性房地产，应按转换日房地产的公允价值计量，公允价值与原资产账面价值的差额处理如下：

①公允价值＞账面价值：差额计入其他综合收益。

②公允价值＜账面价值：差额计入公允价值变动损益。

（2）采用公允价值模式计量的投资性房地产转为非投资性房地产，应按转换日房地产的公允价值计量，公允价值与其账面价值的差额计入公允价值变动损益。

通关绿卡

命题角度：根据相关资料判断投资性房地产转换会计处理是否正确。

此部分最容易与投资性房地产后续计量模式的变更混淆，所以同学们在做题时一定要重点关注是后续计量模式的变更（成本模式计量的投资性房地产→公允价值模式计量的投资性房地产），还是投资性房地产的转换（固定资产等→投资性房地产），前者是会计政策变更，差额计入留存收益，后者需要区分是非投资性房地产转投资性房地产，还是投资性房地产转非投资性房地产。此处易错易混点请参考下列总结：

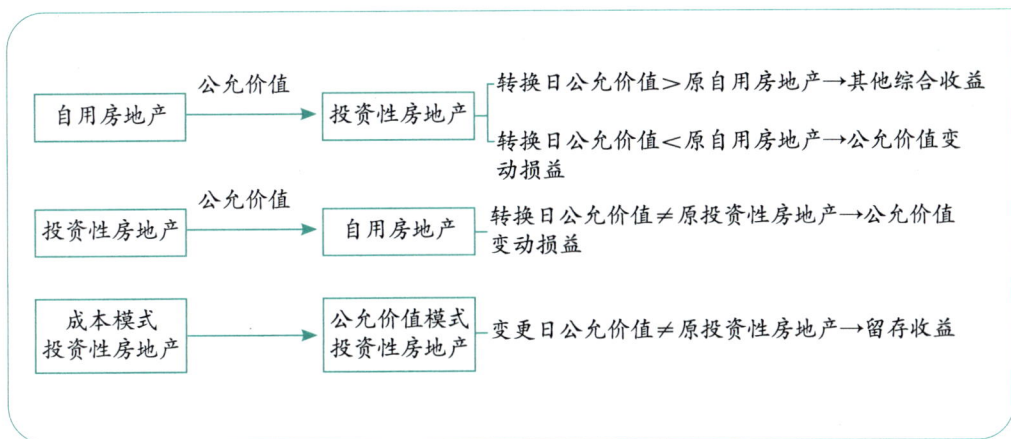

自用房地产 —公允价值→ 投资性房地产
- 转换日公允价值＞原自用房地产→其他综合收益
- 转换日公允价值＜原自用房地产→公允价值变动损益

投资性房地产 —公允价值→ 自用房地产
- 转换日公允价值≠原投资性房地产→公允价值变动损益

成本模式投资性房地产 → 公允价值模式投资性房地产
- 变更日公允价值≠原投资性房地产→留存收益

（三）处置

内容	成本模式	公允价值模式
确认收入	借：银行存款 　　贷：其他业务收入 　　　　应交税费——应交增值税（销项税额）	
结转成本	借：其他业务成本 　　投资性房地产累计折旧（摊销） 　　投资性房地产减值准备 　　贷：投资性房地产	借：其他业务成本 　　贷：投资性房地产——成本 　　　　　　　　　——公允价值变动 借或贷：公允价值变动损益 　　贷或借：其他业务成本 借：其他综合收益 　　贷：其他业务成本

◀◀◀ 通关绿卡

命题角度：投资性房地产后续计量模式变更与其转换的辨析。

　　此类题目很多同学因不认真审题导致错误，需要看清楚是后续计量模式的变更还是转换。如果是后续计量模式的变更，原投资性房地产以账面价值与变更日公允价值的差额调整留存收益（不考虑所得税时）；如果是自用资产或存货转为公允价值模式进行后续计量的投资性房地产，转换日原资产账面价值小于其公允价值的差额计入其他综合收益，相反计入公允价值变动损益。

第 10 记 ^{2分} 资产（组）减值范围和会计处理

飞越必刷题：9、126、127、129

（一）资产减值总结

相关资产减值总结如下表所示：

适用准则	资产、负债	是否考虑减值	会计处理	是否可以转回
资产减值	固定资产（含在建工程和工程物资）、无形资产、以成本模式计量的投资性房地产、商誉、长期股权投资、使用权资产	✓	借：资产减值损失 贷：××资产减值准备	×
存货	原材料/库存商品等	✓	借：资产减值损失 贷：存货跌价准备	✓
收入	合同资产	✓	借：资产减值损失 贷：合同资产减值准备	✓
金融工具确认和计量	应收款项/债权投资	✓	借：信用减值损失 贷：坏账准备 债权投资减值准备	✓
	其他债权投资	✓	借：信用减值损失 贷：其他综合收益	✓
	交易性金融资产/其他权益工具投资	×	—	—
投资性房地产	以公允价值模式计量的投资性房地产	×	—	—
持有待售的资产、处置组及终止经营	持有待售资产、处置组	✓	借：资产减值损失 贷：持有待售资产减值准备	✓
所得税会计	递延所得税资产	✓	借：所得税费用 贷：递延所得税资产	✓

◀ ◀ ◀ **通关绿卡**

命题角度：根据具体经济业务分析判断计提减值准备后是否可以转回。

此类题目的原则为，属于资产减值准则规范的资产计提减值准备后，在相关资产持有期间不得转回，其他准则规范的资产计提减值准备后，满足条件可以转回。

（二）资产组的认定及减值处理

1.资产组的认定

应当以资产组产生的主要现金流入是否独立于其他资产或者资产组的现金流入为依据。同时，还应当考虑企业管理层对生产经营活动的管理或者监控方式（如按照生产线、业务种类还是或按照地区或者区域等）和对资产的持续使用或者处置的决策方式等。

2.资产组减值的会计处理

减值损失金额应当按照下列顺序进行分摊：

（1）首先，抵减分摊至资产组中商誉的账面价值。

（2）然后，根据资产组中除商誉之外的其他各项资产的账面价值所占比重，按比例抵减其他各项资产的账面价值。抵减后各资产的账面价值不得低于以下三者之中的最高者：

①该资产的公允价值减去处置费用后的净额（如可确定的）。

②该资产预计未来现金流量的现值（如可确定的）。

③零。

因此而导致的未能分摊的减值损失金额，应当按照相关资产组中其他各项资产的账面价值所占比重继续进行分摊。

◀ ◀ ◀ **通关绿卡**

命题角度：根据资料计算资产组应计提减值准备的金额。

此类题目考核方式有两种，其一，对资产组的认定，然后对资产组计提减值准备。其二，直接给定资产组，然后对资产组计提减值准备。无论是哪种方式，计算资产组减值时均需要考虑是否包含商誉，如果包含商誉，需要将整个资产组减值金额冲减商誉的账面价值，剩余部分在资产组中单项资产进行分摊。需要说明的是，如果资产组中单项资产给定可收回金额，则单项资产分摊减值损失后的金额不应低于其可收回金额。

第11记 [1分] 总部资产减值的会计处理

飞越必刷题：46

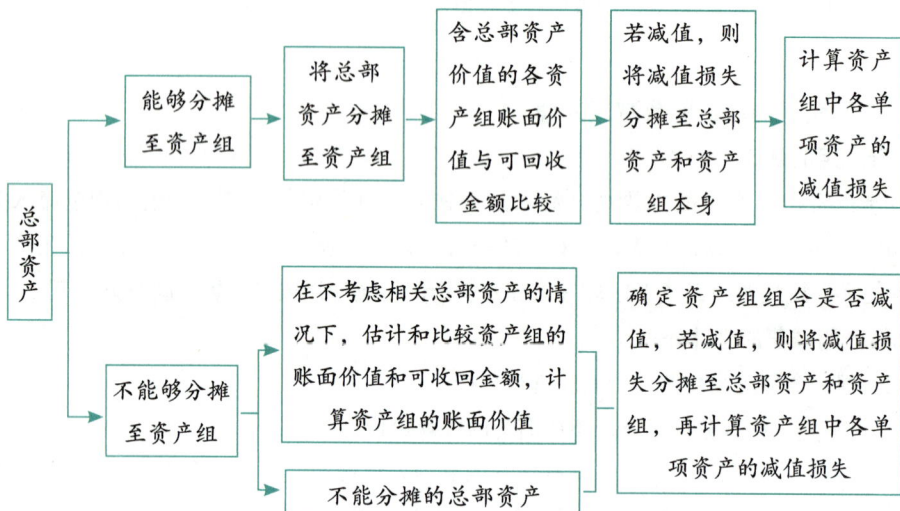

第12记 [1分] 职工薪酬的确认和计量原则

飞越必刷题：10、47

（一）职工薪酬的确认

职工薪酬包括短期薪酬、离职后福利、辞退福利和其他长期职工福利。

（1）企业提供给职工配偶、子女、受赡养人，以及已故员工遗属和其他受益人等的福利，也属于职工薪酬。

（2）短期薪酬中不包括养老保险金和失业保险金，其属于离职后福利中设定提存计划。

（3）支付职工报销的差旅费不属于职工薪酬，为职工代垫的款项不属于职工薪酬。

（二）职工薪酬的计量原则

企业应当根据职工提供的服务情况和工资标准计算应计入职工薪酬的工资总额，按照受益对象计入当期损益或相关资产成本（辞退福利除外）。会计分录为：

借：生产成本（生产车间工人薪酬）

制造费用（生产车间管理人员薪酬）

管理费用（行政部门人员薪酬）

销售费用（销售部门人员薪酬）

研发支出（从事研发活动人员的薪酬）

在建工程（从事工程建设人员的薪酬）

贷：应付职工薪酬

▶ ◀ ◀ ◀   **通关绿卡**

命题角度：根据经济业务判断是否属于职工薪酬。

此类题目请关注不属于职工薪酬的项目。例如，支付职工差旅费、支付职工借款等。

第13记 2分 **职工薪酬的会计核算**

飞越必刷题：11、12、48

（一）货币短期薪酬的确认与计量

企业应当根据职工提供的服务情况和工资标准计算应计入职工薪酬的工资总额，按照受益对象计入当期损益或相关资产成本。

（1）短期带薪缺勤。

①累积带薪缺勤，企业应当在职工提供服务从而增加了其未来享有的带薪缺勤权利时，确认与累积带薪缺勤相关的职工薪酬，并以累积未行使权利而增加的预期支付金额计量。

②非累积带薪缺勤，企业应当在职工实际发生缺勤的会计期间确认与非累积带薪缺勤相关的职工薪酬。通常情况下，与非累积带薪缺勤相关的职工薪酬已经包括在企业每期向职工发放的工资等薪酬中，因此，不必额外做相应的账务处理。

（2）短期利润分享计划。

短期利润分享计划属于职工薪酬，所以在计提时根据受益对象计入成本或费用，而不能做利润分配的会计处理。

（二）非货币性职工福利的确认和计量

企业为职工提供非货币性福利的计量应以商品的公允价值确定相关的职工薪酬，公允价值不能可靠取得的，可以采用成本计量。

（1）自产产品提供职工福利的会计分录为：

借：应付职工薪酬
　　贷：主营业务收入、应交税费——应交增值税（销项税额）
借：主营业务成本
　　贷：库存商品

（2）外购商品提供职工福利的会计分录为：

借：应付职工薪酬
　　贷：库存商品、应交税费——应交增值税（进项税额转出）

需要说明的是，如果外购库存商品时未抵扣增值税进项税额，此时无须做进项税额转出处理。

命题角度：根据经济业务对非货币性职工福利进行确认和计量。

总体原则应按非货币性资产的公允价值计量职工薪酬，具体需要看题目中的条件。

（1）将自产的产品用于职工福利，按产品的公允价值（售价）确认职工薪酬。

（2）将外购的商品用于职工福利，按商品的公允价值（购买价格，需要看题目中是否给定增值税，则如果有增值税，则此公允价值中包括增值税）确认职工薪酬。

（三）离职后福利的确认与计量

企业应当将离职后福利计划分类为设定提存计划和设定受益计划两种类型。其中，设定提存计划的风险（精算风险和投资风险）实质上要由职工来承担，设定受益计划的风险（精算风险和投资风险）实质上由企业来承担。

命题角度：设定受益计划发生的各项支出是否影响损益。

设定受益计划支出包括计入当期损益的部分和其他综合收益的部分，具体总结如下：

（1）设定受益计划净负债或净资产计入其他综合收益的包括：精算利得和损失。计划资产回报，扣除包括在设定受益计划净负债或净资产的利息净额中的金额。资产上限影响的变动，扣除包括在设定受益计划净负债或净资产的利息净额中的金额。

（2）设定受益计划净负债或净资产计入当期损益的包括：当期服务成本、过去服务成本、结算利得和损失、设定受益计划净负债或净资产的利息净额。

（四）辞退福利的确认与计量

企业向职工提供辞退福利的，应当在企业不能单方面撤回因解除劳动关系计划或裁减建议所提供的辞退福利时，企业确认涉及支付辞退福利的重组相关的成本或费用时两者孰早日，确认辞退福利产生的职工薪酬负债，并计入当期损益（管理费用）。

需要说明的是，或有事项准则中规定的重组，满足负债确认条件确认的负债中，因自愿遣散和强制遣散发生的费用确认负债为应付职工薪酬。此部分内容与辞退福利是两个准则同时规范的同一个问题。

第14记 [1.5分] 借款费用的范围和资本化条件

飞越必刷题：13、50、130

（一）借款费用的范围

借款利息费用（包括借款折价、溢价及相关辅助费用的摊销）以及因外币借款而发生的汇兑差额等。承租人租赁使用权资产发生的融资费用属于借款费用。

需要说明的是，企业发生的权益工具的融资费用（发行股票支付券商的佣金等），不应包括在借款费用中。

（二）符合借款费用资本化的条件

企业发生的借款费用，可直接归属于符合资本化条件的资产的购建或者生产的，应当予以资本化，计入符合资本化条件的资产成本。

（1）符合资本化条件的资产，是指需要经过相当长时间（≥1年）的购建或者生产活动才能达到预定可使用或者可销售状态的固定资产、投资性房地产和存货资产等。

需要说明的是，经过相当长时间并不等同于跨年购建资产。

（2）只有在购建或者生产符合资本化条件的资产占用了一般借款时，才应将与一般借款相关的借款费用资本化。否则，所发生的借款费用应当计入当期损益。

（3）其他借款费用，应当在发生时计入当期损益。

第15记 [2分] 借款费用的计算

飞越必刷题：14、49、130

（一）借款费用的确认

（1）开始资本化需要同时满足三个条件，即资产支出已经发生（支付现金、转移非现金资产、承担带息债务）、借款费用已经发生、为使资产达到预定可使用或者可销售状态所必要的购建或者生产活动已经开始。

（2）暂停资本化需要同时满足两个条件，即符合资本化条件的资产在购建或者生产过程中发生非正常中断和中断时间连续超过3个月。

（3）停止资本化满足一个条件，即购建或者生产符合资本化条件的资产达到预定可使用或者可销售状态。

（二）借款费用的计量

项目	专门借款	一般借款
利息资本化金额	发生在资本化期间的专门借款全部利息费用−闲置专门借款的利息收益或投资收益	累计资产支出超过专门借款部分的资产支出加权平均数×所占用一般借款的资本化率，即"占用多少，多少资本化，占用多长时间，多长时间资本化"
是否扣除闲置资金收益	√	×
是否需要考虑使用资金量	×	√
专门借款和一般借款同时存在时	先使用专门借款	专门借款使用完毕再占用一般借款
外币借款	本金和利息的汇兑差额资本化	利息资本化，本金和利息的汇兑差额费用化
长期借款会计分录	借：财务费用（费用化） 　　在建工程（满足资本化条件） 　　银行存款（闲置资金创造的收益） 　贷：长期借款——应计利息	
一般公司债券会计分录	借：财务费用（费用化） 　　在建工程（满足资本化条件） 　　银行存款（闲置资金创造的收益） 　　贷：应付债券——利息调整（或借方） 　　　　　　——应计利息	

◄ ◄ ◄ 通关绿卡

命题角度：根据资料计算企业发生的应资本化的借款费用。

既存在专门借款，又存在一般借款时，请同学们按以下步骤计算：

第一步：首先确定专门借款和一般借款的金额，先使用专门借款，专门借款不足部分使用一般借款（一定要画图）。

第二步：计算专门借款利息费用资本化金额，从开始资本化时点至停止资本化时点（存在暂停的需扣除）期间的利息（无须考虑未使用部分资金的利息支出）扣除专门借款闲置资金收益后的余额。

第三步：计算一般借款利息资本化金额时，需要计算累计资产支出加权平均数，如果存在两笔以上一般借款的还需要计算资本化率（资本化率的计算原理为资本化期间的利息除以资本化期间的本金）。再次强调，一般借款无须考虑闲置资金收益的问题。

第四步：将专门借款利息资本化金额加上一般借款利息资本化金额的合计数计入在建工程等。

第五步：计算费用化利息金额（此金额可以通过借贷平衡关系倒挤）。

第16记 `1.5分` 或有事项的确认和计量

飞越必刷题：15、131

（一）预计负债的确认

与或有事项相关的义务同时满足以下三个条件时确认为预计负债：

（1）该义务是企业承担的现时义务。

（2）履行该义务很可能（50%＜发生的可能性≤95%）导致经济利益流出企业。

（3）该义务的金额能够可靠地计量。

或有资产不满足资产定义，不确认为资产，或有资产很可能导致经济利益流入企业的，可以在报表附注中披露。或有负债不满足负债定义，不确认为负债，应在报表附注中批注，但是，极小可能导致经济利益流出企业的或有负债无须披露。

（二）预计负债的计量

1.最佳估计数的确定

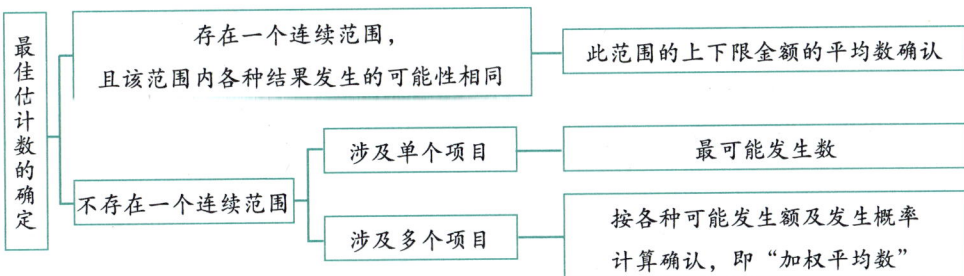

2.预期可获得补偿的处理

企业清偿预计负债所需支出全部或部分预期由第三方补偿的，补偿金额只有在基本确定能够收到时才能作为资产单独确认。确认的补偿金额不应超过所确认预计负债的账面价值。会计分录为：

借：其他应收款

　　贷：营业外支出等

第17记 **或有事项的具体应用** 2分

飞越必刷题：16、131、133

（一）未决诉讼或未决仲裁

诉讼尚未裁决之前，对于被告而言，可能形成一项或有负债或者预计负债，对于原告而言，可能形成一项或有资产。针对被告具体情况如下表所示：

情形	会计处理原则	会计分录
前期资产负债表日已经合理预计了预计负债	将当期实际发生的诉讼损失金额与已计提的相关预计负债之间的差额，直接计入或冲减当期营业外支出	借或贷：营业外支出 　　贷或借：预计负债 借：预计负债 　　贷：其他应付款
前期资产负债表日，依据当时实际情况和掌握的证据，原本应当能够合理估计但所做估计与当时的事实严重不符	属于前期会计差错，按前期会计差错更正方法进行处理	借或贷：营业外支出 　　贷或借：预计负债
前期资产负债表日，依据当时实际情况和所掌握的证据，确实无法合理预计诉讼损失	在该项损失实际发生的当期，直接计入当期营业外支出	借：营业外支出 　　贷：其他应付款
资产负债表日至财务报告批准报出日之间发生的需要调整或说明的未决诉讼	按照资产负债表日后事项的相关规定进行处理	借或贷：营业外支出 　　贷或借：预计负债 借：预计负债（如涉及） 　　贷：其他应付款

（二）债务担保

根据不同情况分别进行会计处理，具体如下表所示：

情形	会计处理
企业已被判决败诉，则应当按照人民法院判决应承担的损失金额	借：营业外支出 　　贷：其他应付款
已判决败诉，但企业正在上诉，或者经上一级人民法院裁定暂缓执行，或者由上一级人民法院发回重审等	借：营业外支出 　　贷：预计负债
人民法院尚未判决的，企业应向其律师或法律顾问等咨询并满足确认预计负债条件的	借：营业外支出 　　贷：预计负债
资产负债表日至财务报告批准报出日之间发生的需要调整或说明的债务担保	按照资产负债表日后事项的相关规定进行处理

（三）产品质量保证

企业按相关法律法规提供售出产品质量保证的，属于保证类质保，应按或有事项进行会计处理，会计分录为：

借：主营业务成本

　　贷：预计负债

通关绿卡

命题角度：判断合同中企业为客户提供延保服务是否构成单项履约义务。

此类题目需要结合题目的已知条件进行判断，此项延保服务是否在向客户保证所销售商品符合既定标准之外提供了一项单独的服务。如果满足，则属于提供服务类质保服务，应将其作为单项履约义务，并把交易价格按合同开始日单独售价相对比例进行分配，并在履行该项履约义务时确认收入；如果经过判断未提供一项单独的服务，则属于保证类质保服务，满足条件，确认预计负债。

（四）亏损合同

待执行合同变亏损合同的，应按退出合同的最低净成本进行会计处理，具体情况如下表所示：

退出合同最低净成本选择	会计处理原则	会计分录
未履行合同	按预计支付金额确认预计负债	借：主营业务成本 　　贷：预计负债

续表

退出合同最低净成本选择	会计处理原则	会计分录
继续履行合同	不存在标的资产的，将预计损失确认负债。生产出产品将预计负债冲减产品成本	借：主营业务成本 　贷：预计负债 借：预计负债 　贷：库存商品
	存在标的资产的，对标的资产计提存货跌价准备，损失金额超过计提的存货跌价准备金额	借：资产减值损失 　贷：存货跌价准备 借：主营业务成本 　贷：预计负债 借：预计负债 　贷：库存商品

（五）重组义务

下列情况同时存在时，表明企业承担了重组义务：

（1）有详细、正式的重组计划。

（2）该重组计划已对外公告。

企业承担的重组义务满足或有事项确认条件的，应当确认为负债，企业应当按照与重组有关的直接支出（自愿遣散、强制遣散、不再使用固定资产撤销租赁费）确定负债金额。

第18记 2分 政府补助概述

飞越必刷题：17、51

（一）政府补助的范围

（1）属于政府补助的包括：无偿拨款、税收返还、财政贴息、无偿给予非货币性资产等。

（2）不属于政府补助的包括：直接减征、免征、增加计税抵扣额、抵免部分税额、出口退税等。

需要说明的是，企业从政府取得的经济资源，如果与企业销售商品或提供劳务等活动密切相关，且来源于政府的经济资源是企业商品或服务的对价或者是对价的组成部分，应当按照《企业会计准则第14号——收入》的规定进行会计处理，不属于政府补助；政府如果以企业所有者身份向企业投入资本，享有相应的所有者权益，则应当作为政府对企业的投资，不属于政府补助。

（二）政府补助的分类

（1）与资产相关的政府补助，即企业取得的、用于购建或以其他方式形成长期资产的政府补助。

（2）与收益相关的政府补助，即除与资产相关的政府补助之外的政府补助。

需要说明的是，综合性项目政府补助同时包含与资产相关的政府补助和与收益相关的政府补助，企业需要将其进行分解并分别进行会计处理。难以区分的，企业应当将其整体归类为与收益相关的政府补助进行处理。

◀ ◀ ◀ **通关绿卡**

命题角度：根据经济业务判断是否属于政府补助。

提示同学们以下知识点需注意：

（1）出口退税不属于政府补助。

（2）企业将商品以低于公允价值销售，其差额由政府补贴，其本质是政府补助给终端消费者而非企业，不属于企业的政府补助。

（3）政府以企业所有者身份向企业投入的资本不属于政府补助。

第**19**记 `2分` **政府补助的会计处理**

558 1-19

飞越必刷题：52、136

企业应当根据经济业务的实质，判断某一类政府补助业务应当采用总额法还是净额法，通常情况下，对同类或类似政府补助业务只能选用一种方法，同时，企业对该业务应当一贯地运用该方法，不得随意变更。

（一）与资产相关政府补助的会计处理

业务内容	总额法	净额法
收到补助时	借：银行存款、××资产等（公允价值） 　　贷：递延收益	借：银行存款等 　　贷：递延收益
购入资产时	借：固定资产等 　　贷：银行存款	借：固定资产等 　　贷：银行存款 借：递延收益 　　贷：固定资产等
摊销时	借：递延收益 　　贷：其他收益	—

业务内容	总额法	净额法
提前处置资产时	借：递延收益 　　贷：固定资产清理 借：固定资产清理 　　贷：营业外支出	—
特殊说明	（1）企业先取得政府补助资金，然后再购建长期资产，应在开始对相关资产计提折旧或摊销时开始将递延收益分期计入损益。 （2）企业先购建长期资产，然后再取得政府补助资金，应在相关资产剩余使用寿命内按合理、系统的方法将递延收益分期计入损益	以名义金额（1元）计量的政府补助，在取得时计入当期损益

（二）与收益相关政府补助的会计处理

对于与收益相关的政府补助，企业应当选择采用总额法或净额法进行会计处理。选择总额法的，应当计入其他收益或营业外收入；选择净额法的，应当冲减相关成本费用或营业外支出。

（1）用于补偿企业以后期间的相关成本费用或损失的会计分录为：

借：银行存款等

　　贷：递延收益

借：递延收益

　　贷：管理费用、其他收益等

需要说明的是，如收到时暂时无法确定是否满足政府补助所附条件的，应当先将其计入其他应付款，待客观情况表明企业能够满足政府补助所附条件后，再确认递延收益。

（2）用于补偿企业已发生的相关成本费用或损失的会计分录为：

借：银行存款

　　贷：管理费用、其他收益等

需要说明的是，如果会计期末企业尚未收到补助资金，但企业在符合了相关政策规定后就相应获得了收款权，且与之相关的经济利益很可能流入企业，企业应当在这项补助成为应收款时按照应收的金额予以确认，计入当期损益或冲减相关成本。

（三）政府补助的退回

已计入损益的政府补助需要退回的，应当分别按下列情况进行会计处理：

（1）初始确认时冲减相关资产账面价值的，应当调整资产账面价值。

（2）存在尚未摊销的递延收益的，冲减相关递延收益账面余额，超出部分计入当期损益。

（3）属于其他情况的，直接计入当期损益。

第20记 2分 外币折算

飞越必刷题：18、19

（一）记账本位币的变更

企业因经营所处的主要经济环境发生重大变化，确需变更记账本位币的，应当采用变更当日的即期汇率将所有项目折算为变更后的记账本位币，折算后的金额作为以新的记账本位币计量的历史成本，由于采用同一即期汇率进行折算，故不会产生汇兑差额。同时，需要在附注中披露变更的理由。

（二）外币交易的会计处理

1.资产负债表日的会计处理

项目	外币货币性项目	外币非货币项目
内容	持有的货币和将以固定或可确定金额的货币收取的资产或者偿付的负债。例如，库存现金、银行存款、应收账款、其他应收款、长期应收款、短期借款、应付账款、其他应付款、长期借款、应付债券和长期应付款等	货币性项目以外的项目。例如，存货、长期股权投资、交易性金融资产（股票、基金）、固定资产、无形资产、预收账款、预付账款、合同资产、合同负债等
期末折算	（1）计算外币账户的期末外币余额=期初外币余额+本期增加的外币发生额−本期减少的外币发生额 （2）计算调整后记账本位币余额=期末外币余额×期末即期汇率 （3）计算汇兑差额=调整后记账本位币余额−调整前记账本位币余额	—

2.特殊情况

（1）企业接受外币资本投入时，应按交易日（投资款到账当日）的即期汇率进行折算，不得采用其他汇率折算。

（2）特殊情况的非货币性资产项目在期末调整或结算时的会计处理如下表所示：

资产	说明	会计处理
存货	（1）先将可变现净值按资产负债表日即期汇率折算为记账本位币金额，再与以记账本位币反映的存货成本进行比较，从而确定该项存货的期末价值。 （2）存货计算可变现净值使用资产负债表日的即期汇率，不属于对原以历史成本计量存货的调整	借：资产减值损失 贷：存货跌价准备

续表

资产	说明	会计处理
交易性金融资产（非货币性项目）	交易性金融资产（非货币性项目）无论是汇率的变动，还是公允价值的变动，其差额均计入公允价值变动损益	借或贷：交易性金融资产 　贷或借：公允价值变动损益
其他债权投资	（1）其他债权投资公允价值变动计入其他综合收益。 （2）其他债权投资汇兑差额计入财务费用	借或贷：其他综合收益、财务费用 　贷或借：其他债权投资
其他权益工具投资	（1）其他权益工具投资形成的汇兑差额，与其公允价值变动一并计入其他综合收益。 （2）其他权益工具投资现金股利产生的汇兑差额，应当计入当期损益	借或贷：其他权益工具投资 　贷或借：其他综合收益 借或贷：应收股利 　贷或借：财务费用

通关绿卡

命题角度1：根据资料选择在资产负债表日应根据即期汇率进行外币折算的项目。

此类题目属于基础知识点的考核，应该选择的是货币性项目（包括资产和负债），而非货币性项目则不应选择。

命题角度2：根据资料计算汇兑差额。

对于资产类项目而言，汇率上升是收益，汇率下降是损失。对于负债类项目而言，汇率上升是损失，汇率下降是收益。秉承这个思路分项计算，切不可合并一起算，因为这样大概率你会被绕懵的。

第21记 [2分] 外币财务报表折算

飞越必刷题：53

（一）外币财务报表折算原则

企业选定的记账本位币不是人民币的，应当按照境外经营财务报表折算原则将其财务报表折算为人民币财务报表。企业对境外经营的财务报表进行折算时，应当遵循下列规定：

（1）资产负债表中的资产和负债项目，采用资产负债表日的即期汇率折算，所有者权益项目除"未分配利润"项目外，其他项目采用发生时的即期汇率折算。

（2）利润表中的收入和费用项目，采用交易发生日的即期汇率折算，也可以采用按照系统合理的方法确定的、与交易发生日即期汇率近似的汇率折算。

（3）按照上述规定折算产生的外币财务报表折算差额，在资产负债表中"其他综合收益"项目下列报。

（二）合并报表处理

（1）在企业境外经营为其子公司的情况下，企业在编制合并财务报表时，应按少数股东在境外经营所有者权益中所享有的份额计算少数股东应分担的外币报表折算差额，并入少数股东权益列示于合并资产负债表。

借或贷：其他综合收益

　　贷或借：少数股东权益

（2）母公司含有实质上构成对子公司（境外经营）净投资的外币货币性项目的情况下，在编制合并财务报表时，应分别按以下两种情况编制抵销分录：

①实质上构成对子公司净投资的外币货币性项目以母公司或子公司的记账本位币反映，则应在抵销长期应收应付项目的同时，将其产生的汇兑差额转入"其他综合收益"项目。

借或贷：其他综合收益

　　贷或借：财务费用

②实质上构成对子公司净投资的外币货币性项目以母、子公司的记账本位币以外的货币反映，则应将母、子公司此项外币货币性项目产生的汇兑差额相互抵销，差额转入"其他综合收益"项目。

通关绿卡

命题角度1：根据资料选择需要采用资产负债表日即期汇率折算的报表项目。

此类题目属于基础内容，你需要选择的是资产负债表中的资产项目和负债项目。

命题角度2：合并报表中少数股东分摊外币报表折算差额的正误判断。

如果子公司为非全资子公司，少数股东同样需要承担外币报表折算差额，而且此知识点需要与企业合并报表结合，但是如果真的在考场上你懵圈了，好吧，那就选择"其他综合收益"。但是这个我需要说清楚，以上选择仅供参考，我不对正确与否负责。

第22记 非货币性资产交换的确认

2分

飞越必刷题：54

（一）一般原则

涉及少量货币性资产的交换认定为非货币性资产交换，通常补价占整个资产交换金额的比重低于25%时（<25%），该交易被定性为非货币性资产交换，否则（≥25%）应被定性为货币性资产交换。

需要说明的是，计算补价比例时分子和分母均无须考虑增值税。

（二）非货币性资产交换内容

属于非货币性资产交换，且执行非货币性资产交换准则的交易包括：

（1）以固定资产换取其他企业存货、固定资产、无形资产、投资性房地产和长期股权投资（权益法）。

（2）以无形资产换取其他企业存货、固定资产、无形资产、投资性房地产和长期股权投资（权益法）。

（3）以投资性房地产换取其他企业存货、固定资产、无形资产、投资性房地产和长期股权投资（权益法）。

（4）以长期股权投资（权益法）换取其他企业存货、固定资产、无形资产、投资性房地产和长期股权投资（权益法）等。

通关绿卡

命题角度：根据经济业务判断是否执行非货币性资产交换准则。

项目	内容
属于非货币性资产交换，但不执行非货币性资产交换准则	（1）以存货换取客户的非货币性资产。 （2）交换的资产包括属于非货币性资产的金融资产（其他权益工具投资、交易性金融资产等）。 （3）非货币性资产交换中涉及使用权资产或应收融资租赁款。 （4）在企业合并中取得的非货币性资产，例如，以长期股权投资（成本法）换取固定资产等。 （5）非货币性资产交换构成权益性交易
不属于非货币性资产交换	（1）以商业汇票（包括银行承兑汇票和商业承兑汇票）交换其他资产。 （2）以摊余成本计量的金融资产（债权投资、其他债权投资、应收账款等）交换其他资产。 （3）以增发本公司股票（不属于资产）方式交换其他资产。 （4）以非货币性资产偿还债务（不属于换入资产）。 （5）以非货币性资产换入货币性资产（例如，应收票据等）。 （6）企业从政府无偿取得非货币性资产。 （7）企业将非流动资产或处置组分配给所有者。

续表

项目	内容
不属于非货币性资产交换	（8）企业以非货币性资产向职工发放非货币性福利。 （9）企业以发行股票形式取得的非货币性资产。 （10）企业用于交换的资产未满足资产定义且未列示于资产负债表中的

◀ ◀ ◀ **记忆口诀**

命题角度：根据资料选择属于非货币性资产交换且执行非货币性资产交换准则的内容。

属于非货币性资产交换且执行非货币性资产交换准则记忆口诀为"四舍五入"。

第23记 2分 **非货币性资产交换的计量**

飞越必刷题：20、55、56、140

非货币性资产交换的计量包括公允价值计量和账面价值计量，具体适用和会计处理如下表所示：

基础	公允价值计量	账面价值计量
适用条件	（1）该项交换具有商业实质。 （2）换入资产或换出资产的公允价值能够可靠地计量	（1）该项交换不具有商业实质。 （2）该项交换虽具有商业实质，但换入和换出资产的公允价值均不能可靠计量
换入资产入账价值	换出资产的公允价值﹢换出资产的销项税额＋支付补价的公允价值（－收到补价的公允价值）－换入资产进项税额＋应计入换入资产成本的相关税费	换出资产的账面价值﹢换出资产的销项税额＋支付补价的账面价值（－收到补价的公允价值）－换入资产进项税额＋应计入换入资产成本的相关税费
	换入资产的公允价值＋应计入换入资产成本的相关税费	换入资产的公允价值＋应计入换入资产成本的相关税费

续表

基础	公允价值计量	账面价值计量
交换损益	换出资产的公允价值−换出资产的账面价值=换入资产的公允价值−支付补价的公允价值（或+收到补价的公允价值）−换出资产的账面价值	无论是否涉及补价，均不确认损益
会计分录	借：换入资产（换入资产的公允价值） 　　应交税费——应交增值税（进项税额） 　　银行存款等（收到的补价） 　贷：换出资产的公允价值 　　　应交税费——应交增值税（销项税额） 　　　银行存款等（支付的补价+为换入资产支付的相关税费） 换出资产公允价值与账面价值的差额计入当期损益（收入、成本、投资收益、资产处置损益等）	借：换入资产 　　应交税费——应交增值税（进项税额） 　　银行存款等（收到补价的公允价值） 　贷：换出资产的账面价值 　　　应交税费——应交增值税（销项税额） 　　　银行存款等（支付补价的账面价值+为换入资产而支付的相关税费）

通关绿卡

命题角度：根据资料计算以公允价值计量的非货币性资产交换，换入单项资产的入账成本和交换损益。

（1）对于以公允价值计量的非货币性资产交换，换入单项资产的入账成本，无论是否涉及补价，应该是换入资产的公允价值。

（2）对于以公允价值计量的非货币性资产交换，交换损益=换出资产的公允价值−换出资产的账面价值+其他结转（资本公积、其他综合收益的结转）。

第24记 债务重组概述 （1分）

飞越必刷题：57

（一）债务重组的定义

债务重组，是指在不改变交易对手方的情况下，经债权人和债务人协定或法院裁定，就清偿债务的时间、金额或方式等重新达成协议的交易。

（二）债权债务的范围

（1）债权债务的范围包括《企业会计准则第22号——金融工具确认和计量》规范的债权债务，以及租赁应收款和租赁应付款，不包括合同资产、合同负债、预计负债。

（2）通过债务重组形成企业合并的，以及债务人以股权清偿或将债务转为权益工具的，在合并报表层面，债权人取得资产、负债的确认和计量适用《企业会计准则第20号——企业合并》的有关规定。

（3）债务重组构成权益性交易的，应当适用权益性交易的相关规定，即不确认重组损益。企业在判断债务重组是否构成权益性交易时，应遵循实质重于形式原则。

需要说明的是，债务重组中不属于权益性交易的部分仍然应当确认债务重组相关损益。

（4）债务重组构成权益性交易的情况：

①债权人直接或间接对债务人持股，或者债务人直接或间接对债权人持股，且持股方以股东身份进行债务重组。

②债权人与债务人在债务重组前后受同一方或相同多方最终控制，且该债务重组的交易实质是债权人或债务人进行了权益性分配或接受了权益性投入。

◀ ◀ ◀ **通关绿卡**

命题角度：判断经济业务是否属于债务重组。

判断时关注以下三点问题：

第一，是否改变交易对手方，如果改变交易对手方则不属于债务重组。例如，甲公司作为债权人将对乙公司的债权以低于债权账面价值的金额转让给A公司，该业务不属于债务重组。

第二，是否是关联方之间的债务重组，如果是，应关注关联方是否有超过其他非关联方债权人对债务人作出债务豁免，如果有，超过部分应作为权益性交易，不得确认债务重组损益。

第三，无论何种原因导致债务人未按原定条件偿还债务，也无论双方是否同意债务人以低于债务金额偿还债务，只要债权人和债务人就债务条款重新达成了协议，就符合债务重组的定义。

第25记 2分 债务重组的会计处理

飞越必刷题：21、22、23、58、59、141

债务重组相关会计处理如下表所示：

债务重组方式	债权人会计处理	债务人会计处理
以金融资产清偿	借：交易性金融资产（债务重组日的公允价值） 　投资收益（交易费用） 　坏账准备 　贷：应收账款等 　　银行存款（交易费用） 差额：投资收益 借：债权投资、其他债权投资、其他权益工具投资（债务重组日的公允价值+交易费用） 　坏账准备 　贷：应收账款等 　　银行存款（交易费用） 差额：投资收益	借：应付账款等（账面价值） 　贷：交易性金融资产（账面价值） 　　债权投资（账面价值） 　　其他债权投资（账面价值）① 　　其他权益工具投资（账面价值）② 差额：投资收益 借或贷：其他综合收益 　贷或借：投资收益① 　　　留存收益②
以非金融资产清偿	借：库存商品、固定资产、无形资产等（放弃债权的公允价值+相关税费） 　应交税费——应交增值税（进项税额） 　坏账准备 　贷：应收账款等 　　银行存款（相关税费） 差额：投资收益	借：应付账款等（账面价值） 　累计摊销 　无形资产减值准备 　贷：库存商品（账面价值） 　　无形资产 　　固定资产清理（账面价值） 　　应交税费——应交增值税（销项税额） 差额：其他收益

续表

债务重组方式	债权人会计处理	债务人会计处理
以资产（含金融资产）清偿	借：交易性金融资产等（债务重组日的公允价值） 　　固定资产、无形资产、库存商品等（合同生效日公允价值比例分配放弃债权公允价值扣除金融资产合同生效日公允价值后的金额+相关税费） 　　应交税费——应交增值税（进项税额） 　　坏账准备 　贷：应收账款等 　　银行存款（相关税费） 差额：投资收益	借：应付账款等（账面价值） 　贷：库存商品（账面价值） 　　固定资产清理（账面价值） 　　应交税费——应交增值税（销项税额） 　　交易性金融资产（账面价值） 差额：其他收益
债转股方式清偿	同一控制： 借：长期股权投资（最终控制方合并报表中净资产账面价值份额+最终控制方收购被合并方时形成的商誉） 　　坏账准备 　贷：应收账款等 借方差额：资本公积、留存收益 贷方差额：资本公积 非同一控制： 借：长期股权投资（放弃债权的公允价值） 　　坏账准备 　贷：应收账款等 差额：投资收益（放弃债权的公允价值与其账面价值的差额）	借：应付账款等 　贷：股本、资本公积（发行权益的公允价值） 差额：投资收益 支付发行费用： 借：资本公积、留存收益 　贷：银行存款

续表

债务重组方式	债权人会计处理	债务人会计处理
债转股方式清偿	非企业合并： 借：长期股权投资（放弃债权公允价值+相关税费） 　　坏账准备 　贷：应收账款等 　　　银行存款（相关税费） 差额：投资收益（放弃债权的公允价值与其账面价值的差额）	借：应付账款等 　贷：股本、资本公积（发行权益的公允价值） 差额：投资收益 支付发行费用： 借：资本公积、留存收益 　贷：银行存款

通关绿卡

命题角度：根据资料进行债务重组的会计处理。

在进行账务处理时需要确认是债权人还是债务人，会计主体不能弄混。债权人和债务人会计处理归纳如下：

（1）债务人如果以其他权益工具投资清偿债务，债务账面价值与其他权益工具投资账面价值的差额计入投资收益，而不是留存收益，同时，其他权益工具投资在持有期间计入其他综合收益的金额仍需要转入留存收益。

（2）债务人如果以非金融资产清偿债务，无须区分是存货还是固定（无形）资产，债务账面价值与非金融资产账面价值的差额计入其他收益。

（3）债务人如果以金融资产和非金融资产组合清偿债务，抵债资产账面价值与债务账面价值的差额计入其他收益。

（4）债权人通过债务重组取得金融资产的，应按金融资产准则的相关规定进行会计处理，即按债务重组日金融资产公允价值作为入账金额，与放弃债权的公允价值无关。

（5）债权人通过债务重组取得非金融资产的，应以放弃债权的公允价值为基础确定非金融资产的入账金额。

（6）债权人通过债务重组取得资产（包括金融资产），其中，金融资产按债务重组日金融资产公允价值作为入账金额，其他非金融资产按照以下公式计算：

资产A入账金额=（放弃债权的公允价值−合同生效日金融资产公允价值）×资产A合同生效日的公允价值/（资产A合同生效日公允价值+资产B合同生效日公允价值）

资产B入账金额=（放弃债权的公允价值−合同生效日金融资产公允价值）×资产B合同生效日的公允价值/（资产A合同生效日公允价值+资产B合同生效日公允价值）

第26记 持有待售非流动资产和处置组的确认

1分

飞越必刷题：60

（一）持有待售类别的分类

1.分类原则

非流动资产或处置组划分为持有待售类别，应当同时满足两个条件：

（1）可立即出售。

（2）出售极可能发生（同时满足以下三个条件）：

①企业出售非流动资产或处置组的决议一般需要由企业相应级别的管理层作出，如果有关规定要求企业相关权力机构或者监管部门批准后方可出售，应当已经获得批准。

②企业已经获得确定的购买承诺。

③预计自划分为持有待售类别起一年内，出售交易能够完成。

2.延长一年期限的例外条款

如果涉及的出售不是关联方交易，且有充分证据表明企业仍然承诺出售非流动资产或处置组，允许放松一年期限条件（如果涉及的出售是关联方交易，不允许放松一年期限条件），企业可以继续将非流动资产或处置组划分为持有待售类别。企业无法控制的原因包括：

（1）意外设定条件。

（2）发生罕见情况（因不可抗力引发的情况、宏观经济形势发生急剧变化等不可控情况）。

3.不再继续符合划分条件的处理

持有待售的非流动资产或处置组不再继续满足持有待售类别划分条件的，企业不应当继续将其划分为持有待售类别。部分资产或负债从持有待售的处置组中移除后，如果处置组中剩余资产或负债新组成的处置组仍然满足持有待售类别划分条件，企业应当将新组成的处置组划分为持有待售类别，否则应当将满足持有待售类别划分条件的非流动资产单独划分为持有待售类别。

（二）某些特定持有待售类别分类的具体应用

1.专为转售而取得的非流动资产或处置组

对于企业专为转售而新取得的非流动资产或处置组，如果在取得日满足"预计出售将在一年内完成"的规定条件，且短期（通常为3个月）内很可能满足划分为持有待售类别的其他条件，企业应当在取得日将其划分为持有待售类别。

其他条件包括：

（1）根据类似交易中出售此类资产或处置组的惯例，在当前状况下即可立即出售。

（2）企业已经就一项出售计划作出决议且获得确定的购买承诺。

2.持有待售的长期股权投资

情形	个别报表会计处理	合并报表会计处理
100%→0%	全部股权（100%或60%）划分为持有待售	所有资产、负债划分为持有待售。无论对子公司是否划分为持有待售类别，企业始终应当按准则规定确定合并范围，编制合并报表
100%（60%）→40%（重大影响）		
45%（50%）→10%（公允价值计量）	出售部分终止权益法核算（35%或40%），并划分为持有待售，剩余股权（10%）在出售股权处置前仍采用权益法核算	不涉及
100%→80%（控制）	未丧失控制权，不属于"主要通过出售而非持有使用收回其账面价值"，因此，不应当将拟出售部分股权划分为持有待售类别	

◂ ◂ ◂ **通关绿卡**

命题角度1：母公司计划将处置子公司股权满足持有待售划分条件在个别报表和合并报表中的会计处理。

此类题目按以下步骤进行处理：

第一步，需要判断是否丧失控制权，如果没有丧失控制权，在个别报表中按处置股权投资进行处理，在合并报表按权益性交易进行处理。

第二步，如果丧失控制权，在个别报表中应将全部股权划分为持有待售类别，在合并报表中将子公司100%资产和负债划分为持有待售类别。

命题角度2：投资方计划处置联营企业或合营企业股权投资满足持有待售划分条件的会计处理。

此类题目按以下步骤进行处理：

第一步，将出售部分终止权益法核算，但剩余股权在出售股权处置前仍采用权益核算。

第二步，分析处置股权后是否终止权益法核算，如果没有终止权益法核算，处置部分股权在持有期间所对应的资本公积和可转损益的其他综合收益需要按比例结转至投资收益；如果终止权益法核算，需要将原投资在持有期间确认的资本公积和可转损益的其他综合收益全部转入投资收益。

第27记 1分 持有待售非流动资产和处置组的计量和列报

飞越必刷题：61

持有待售非流动资产和处置组的计量，具体会计处理如下表所示：

时点	会计处理原则	会计分录
划分为持有待售类别前	按照相关会计准则规定计量非流动资产或处置组中各项资产和负债的账面价值。对于拟出售的非流动资产或处置组，企业应当在划分为持有待售类别前考虑进行减值测试，计提减值准备后，该减值金额后续不得转回	发生减值时： 借：资产减值损失 贷：××减值准备
划分为持有待售类别时	（1）如果持有待售的非流动资产或处置组整体的账面价值低于其公允价值减去出售费用后的净额，企业不需要对账面价值进行调整。 （2）如果账面价值高于其公允价值减去出售费用后的净额，企业应当将账面价值减记至公允价值减去出售费用后的净额，减记的金额确认为资产减值损失，计入当期损益，同时计提持有待售资产减值准备	借：资产减值损失 贷：持有待售资产减值准备
划分为持有待售类别后（非流动资产）	如果其账面价值高于公允价值减去出售费用后的净额	借：资产减值损失 贷：持有待售资产减值准备
	持有待售的非流动资产公允价值减去出售费用后的净额增加。 需要说明的是，划分为持有待售类别前确认的资产减值损失不得转回，持有待售的非流动资产不应计提折旧或摊销	借：持有待售资产减值准备 贷：资产减值损失
划分为持有待售类别后（处置组）	按照相关会计准则规定计量处置组中的流动资产、适用其他准则计量规定的非流动资产和负债的账面价值。 需要说明的是，持有待售的处置组中的非流动资产不应计提折旧或摊销	—
	如果账面价值高于其公允价值减去出售费用后的净额。 需要说明的是，对于持有待售的处置组确认的资产减值损失金额，如果该处置组包含商誉，应当先抵减商誉的账面价值，再根据处置组中适用本准则规定的各项非流动资产账面价值所占比重，按比例抵减其账面价值	借：资产减值损失 贷：持有待售资产减值准备

续表

时点	会计处理原则	会计分录
划分为持有待售类别后（处置组）	如果后续持有待售的处置组公允价值减去出售费用后的净额增加，以前减记的金额应当予以恢复，但不得恢复已抵减商誉的账面价值	借：持有待售资产减值准备 　贷：资产减值损失

◂ ◂ ◂ **通关绿卡**

命题角度：根据经济业务对持有待售的非流动资产以及处置组进行会计处理。

在掌握上述会计处理之外还需要注意以下问题：

（1）划分为持有待售前的资产减值，适用资产减值准则，一经计提不得转回。

（2）划分为持有待售时及之后发生的资产减值，适用持有待售的非流动资产、处置组和终止经营准则，满足条件可以转回。

（3）对于处置组中属于其他准则规范的资产和负债，适用其他准则规范进行处理。

第28记 〔1分〕 终止经营

飞越必刷题：24

（一）概念

终止经营，是指企业满足下列条件之一的、能够单独区分的组成部分，且该组成部分已经处置或划分为持有待售类别：

（1）该组成部分代表一项独立的主要业务或一个单独的主要经营地区。

（2）该组成部分是拟对一项独立的主要业务或一个单独的主要经营地区进行处置的一项相关联计划的一部分。

（3）该组成部分是专为转售而取得的子公司。

（二）终止经营的定义包含的含义

（1）终止经营应当是企业能够单独区分的组成部分。

（2）终止经营应当具有一定的规模（除专为转售而取得的子公司）。

（3）终止经营应当满足一定的时点要求（满足其一）。

①组成部分在资产负债表日之前已经处置，包括已经出售、结束使用（如关停或报废等）。

②应当适时将满足持有待售类别划分条件且构成企业的终止经营的项目作为终止经营处理。

需要说明的是，并非所有处置组都符合终止经营的定义，企业需要运用职业判断确定终止经营。

第29记 收入概述 1分

飞越必刷题：25、132

部分交易或事项不执行收入准则，具体情况如下表所示：

范围	事项
执行收入准则的交易或事项	（1）企业销售商品、提供劳务（服务）等。 （2）企业以存货换取客户的存货、固定资产、无形资产以及长期股权投资
不执行收入准则的交易或事项	（1）企业对外出租资产收取的租金。 （2）进行债权投资收取的利息、进行股权投资取得的现金股利。 （3）保险合同取得的保费收入等

需要说明的是，企业处置固定资产、无形资产等，在确定处置时点以及计量处置损益时，执行收入准则。

通关绿卡

命题角度：根据经济业务判断其是否执行收入准则。

此类题目请同学们重点关注不执行收入准则的事项，具体包括：企业对外出租资产收取的租金、进行债权投资收取的利息、进行股权投资取得的现金股利、保险合同取得的保费收入等。

第30记 识别与客户订立的合同 2分

飞越必刷题：26、132、133、134、135

（一）识别合同

企业与客户订立合同需要同时满足合同要件，如果不符合合同成立条件，企业不能确认收入，合同要件包括：

（1）合同各方已批准该合同并承诺将履行各自义务。

（2）该合同明确了合同各方与所转让商品相关的权利和义务。

（3）该合同有明确的与所转让商品相关的支付条款。

（4）该合同具有商业实质，即履行该合同将改变企业未来现金流量的风险、时间分布或金额。

（5）企业因向客户转让商品而有权取得的对价很可能收回。

需要说明的是，如果企业与客户仅签订框架协议，在合同中并未明确确定各种权利和义务的，例如，框架协议中未约定购买的数量和价格，合同权利义务不清晰，不具有法律约束力，不满足上述（2）的条件，合同未成立，企业不能确认收入。

（二）合同合并

企业与同一客户（或该客户的关联方）同时订立或在相近时间内先后订立的两份或多份合同，在满足下列条件之一时，应当合并为一份合同进行会计处理：

（1）该两份或多份合同基于同一商业目的而订立并构成一揽子交易（经济实质）。

（2）该两份或多份合同中的一份合同的对价金额取决于其他合同的定价或履行情况（基于合理性）。

（3）该两份或多份合同中所承诺的商品（或每份合同中所承诺的部分商品）构成收入准则规定的单项履约义务。

（三）合同变更

合同变更涉及增加（或减少）商品数量、增加（或减少）合同价格，企业应当区分以下三种情形对合同变更分别进行会计处理：

情形	内容	会计处理
情形一	合同变更增加了可明确区分的商品及合同价款，且新增合同价款反映了新增商品单独售价	合同变更部分作为一份单独的合同
情形二	合同变更不属于"情形一"，且在合同变更日已转让商品与未转让商品之间可明确区分	原合同终止，新合同订立。即将原合同交易价格中尚未确认为收入的部分（包括已从客户收取的金额）与合同变更中客户已承诺的对价金额之和作为新合同的交易价格
情形三	合同变更不属于"情形一"，且在合同变更日已转让商品与未转让商品之间不可明确区分	作为原合同的组成部分。即在合同变更日重新计算履约进度，并调整当期收入和相应成本等

需要说明的是，在合同变更时，企业由于无须发生为发展新客户等所须发生的相关销售费用，故可能会向客户提供一定的折扣，从而在新增商品单独售价的基础上予以适当调整，调整后的价格仍然属于此时商品的单独售价。

通关绿卡

命题角度：根据经济业务分析合同变更应如何进行账务处理，并说明理由。

对于合同变更的三种情形，首先，需要重点掌握"情形一"，将"情形一"的两个条件作出准确判断，即新增可明确区分商品及合同价款，新增合同价款反映新增商品的单独售价。在判断时，需要分析合同变更是否有新增可明确区分的商品，是否有新增合同价款，是否新增价款反映新增商品的单独售价（题目已知条件），如果均满足，属于合同变更的"情形一"。

其次，如果不属于合同变更的"情形一"，存在以下四种情况：

第一，合同变更新增可明确区分商品，但没有新增合同价款，即新增合同价款为零，不能反映新增商品的单独售价。

第二，合同变更没有新增可明确区分商品，但有新增合同价款，即新增合同价款不能反映新增商品的单独售价。

第三，合同变更新增可明确区分商品和新增合同价款，但新增价款不能反映新增商品的单独售价。

第四，合同变更减少可明确区分商品或合同价款。

以上四条中若满足任意一条，则均不属于合同变更的"情形一"。

最后，如果不属于合同变更的"情形一"，需要看原合同已转让商品和尚未转让商品是否可明确区分，如果可以明确区分，则属于合同变更的"情形二"；如果不可以明确区分，则属于合同变更的"情形三"。

2分

第31记

识别合同中的单项履约义务

飞越必刷题：27、132、133、134、135

558 1-31

（一）构成单项履约义务的情形

（1）企业向客户转让可明确区分的商品（或者商品或服务的组合）的承诺。

（2）企业向客户转让一系列实质相同且转让模式相同的、可明确区分商品的承诺。例如，保洁服务、健身服务等。

（二）可明确区分的判断

（1）企业向客户承诺的商品同时满足下列条件的，应当作为可明确区分商品。

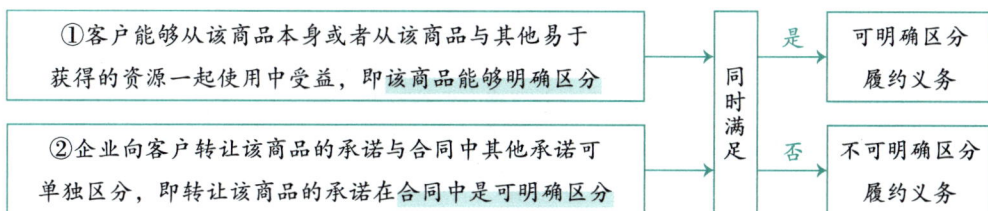

①客户能够从该商品本身或者从该商品与其他易于获得的资源一起使用中受益，即该商品能够明确区分	同时满足	是 → 可明确区分履约义务
②企业向客户转让该商品的承诺与合同中其他承诺可单独区分，即转让该商品的承诺在合同中是可明确区分		否 → 不可明确区分履约义务

（2）下列情形通常表明企业向客户转让该商品的承诺与合同中的其他承诺不可明确区分：

①企业需提供重大的服务以将该商品与合同中承诺的其他商品进行整合，形成合同约定的某个或某些组合产出转让给客户。

②该商品将对合同中承诺的其他商品予以重大修改或定制。

③该商品与合同中承诺的其他商品具有高度关联性，合同中承诺的每一单项商品均受到合同中其他商品的重大影响。

（3）如果该产品的控制权在运输之前已经转移给客户，则企业提供的运输服务可能构成一项单独的履约义务；如果该产品的控制权在送达指定地点时才转移给客户，则企业从事的运输活动不构成一项单独的履约义务。

通关绿卡

命题角度：根据经济业务判断是否构成合同中单项履约义务，并说明理由。

此类题目需要注意以下两点问题：

第一，是否属于一系列实质相同且转让模式相同的、可明确区分商品的承诺（例如，保洁服务、健身服务等），如果是，构成单项履约义务。

第二，不属于"第一"，需要分析商品本身是否可明确区分，如果可以，再从合同层面分析是否可明确区分。注意有三种在合同层面上不能明确区分的情形（关键词：整合、重大修改或定制、高度关联）。

第32记 [2分] 确定交易价格

飞越必刷题：28、132、133、134、135

（一）可变对价

企业与客户的合同中约定的对价金额可能会因折扣（含现金折扣）、价格折让、返利、退款、奖励积分、激励措施、业绩奖金、索赔等因素而变化。

（1）可变对价最佳估计数的确定。

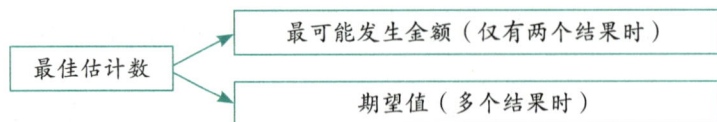

最佳估计数 ──→ 最可能发生金额（仅有两个结果时）
最佳估计数 ──→ 期望值（多个结果时）

（2）企业按照期望值或最可能发生金额确定可变对价金额之后，计入交易价格的可变对价金额还应该满足限制条件，即包含可变对价的交易价格，应当不超过在相关不确定性消除时，累计已确认的收入极可能不会发生重大转回的金额。

（二）合同中存在的重大融资成分

（1）合同中存在重大融资成分的，企业应当按照现销价格（假定客户在取得商品控制权时即以现金支付的应付金额）确定交易价格。具体会计处理如下表所示：

情形	会计分录
企业为客户提供重大融资（客户融资）	借：长期应收款 　贷：主营业务收入 　　　未实现融资收益
客户为企业提供重大融资（企业融资）	借：银行存款等 　　未确认融资费用 　贷：合同负债

需要说明的是，如果在合同开始日，企业预计客户取得商品控制权与客户支付价款间隔不超过一年的，可以不考虑合同中存在的重大融资成分。

（2）企业与客户之间的合同未包含重大融资成分的情形包括：

①客户就商品支付了预付款，且可以自行决定这些商品的转让时间。

②客户承诺支付的对价中有相当大的部分是可变的，该对价金额或付款时间取决于某一未来事项是否发生，且该事项实质上不受客户或企业控制。

③合同承诺的对价金额与现销价格之间的差额是由于向客户或企业提供融资利益以外的其他原因所导致的，且这一差额与产生该差额的原因是相称的。

（三）非现金对价

客户支付非现金对价的，通常情况下，企业应当按照非现金对价在合同开始日的公允价值确定交易价格。非现金对价公允价值不能合理估计的，企业应当参照其承诺向客户转让商品的单独售价间接确定交易价格。

（1）非现金对价的公允价值因对价的形式而发生变动（例如，企业有权向客户收取的对价是股票，股票本身的价格会发生变动），该变动金额不应计入交易价格。

（2）非现金对价的公允价值因为其形式以外的原因而发生变动，应当作为可变对价，按照与计入交易价格的可变对价金额的限制条件相关的规定进行处理。

（四）应付客户对价

应付客户对价的会计处理包括以下四种情况：

情形	会计处理
（1）自客户取得其他可明确区分商品	作为采购处理，无须冲减交易价格
（2）应付客户对价超过向客户取得可明确区分商品公允价值	超过金额应当冲减交易价格
（3）向客户取得的可明确区分商品公允价值不能合理估计	应付客户对价全额冲减交易价格
（4）其他情况	应付客户对价冲减交易价格

在将应付客户对价冲减交易价格处理时，企业应当在确认相关收入与支付（或承诺支付）客户对价二者孰晚的时点冲减当期收入。

通关绿卡

命题角度1：判断合同的交易价格中是否包含可变对价。

首先，判断其是否满足可变对价计入交易价格的限制性条件。

其次，计算计入交易价格的金额（最可能发生or期望值）。

最后，结合其他题目条件计算交易价格。

命题角度2：合同中存在重大融资成分的计算。

一般而言，折现率是题目中的已知条件，此时我们需要辨析是企业为客户提供重大融资成分，还是客户为企业提供重大融资成分，两者的核算原理相同，但需要注意细节，前者形成的是"未实现融资收益"，后者形成的是"未确认融资费用"。

命题角度3：合同中存在非现金对价时交易价格如何确定？

这里需要提示同学们的是，无论题目如何"布坑"，一定按合同开始日非现金对价的公允价值为基础确定交易价格。

第33记 1分 将交易价格分摊至各单项履约义务

飞越必刷题：29、70、132、133、134、135

企业应当在合同开始日，按照各单项履约义务所承诺商品的单独售价的相对比例，将交易价格分摊至各单项履约义务。

（一）分摊合同折扣

（1）对于合同折扣，企业应当在各单项履约义务之间按比例分摊。

（2）有确凿证据表明合同折扣仅与合同中一项或多项（而非全部）履约义务相关的，企业应当将该合同折扣分摊至相关一项或多项履约义务。

（3）同时满足下列条件时，企业应当将合同折扣全部分摊至合同中的一项或多项（而非全部）履约义务：

①企业经常将该合同中的各项可明确区分的商品单独销售或者以组合的方式单独销售。

②企业经常将其中部分可明确区分的商品以组合的方式按折扣价格单独销售。

③上述第②项中的折扣与该合同中的折扣基本相同，且针对每一组合中商品的分析为将该合同的全部折扣归属于某一项或多项履约义务提供了可观察的证据。

（二）分摊可变对价

合同中包含可变对价的，该可变对价可能与整个合同相关，也可能仅与合同中的某一特定组成部分有关，与哪项履约义务有关就分摊到哪项履约义务，有可能是全部，也有可能是部分。

（三）交易价格的后续变动

交易价格发生后续变动的，企业应当按照在合同开始日所采用的基础将该后续变动金额分摊至合同中的履约义务。企业不得因合同开始日之后单独售价的变动而重新分摊交易价格。

（四）合同变更后可变对价的分摊

合同变更之后发生可变对价后续变动的，企业应当区分下列三种情形分别进行会计处理：

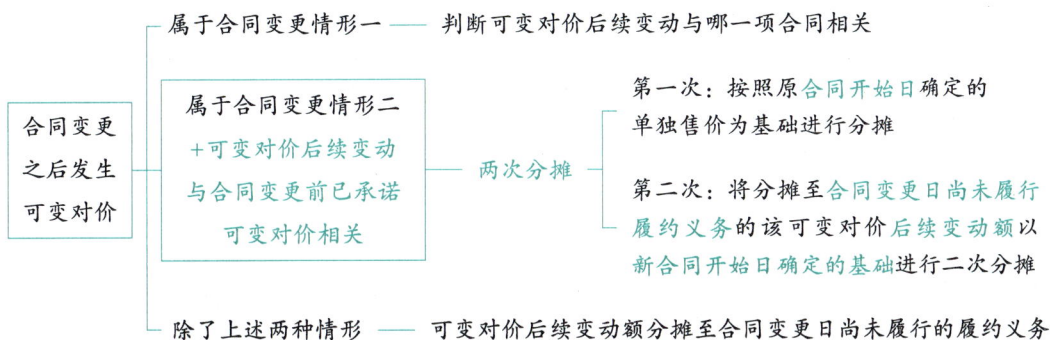

合同变更之后发生可变对价
- 属于合同变更情形一 —— 判断可变对价后续变动与哪一项合同相关
- 属于合同变更情形二 +可变对价后续变动与合同变更前已承诺可变对价相关 —— 两次分摊
  - 第一次：按照原合同开始日确定的单独售价为基础进行分摊
  - 第二次：将分摊至合同变更日尚未履行履约义务的该可变对价后续变动额以新合同开始日确定的基础进行二次分摊
- 除了上述两种情形 —— 可变对价后续变动额分摊至合同变更日尚未履行的履约义务

第34记 2分

履行每一单项履约义务时确认收入

飞越必刷题：30、132、133、134、135

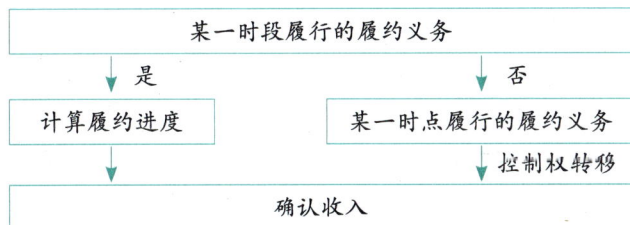

- 某一时段履行的履约义务
  - 是 → 计算履约进度 → 确认收入
  - 否 → 某一时点履行的履约义务 → 控制权转移 → 确认收入

（一）某一时段内履行的履约义务

1.收入确认条件

满足下列条件之一的，属于在某一时段内履行的履约义务，相关收入应当在该履约义务履行的期间内确认：

（1）客户在企业履约的同时即取得并消耗企业履约所带来的经济利益。

（2）客户能够控制企业履约过程中在建的商品。

（3）企业履约过程中所产出的商品具有不可替代用途，且该企业在整个合同期间内有权就累计至今已完成的履约部分收取款项。

2.在某一时段内履行的履约义务的收入确认方法

（1）对于在某一时段内履行的履约义务，企业应当在该段时间内按照履约进度确认收入，履约进度不能合理确定的除外。

（2）对于施工中尚未安装、使用或耗用的商品（不包含服务）或材料成本等，当企业在合同开始日就能够预期将满足下列所有条件时，企业在采用成本法时不应包括该商品的成本，而是应当按照其成本金额确认收入：

一是，该商品不构成单项履约义务。

二是，客户先取得该商品的控制权，之后才接受与之相关的服务。

三是，该商品的成本占预计总成本的比重较大。

四是，企业自第三方采购该商品，且未深入参与其设计和制造，对于包含该商品的履约义务而言，企业是主要责任人。

（3）对于施工企业在某一时段内履行履约义务时，会计分录如下表所示：

业务	会计分录
发生合同成本时	借：合同履约成本 　　贷：原材料、银行存款等
根据履约进度确认收入并结转成本时	借：合同结算——收入结转 　　贷：主营业务收入 借：主营业务成本 　　贷：合同履约成本
根据合同约定结算工程款时	借：应收账款等 　　贷：合同结算——价款结算
合同结转预计损失时	借：主营业务成本 　　贷：预计负债

（二）某一时点内履行的履约义务

企业应当在客户取得相关商品控制权时点确认收入。

控制权转移的判断需要具体分析，有下列情况"可能"表明商品的控制权已经转移：

（1）企业就该商品享有现时收款权利，即客户就该商品负有现时付款义务。

（2）企业已将该商品的法定所有权转移给客户，即客户已拥有该商品的法定所有权。

（3）企业已将该商品实物转移给客户，即客户已实物占有该商品。

需要说明的是，满足"售后代管商品"安排条件时，商品控制权转移：

①该安排必须具有商业实质，例如该安排是应客户的要求而订立的。

②属于客户的商品必须能够单独识别，例如将属于客户的商品单独存放在指定地点。

③该商品可以随时交付给客户。

④企业不能自行使用该商品或将该商品提供给其他客户。

（4）企业已将该商品所有权上的主要风险和报酬转移给客户。

（5）客户已接受该商品。

①应当考虑客户是否已接受该商品，特别是客户的验收是否仅仅是一个形式。

②定制化程度越高的商品，可能越难证明客户验收仅仅是一个形式。

③如果企业将商品发送给客户供其试用或者测评，且客户并未承诺在试用期结束前支付任何对价，则在客户接受该商品或者在试用期结束之前，该商品的控制权并未转移给客户。

◀ ◀ ◀ **通关绿卡**

命题角度：判断履约义务属于某一时段内履行还是某一时点履行，并说明理由。

此类题目按以下步骤进行判断和作答：

第一步，判断是否满足某一时段内履行的履约义务，如果三个条件均不满足，则属于某一时点履行的履约义务。

第二步，如果属于某一时段内履行的履约义务，则需要计算履约进度，在资产负债表日根据履约进度确认收入。

第三步，如果属于某一时点履行的履约义务，则需要关注商品控制权转移的时点，同时控制权转移迹象的判断也十分重要。

第35记 **2分** **合同成本**

飞越必刷题：31、62、132

合同成本包括合同取得成本和合同履约成本，具体核算内容如下表所示：

合同成本	内容	说明
合同取得成本	增量成本，例如，销售佣金等	无论是否取得合同均会发生的差旅费、投标费、为准备投标资料发生的相关费用等不属于合同取得成本，发生时计入当期损益
合同履约成本	直接人工、直接材料、制造费用或类似费用、明确由客户承担的成本以及仅因该合同而发生的其他成本	企业应当在下列支出发生时，将其计入当期损益： （1）管理费用，除非这些费用明确由客户承担。 （2）非正常消耗的直接材料、直接人工和制造费用（或类似费用），这些支出为履行合同发生，但未反映在合同价格中。 （3）与履约义务中已履行（包括已全部履行或部分履行）部分相关的支出，即该支出与企业过去的履约活动相关。 （4）无法在尚未履行的与已履行（或已部分履行）的履约义务之间区分的相关支出

命题角度：判断相关支出属于合同取得成本还是合同履约成本。

合同取得成本是增量成本的概念，销售佣金是典型的合同取得成本。合同履约成本类似于工业企业的生产成本，其包括直接人工、直接材料、制造费用或类似费用等。

第36记 2分 附有销售退回条款的销售

飞越必刷题：63、134

在每一资产负债表日，企业应当重新估计未来销售退回情况，如有变化，应当作为会计估计变更进行会计处理。具体会计处理如下表所示：

情形		会计分录
销售时		借：银行存款、应收账款等 　贷：主营业务收入 　　　预计负债（预计退货率×交易价格） 　　　应交税费——应交增值税（销项税额） 借：主营业务成本 　　应收退货成本（预计退货率×商品总成本） 　贷：库存商品
资产负债表日根据预计退货率进行调整时		借或贷：预计负债 　贷或借：主营业务收入 借或贷：主营业务成本 　贷或借：应收退货成本
退货期满	未退货	借：预计负债 　贷：主营业务收入 借：主营业务成本 　贷：应收退货成本
	实际退货数量>预计退货数量	借：预计负债 　　主营业务收入 　　应交税费——应交增值税（销项税额） 　贷：银行存款等 借：库存商品 　贷：应收退货成本 　　　主营业务成本

续表

情形		会计分录
退货期满	实际退货数量＜预计退货数量	借：预计负债 　　应交税费——应交增值税（销项税额） 　贷：主营业务收入 　　　库存商品 借：库存商品 　　主营业务成本 　贷：应收退货成本
	实际退货数量＝预计退货数量	借：预计负债 　　应交税费——应交增值税（销项税额） 　贷：银行存款等 借：库存商品 　贷：应收退货成本

◀ ◀ ◀ 通关绿卡

命题角度：根据经济业务，对附有销售退回条款的销售进行账务处理。

此类题目需要注意以下两点问题：

第一，根据预计退货率确定预计负债和应收退货成本。

第二，退货期满时，无论是否发生退货，实际退货数量大于或小于预计退货数量的，原确认的预计负债和应收退货成本均应冲减为零。

[2分]
第**37**记
附有质量保证条款的销售

5581-37

飞越必刷题：71

企业提供质保服务的，应分析企业提供的是"保证类质保"还是"服务类质保"，具体会计处理如下表所示：

情形	是否构成单项履约义务	说明
保证类质保	×	执行或有事项准则，会计分录为： 借：主营业务成本 　贷：预计负债

续表

情形	是否构成单项履约义务	说明
服务类质保	√	执行收入准则，会计分录为： 借：银行存款 　贷：主营业务收入 　　　合同负债 分摊交易价格，在履行相关履约义务确认收入时： 借：合同负债 　贷：主营业务收入 发生服务类质保时： 借：合同履约成本 　贷：原材料等 借：主营业务成本 　贷：合同履约成本

通关绿卡

命题角度：根据资料判断合同中企业为客户提供的延保服务是否构成单项履约义务。

此类题目需要结合给定的已知条件进行判断，此项延保服务是否在向客户保证所销售商品符合既定标准之外提供了一项单独的服务。如果满足，属于提供服务类质保服务，应将其作为单项履约义务，并把交易价格按合同开始日单独售价相对比例进行分配，并在履行该项履约义务时确认收入。如果经过判断未提供一项单独服务的，属于保证类质保服务，满足条件确认预计负债。

第38记 【1分】 主要责任人和代理人

飞越必刷题：64、132

企业在向客户转让商品前能够控制该商品的，该企业为主要责任人，应当按照已收或应收对价总额确认收入（总额法）。否则，该企业为代理人，应当按照预期有权收取的佣金或手续费的金额确认收入（净额法）。

企业向客户转让特定商品之前能够控制该商品的情形包括：

（1）企业自该第三方取得商品或其他资产控制权后，再转让给客户。

（2）企业能够主导该第三方代表本企业向客户提供服务。

（3）企业自该第三方取得商品控制权后，通过提供重大的服务将该商品与其他商品整合成合同约定的某组合产出转让给客户。

通关绿卡

命题角度：根据经济业务判断企业是主要责任人还是代理人，并说明理由。

此类题目判断的关键点在于，企业在特定商品转让给客户之前是否能够控制该商品。需要综合考虑所有相关事实和情况进行判断，这些事实和情况包括：

①企业承担向客户转让商品的主要责任。

②企业在转让商品之前或之后承担了该商品的存货风险。

③企业有权自主决定所交易商品的价格。

在特定商品转让给客户之前企业已经能够控制该商品，则企业是主要责任人，主要责任人按总额法确认收入；反之为代理人，代理人应按净额法确认收入。

第39记 附有客户额外购买选择权的销售 2分

飞越必刷题：72、134

对于附有客户额外购买选择权的销售，企业应当评估该选择权是否向客户提供了一项重大权利。企业提供重大权利的，应当作为单项履约义务，按照有关交易价格分摊的要求将交易价格分摊至该履约义务，在客户未来行使购买选择权取得相关商品控制权，或者该选择权失效时，确认相应的收入。会计分录为：

借：银行存款

　　贷：主营业务收入

　　　　合同负债（额外购买选择权的交易价格）

客户行权或者权利失效时：

借：合同负债

　　贷：主营业务收入

需要说明的是，企业提供额外购买选择权时要分析购买选择权是否为重大权利，例如，持券折扣为40%，不持券折扣为10%，对于客户而言重大权利不是折扣40%，而是增量的折扣30%，因此，在计算折扣券单独售价时，应按增量折扣计算。

第40记 授予知识产权许可

1分

飞越必刷题：73

（一）概述

企业向客户授予的知识产权应区分是否构成单项履约义务，分别进行会计处理，具体情况如下表所示：

情形	内容	会计处理
不构成 单项履约义务	该知识产权许可构成有形商品的组成部分并且对于该商品的正常使用不可或缺，客户只有将该知识产权许可和相关服务一起使用才能够从中获益（整合产出）	该知识产权许可和其他商品一起作为一项履约义务在相关知识产权控制权转让时确认收入
构成 单项履约义务	同时满足下列条件时，应当作为在某一时段内履行的履约义务确认相关收入： （1）合同要求或客户能够合理预期企业将从事对该项知识产权有重大影响的活动。 （2）该活动对客户将产生有利或不利影响。 （3）该活动不会导致向客户转让商品	根据履约进度确认收入
	不满足在某一时段内履行的履约义务，应作为在某一时点履行的履约义务确认收入	在相关知识产权控制权转让时确认收入

（二）收入确认

企业向客户授予知识产权许可，并约定按客户实际销售或使用情况收取特许权使用费的，应当在客户后续销售或使用行为实际发生与企业履行相关履约义务两项孰晚的时点确认收入。

需要说明的是，以上情形属于估计可变对价的例外规定，该例外规定只有在下列两种情形下才能使用：

（1）特许权使用费仅与知识产权许可相关。

（2）特许权使用费可能与合同中的知识产权许可和其他商品都相关，但是与知识产权许可相关的部分占有主导地位。

另外，企业使用该例外规定时，应整体采用该规定。如果与授予知识产权许可相关的对价同时包含固定金额和按客户实际销售或使用情况收取的变动金额两部分，则只有后者能采用该例外规定。对于不适用该例外规定的特许权使用费，应当按照估计可变对价的一般原则进行处理。

命题角度：判断授予客户知识产权许可属于某一时段履行的履约义务还是某一时点履行的履约义务。

此处与之前判断标准有所不同，需要注意，同时满足三个条件的授予客户知识产权许可属于某一时段内履行的履约义务，否则属于某一时点履行的履约义务。

第**41**记　 2分　 **售后回购**

飞越必刷题：32、65

售后回购义务需要区分以下情况分别进行会计处理，具体如下表所示：

情形	回购价格与原售价关系	会计处理	说明
（1）企业因存在与客户的远期安排而负有回购义务。 （2）企业享有回购权利。 （3）企业负有应客户要求回购商品义务，且客户具有重大经济动因	回购价格<原售价	租赁交易	客户在销售时点并未取得相关商品控制权，不能确认收入
	回购价格>原售价	融资交易 在收到客户款项时确认金融负债，并将该款项和回购价格的差额在回购期间内确认为利息费用，企业到期未行使回购权利的，应当在该回购权利到期时终止确认金融负债，同时确认收入	
企业负有应客户要求回购商品义务，但客户不具有重大经济动因	—	附有销售退回条款的销售交易	

命题角度：根据经济业务对售后回购交易进行会计处理。

此类题目作答时需要按以下步骤进行：

第一步，判断回购交易是属于企业的权利，还是属于客户的权利，如果是属于企业的权利再将回购价格与原售价进行比较，从而确定是租赁交易还是融资交易并分别进行会计处理。

第二步，判断结果是客户拥有回售权，需要继续判断客户是否具有行使该要求权的重大经济动因，如果没有应作为具有销售退回条款的销售处理（第36记），如果有应将回售价格与原售价进行比较，从而确定是租赁交易还是融资交易并分别进行会计处理。

第42记 ［1分］ 客户未行使的权利

飞越必刷题：74

企业向客户预收销售商品款项的，应当将该款项确认为负债，待履行了相关履约义务时再转为收入，企业预期将有权获得与客户所放弃的合同权利相关金额的，应当按照客户行使合同权利的模式按比例将上述金额确认为收入，会计分录为：

（1）预收款项时：

借：银行存款等

　　贷：合同负债

　　　　应交税费——待转销项税额

（2）确认收入时：

借：合同负债

　　　应交税费——待转销项税额

　　贷：主营业务收入［实际消费金额+（实际消费金额/预计消费金额）×预计不会消费金额］

　　　　应交税费——应交增值税（销项税额）

第43记 ［1分］ 无需退回的初始费

飞越必刷题：75

企业在合同开始日（或接近合同开始）向客户收取的无需退回的初始费（如俱乐部的入会费等）应当计入交易价格。

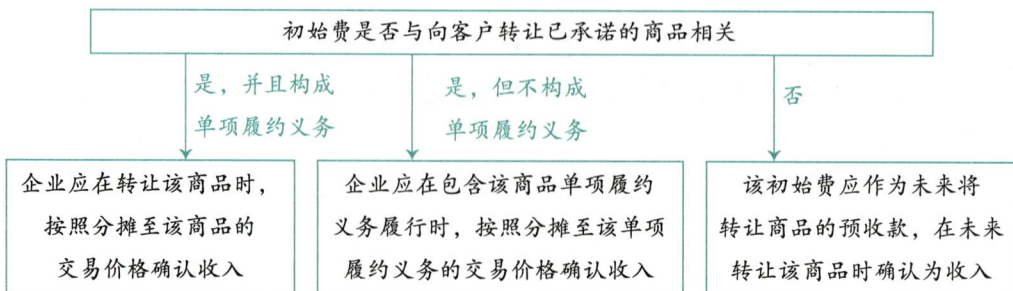

初始费是否与向客户转让已承诺的商品相关		
是，并且构成单项履约义务	是，但不构成单项履约义务	否
企业应在转让该商品时，按照分摊至该商品的交易价格确认收入	企业应在包含该商品单项履约义务履行时，按照分摊至该单项履约义务的交易价格确认收入	该初始费应作为未来将转让商品的预收款，在未来转让该商品时确认为收入

558 1-44

资产负债表日后事项会计处理

第**44**记 2分

飞越必刷题：33、66、67、139

资产负债表日后事项不是在这个特定期间内发生的全部事项，而是那些与资产负债表日存在状况有关的事项或对企业财务状况具有重大影响的事项。具体内容和会计处理如下表所示：

项目	内容	会计处理
资产负债表日后调整事项	（1）资产负债表日后诉讼案件结案，法院判决证实了企业在资产负债表日已经存在现时义务，需要调整原先确认的与该诉讼案件相关的预计负债，或确认一项新负债。 （2）资产负债表日后取得确凿证据，表明某项资产在资产负债表日发生了减值或者需要调整该项资产原先确认的减值金额。 （3）资产负债表日后进一步确定了资产负债表日前购入资产的成本或售出资产的收入。 （4）资产负债表日后发现了财务报表舞弊或差错等	应当如同资产负债表所属期间发生的事项一样，作出相关账务处理，并对资产负债表日已经编制的财务报表进行调整。但不包括现金流量表正表和资产负债表"货币资金"项目
资产负债表日后非调整事项	（1）资产负债表日后发生重大诉讼、仲裁、承诺。 （2）资产负债表日后资产价格、税收政策、外汇汇率发生重大变化。 （3）资产负债表日后因自然灾害导致资产发生重大损失。 （4）资产负债表日后发行股票和债券以及其他巨额举债。 （5）资产负债表日后资本公积转增资本。 （6）资产负债表日后发生巨额亏损。 （7）资产负债表日后发生企业合并或处置子公司。 （8）资产负债表日后，企业利润分配方案中拟分配的以及经审议批准宣告发放的股利或利润。 （9）对于在报告期已经开始协商，但在报告期资产负债表日后的债务重组等	应当在报表附注中披露每项重要的资产负债表日后非调整事项的性质、内容及其对财务状况和经营成果的影响

命题角度：选择属于资产负债表日后调整事项。

此类题目按以下步骤进行判断：

第一步，是否发生在资产负债表日后期间，不是，不属于资产负债表日后事项；是，进入第二步。

第二步：是否对财务报表产生有利或不利影响，不是，属于当年正常事项；是，进入第三步。

第三步：是否在报告期或资产负债表日已经存在，不是，属于资产负债日后非调整事项；是，属于资产负债日后调整事项。

第45记 （2分） 会计政策变更和会计估计变更

飞越必刷题：34、68

（1）会计政策变更采用追溯调整法或未来适用法进行会计处理，跨年涉及损益类会计科目替换为"盈余公积""利润分配"，无须调整应交所得税，满足条件确认递延所得税。

（2）会计估计变更采用未来适用法进行会计处理。

（3）难以对某项变更区分为会计政策变更或会计估计变更的，应当将其作为会计估计变更处理。会计政策变更和会计估计变更区分如下表所示：

项目	经济业务
会计政策变更	①发出存货计价方法的变更。 ②投资性房地产后续计量模式由成本模式改为公允价值模式。 ③执行新收入准则将原以风险报酬转移确认收入改为以控制权转移确认收入。 ④执行新金融工具准则将原来金融资产"四分类"改为"三分类"。 ⑤新租赁准则要求将原经营租赁资产满足条件确认为使用权资产。 ⑥因执行新准则，而对原准则规定的会计处理进行变更等

续表

项目	经济业务
会计估计变更	①存货可变现净值的确定。 ②采用公允价值模式计量的投资性房地产公允价值的确定。 ③固定（无形）资产的预计使用寿命、净残值和折旧（摊销）方法。 ④可收回金额按照资产（组）的公允价值减去处置费用后的净额确定的，确定公允价值减去处置费用后的净额的方法。可收回金额按照资产（组）预计未来现金流量的现值确定的，预计未来现金流量的确定。 ⑤预计负债初始计量的最佳估计数的确定。 ⑥各类资产公允价值的确定（含输入值的确定）。 ⑦承租人对未确认融资费用的分摊，出租人对未实现融资收益的分配。 ⑧某一时段履行履约进度的计算方法等

通关绿卡

命题角度：判断经济业务属于会计政策变更还是会计估计变更。

此类题目需要准确把握会计政策变更和会计估计变更的定义，然后作出准确的选择。建议同学们将上述表格中列举的会计政策变更情形记住，剩余的即为会计估计变更。同时，会计估计变更的案例大概率会出现"数字"，例如，使用年限、百分率、净额、净值等。

第46记 [2分] 前期差错更正的会计处理

飞越必刷题：137、138

前期差错按照重要程度分为重要的前期差错和不重要的前期差错。重要的前期差错会计处理如下：

（1）前期差错更正采用追溯重述法进行会计处理，跨年调整涉及损益类会计科目通过"以前年度损益调整"。

（2）关于前期差错更正调整所得税时，需要关注考题要求，如果题目中要求调整当期应交税费的，则正常调整"应交税费"；如果题目中要求不能调整当期应交税费，还需要分析是否满足递延所得税的确认条件，如果满足，需要确认递延所得税资产（负债）。

（3）全部调整后需要将"以前年度损益调整"结转至"盈余公积"和"利润分配——未分配利润"。

命题角度：根据经济业务判断是否属于会计差错，并进行会计处理。

此类题目涉及调整分录，同学们按以下步骤进行处理：

第一步，将此业务正确的会计分录写出来。

第二步，把错误的会计分录全部反过来写。

第三步，"合并同类项"，剩余没有合并和自动抵销的会计科目组合即是调整分录。

第47记 [2分] 会计调整事项对比

飞越必刷题：68

内容	会计处理方法	损益类会计科目替换	所得税
会计政策变更	追溯调整法或未来适用法	留存收益	满足条件确认递延所得税资产（负债）
前期会计差错更正	追溯重述法	以前年度损益调整	看题目要求*
资产负债表日后调整事项	—		

*涉及调整所得税时仍然需要关注考题要求，题目中明确说明可以调整当期应交税费的，则可以正常调整；如果题目中要求不能调整当期应交税费的，则需要分析是否满足递延所得税的确认条件，如果满足确认条件，则应该确认递延所得税资产（负债）。

命题角度：经济业务中的事项是否属于资产负债表日后事项，如果属于，则需要编制调整分录。

做此类题目首先需要作出肯定或否定的判断（无论是否能够准确地作出判断，均需要判断，根据以往经验大概率是调整事项，但同学们也需要具体情况具体分析），然后编制调整分录。很多同学不会编制调整分录，那请按以下步骤练习：

第一步，将此业务正确的会计分录写出来。

第二步，把错误的会计分录全部反过来写。

第三步，"合并同类项"，剩余没有合并和自动抵销的会计科目组合即是调整分录。

需要注意的是，涉及损益类会计科目需要替换成"以前年度损益调整"科目。

第48记 合并财务报表概述

1分

飞越必刷题：76

（一）合并财务报表构成

合并财务报表至少应当包括合并资产负债表、合并利润表、合并现金流量表、合并所有者权益变动表和附注。

（二）财务报表的分类

财务报表可以按照不同的标准进行分类。

分类标准	分类
编报期间	中期财务报表和年度财务报表
编报主体	个别财务报表和合并财务报表

需要说明的是，企业计提中期期末编制合并财务报表的，至少应当包括合并资产负债表、合并利润表、合并现金流量表和附注。

第49记 交易费用总结

2分

飞越必刷题：143

相关交易费用请参看下表所示：

业务内容	会计核算
企业合并方式形成长期股权投资 （同控+非同控）	管理费用
非企业合并方式形成长期股权投资	长期股权投资
交易性金融资产（负债）	投资收益（借方）
债权投资、其他债权投资、 其他权益工具投资	初始投资成本
发行普通股	冲减"资本公积——股本溢价"
发行除普通股以外的权益工具	冲减"其他权益工具"
发行一般公司债券	折价发行：增加"利息调整"（借方） 溢价发行：冲减"利息调整"（贷方）
发行可转换公司债券	按照负债成分与权益成分的公允价值比例分摊

第二模块

性价比很高

● 此模块有一定难度，同学们要做好心理准备，此部分内容也不是一学就会，一做就对，一考就过，此部分内容中大概有60%部分会考核主观题，因此，还是需要同学们不折不扣地掌握，加油！

风雨之后见彩虹

第50记 [1分] 资产的账面价值与计税基础

飞越必刷题：99、148

（1）资产账面价值，是指资产账面余额扣除其备抵科目后的净额。

（2）资产计税基础，是指企业收回资产账面价值过程中，计算应纳税所得额时按照税法规定可以自应税经济利益中抵扣的金额。

（3）具体资产账面价值与计税基础对比如下表所示：

资产	账面价值	计税基础
固定资产	固定资产原值–累计折旧–固定资产减值准备	固定资产原值–税法口径的累计折旧
无形资产	无形资产原值–累计摊销–无形资产减值准备	无形资产原值–税法口径的累计摊销
交易性金融资产 其他权益工具投资	期末公允价值	历史成本
债权投资	账面价值	账面余额（未扣除减值）
投资性房地产	成本模式：投资性房地产原值–投资性房地产累计折旧（摊销）–投资性房地产减值准备	资产原值–税法口径的累计折旧（摊销）
	公允价值模式：期末公允价值	需要说明的是，采用公允价值模式计量的投资性房地产在税法中仍需要计提折旧（摊销）

命题角度：说明某项资产的计税基础。

　　资产的计税基础本质上就是税法口径认可资产在某个时点的价值，一般情形下，资产的账面价值和计税基础在初始计量时不会产生差异（内部研发无形资产除外），在后续计量时因税法和会计计量口径不一致才会产生差异。因此，某项资产的计税基础是以初始计量为基础按税法标准计算后的结果。

第51记 1分 负债的账面价值与计税基础

飞越必刷题：77、99、148

（1）负债账面价值，是指负债账面余额扣除备抵科目后的净额。

（2）负债计税基础，是指负债账面价值减去未来期间计算应纳税所得额时按照税法规定可予抵扣的金额。

（3）具体负债账面价值与计税基础对比如下表所示：

负债	账面价值	计税基础
产品质量保证确认的预计负债	账面余额-备抵科目	0
债务担保确认的预计负债		如果税法规定不得税前扣除，则计税基础=账面价值
		如果税法规定应计入当期应纳税所得额，则计税基础为0
合同负债		如果税法中对于收入的确认原则一般与会计规定相同，则计税基础=账面价值
应付职工薪酬		超过部分在发生当期不允许税前扣除，在以后期间也不允许税前扣除，则计税基础=账面价值
		以现金结算的股份支付形成的应付职工薪酬，实际支付时可计入应纳税所得额，则计税基础为0
其他负债		罚款和滞纳金不得税前扣除，则计税基础=账面价值

第52记 2分 暂时性差异的判断

飞越必刷题：78、99、148

（1）暂时性差异的形成如下：

资产账面价值<资产计税基础→可抵扣暂时性差异

资产账面价值>资产计税基础→应纳税暂时性差异

负债账面价值>负债计税基础→可抵扣暂时性差异

负债账面价值<负债计税基础→应纳税暂时性差异

（2）某些交易或事项发生以后，因为不符合资产、负债的确认条件而未体现为资产负债表中的资产或负债，但按照税法规定能够确定其计税基础的，其账面价值零与计税基础之间的差异也构成暂时性差异。例如，超标的广告费和职工教育经费（可抵扣暂时性差异）。

（3）企业当年发生亏损可以用未来5年内实现的税前会计利润弥补，所以当期的亏损额会在以后年度减少应纳税所得额，从而使企业在未来期间少纳税。在符合确认条件的情况下，这是典型的可抵扣暂时性差异，若企业未来期间有足够的应纳税所得额抵扣可抵扣暂时性差异，则应将当年新增亏损额乘以未来期间企业适用的所得税税率确认递延所得税资产。

◀ ◀ ◀ 通关绿卡

命题角度：根据交易事项判断暂时性差异的类型。

此类题目需要准确判断资产或负债的计税基础，然后根据账面价值与计税基础之间的关系作出判断。

需要说明的是，有两项特殊交易会形成可抵扣暂时性差异，需要单独记忆：

（1）超过税法规定税前扣除标准的广告费（或职工教育经费）。

（2）企业发生的可用未来5年税前利润弥补的亏损。

◀ ◀ ◀ 记忆口诀

命题角度：根据经济业务判断暂时性差异的类型。

同学们需要将资产账面价值小于其计税基础形成可抵扣暂时性差异牢记，其他均可以推导出来，资产账面价值小于其计税基础形成可抵扣暂时性差异的口诀为"资账小计可抵扣"。

第53记 1分 递延所得税负债的确认和计量

飞越必刷题：79、99、148

（一）递延所得税负债的确认

1.一般原则

除企业会计准则中明确规定可不确认递延所得税负债的情况以外，企业对于所有的应纳税暂时性差异均应确认相关的递延所得税负债。除直接计入所有者权益的交易或事项（对应科目为资本公积、盈余公积、利润分配、其他综合收益）以及企业合并外（对应科目为商誉），在确认递延所得税负债的同时，应增加利润表中的所得税费用。

需要说明的是，单位价值在500万元以下的固定资产一次性税前扣除，会形成应纳税暂时性差异，满足条件应确认递延所得税负债。

2.不确认递延所得税负债的特殊情况

有些情况下，虽然资产、负债的账面价值与其计税基础不同，产生了应纳税暂时性差异，但出于各方面考虑，企业会计准则中规定不确认相应的递延所得税负债，主要包括：

（1）商誉的初始确认。

非同一控制下的企业合并中，企业合并成本大于合并中取得的被购买方可辨认净资产公允价值份额的差额，按照会计准则规定应确认为商誉。因会计与税法的划分标准不同，会计上作为非同一控制下的企业合并，但如果按照税法规定计税时作为免税合并的情况下，商誉的计税基础为零，则其账面价值与计税基础形成应纳税暂时性差异，准则中规定不确认与其相关的递延所得税负债。

（2）除企业合并以外的其他交易或事项中，如果该项交易或事项发生时既不影响会计利润，也不影响应纳税所得额，则所产生的资产、负债的初始确认金额与其计税基础不同，形成应纳税暂时性差异的，交易或事项发生时不确认相应的递延所得税负债。

3.不符合初始计量豁免确认递延所得税的情形

具体包括：

（1）承租人在租赁期开始日确认租赁负债，其账面价值为尚未支付的租赁付款现值，计税基础为0，产生可抵扣暂时性差异，满足条件确认递延所得税资产。

（2）承租人在租赁期开始日确认使用权资产，其账面价值为租赁负债确认金额和其他相关支出之和，计税基础为0，产生应纳税暂时性差异，确认递延所得税负债。

（3）固定资产存在弃置费用确认预计负债，其账面价值为预计弃置费用的现值，计税基础为0，产生可抵扣暂时性差异，满足条件确认递延所得税资产。

命题角度：根据经济业务，针对单项交易涉及递延所得税进行会计处理。

与租赁相关单项交易确认递延所得税的会计分录为：

借：递延所得税资产（租赁负债产生的可抵扣暂时性差异×所得税税率）

　　贷：递延所得税负债（使用权资产产生的应纳税暂时性差异×所得税税率）

差额：所得税费用（基于初始直接费用等形成的税会差异×所得税税率）

（二）递延所得税负债的计量

递延所得税负债的发生额=新增（或转回）应纳税暂时性差异×未来转回期间适用的所得税税率

命题角度：根据经济业务判断是否需要确认递延所得税负债，并说明理由。

首先，要给出是否确认的答案；其次，阐述理由。主要基于不确认的情形，请同学们注意不确认的情形，即上述总结的"2.不确认递延所得税负债的特殊情况"。另外提示同学们的是，商誉在初始确认时是否确认递延所得税负债，一定要看清是"同控"还是"非同控"，是"应税合并"还是"免税合并"。

第54记 ［1分］ 递延所得税资产的确认和计量

飞越必刷题：99、100、148

（一）递延所得税资产的确认

1.一般原则

资产、负债的账面价值与其计税基础不同产生可抵扣暂时性差异的，在估计未来期间能够取得足够的应纳税所得额用以利用该可抵扣暂时性差异时，应当以很可能取得用来抵扣可抵扣暂时性差异的应纳税所得额为限，确认相关的递延所得税资产。

2.不确认递延所得税资产的特殊情况

某些情况下，如果企业发生的某项交易或事项不是企业合并，并且该交易发生时既不影响会计利润，也不影响应纳税所得额，且该项交易中产生的资产、负债的初始确认金额与其计税基础不同，产生可抵扣暂时性差异的，企业会计准则中规定在交易或事项发生时不确认相应的递延所得税资产。

3.递延所得税资产的减值

资产负债表日，企业应当对递延所得税资产的账面价值进行复核。如果未来期间很可能无法取得足够的应纳税所得额用以利用递延所得税资产的利益，应当减记递延所得税资产的账面价值。递延所得税资产的账面价值减记以后，在以后期间根据新的环境和情况判断能够产生足够的应纳税所得额利用可抵扣暂时性差异，使得递延所得税资产包含的经济利益能够实现的，应相应恢复递延所得税资产的账面价值。

（二）递延所得税资产的计量

递延所得税资产的发生额=新增（或转回）可抵扣暂时性差异×未来转回期间适用的所得税税率

◀ ◀ ◀ 通关绿卡

命题角度：根据经济业务判断是否需要确认递延所得税资产，并说明理由。

此类题目首先要给出是否确认的答案；其次，阐述理由，主要基于不确认的情形。历年考核较多的情况是内部研发形成的无形资产，满足税法规定"三新研发"的税收优惠，这点同学们应该都能准确地判断。关键是说明理由的部分，同学们可以将理由分层记忆，第一层，企业发生的某项交易或事项不是企业合并；第二层，交易发生时既不影响会计利润也不影响应纳税所得额；第三层，得出结论。

第55记 [1分] 所得税费用的确认和计量

飞越必刷题：80、99、100、115、148

（一）当期所得税

应纳税所得额=会计利润±纳税调整事项

当期所得税=应纳税所得额×所得税税率

（二）递延所得税

递延所得税费用（或收益）=当期递延所得税负债的增加+当期递延所得税资产的减少−当期递延所得税负债的减少−当期递延所得税资产的增加

（三）所得税费用

所得税费用=当期所得税+递延所得税费用（或−递延所得税收益）

计入当期损益的所得税费用（或收益）不包括企业合并（商誉）和直接在所有者权益中确认的交易或事项产生的所得税影响（其他综合收益、资本公积、留存收益）。与直接计入所有者权益的交易或者事项相关的递延所得税，应当计入所有者权益。

（四）所得税税率变化对所得税费用的影响

企业预计未来期间所得税税率会发生变化，应按未来适用的企业所得税税率确认当期递延所得税，进而影响所得税费用，具体情况如下图所示：

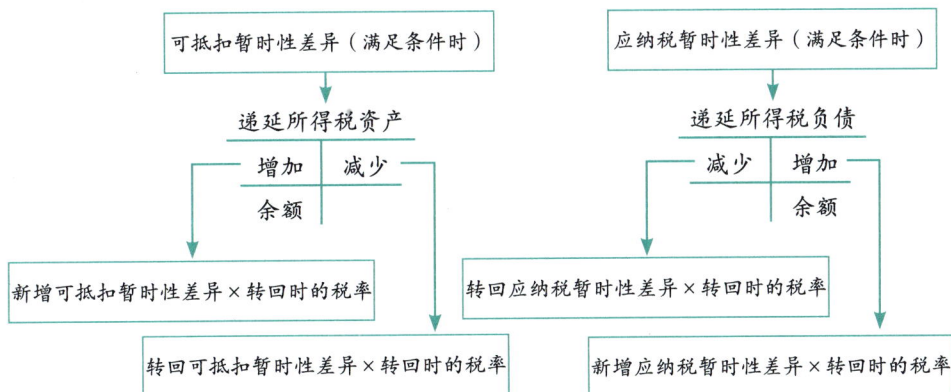

（1）当年"递延所得税资产"发生额=年末可抵扣暂时性差异余额×新税率–年初递延所得税资产余额。

（2）当年"递延所得税负债"发生额=年末应纳税暂时性差异余额×新税率–年初递延所得税负债余额。

通关绿卡

命题角度：计算利润表中列报的所得税费用金额。

所得税费用的计算我们可以根据"有借必有贷，借贷必相等"的原理来进行处理。同学们在做此类题目时可以通过编制会计分录的方式"倒挤"借方的所得税费用。

（1）确定经济业务中递延所得税资产和递延所得税负债是否影响损益，计入当期损益的所得税费用不包括企业合并（递延所得税对应商誉）和直接在所有者权益中确认的交易或事项产生的所得税影响（递延所得税对应其他综合收益、资本公积、留存收益），如果有不影响损益的，则需要单独编制会计分录。

（2）将剩余影响损益的部分确定递延所得税资产和递延所得税负债本期发生额，通过编制会计分录计算所得税费用。

第56记 `1分` 租赁识别、分拆与合并

飞越必刷题：112、142

（一）租赁识别

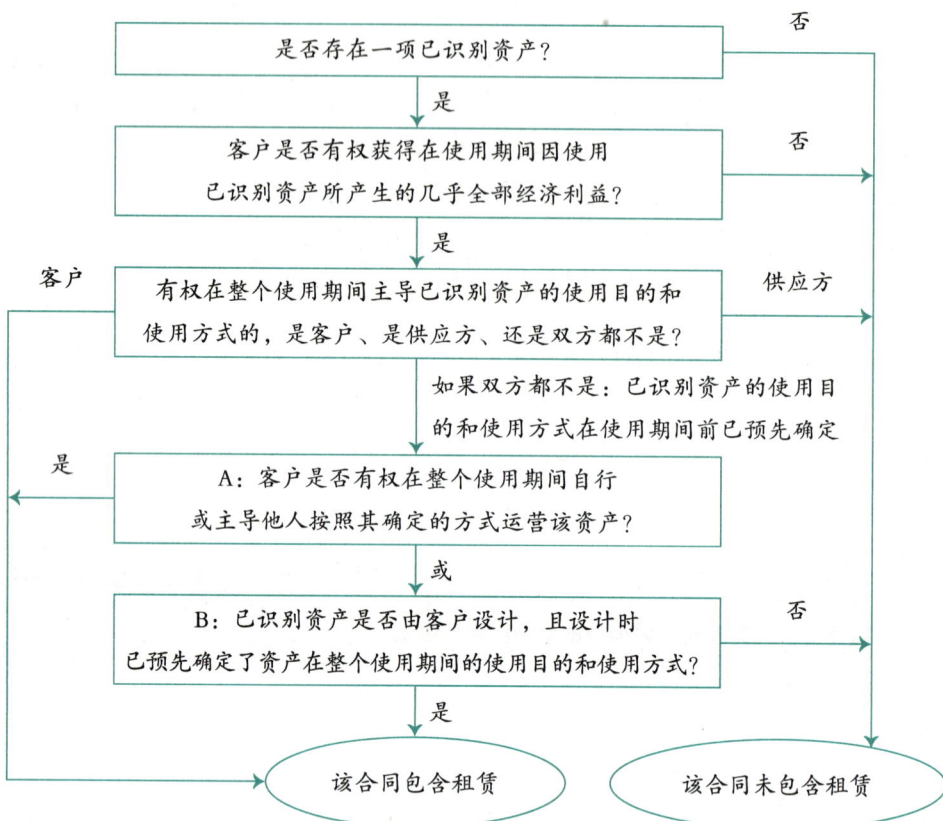

（二）租赁的分拆

当合同中同时包含多项单独租赁的，承租人和出租人应当将合同予以分拆，并分别各项单独租赁进行会计处理。合同中同时包含租赁和非租赁部分的，承租人和出租人应当将租赁和非租赁部分分拆，适用简化处理除外（全部作为租赁）。

（三）租赁的合并

企业与同一交易方或其关联方在同一时间或相近时间订立的两份或多份包含租赁的合同，在满足下列条件之一时，应当合并为一份合同进行会计处理：

（1）这两份或多份合同基于总体商业目的而订立并构成"一揽子交易"，若不作为整体考虑，则无法理解其总体商业目的。

（2）该两份或多份合同中的某份合同的对价金额取决于其他合同的定价或履行情况。

（3）该两份或多份合同让渡的资产使用权合起来构成一项单独租赁。

两份或多份合同合并为一份合同进行会计处理的，仍然需要区分该一份合同中的租赁部分和非租赁部分。

第**57**记 **租赁期** `1分`

飞越必刷题：81

（一）基本规定

租赁期，是指承租人有权使用租赁资产且不可撤销的期间。

承租人有续租选择权，且合理确定将行使该选择权的，租赁期还应当包含续租选择权涵盖的期间。承租人有权终止租赁选择权，但合理确定将不会行使该选择权的，租赁期应当包含终止租赁选择权涵盖的期间。

需要说明的是，如果承租人在租赁协议约定的起租日或租金起付日之前，已获得对租赁资产使用权的控制，表明租赁期已经开始，即合同中存在免租期。

（二）特殊规定

发生承租人可控范围内的重大事件或变化，且影响承租人是否合理确定将行使相应选择权的，承租人应当对其是否合理确定将行使续租选择权、购买选择权或不行使终止租赁选择权进行重新评估，并根据重新评估的结果修改租赁期。

承租人可控范围内的重大事件或变化包括但不限于下列情形：

（1）在租赁期开始日未预计到的重大租赁资产改良，在可行使续租选择权、终止租赁选择权或购买选择权时，预期将为承租人带来重大经济利益。

（2）在租赁期开始日未预计到的租赁资产的重大改动或定制化调整。

（3）承租人做出的与行使或不行使选择权直接相关的经营决策。例如，决定续租互补性资产、处置可替代的资产或处置包含相关使用权资产的业务。

第**58**记 **承租人的会计处理** `2分`

飞越必刷题：82、83、142

（一）初始计量

承租人应当对租赁确认使用权资产和租赁负债，应用短期租赁和低价值资产租赁简化处理的除外。会计分录为：

借：使用权资产

租赁负债——未确认融资费用

贷：租赁负债——租赁付款额

银行存款等（预付租金、支付的初始直接费用等）

预计负债（拆除及复原支出）

其中，租赁负债和使用权资产的计量内容如下表所示：

项目	租赁负债	使用权资产
固定付款额及实质固定付款额	√	
取决于指数或比率的可变租赁付款额	√	
购买选择权的行权价格	√	√
行使终止租赁选择权需支付的款项	√	
承租人提供担保余值预计应支付的款项	√	
在租赁期开始日或之前支付的租赁付款额，存在租赁激励的，应扣除已享受的租赁激励相关金额	×	√
承租人发生的初始直接费用	×	√
承租人为拆卸及移除租赁资产、复原租赁资产所在场地或将租赁资产恢复至租赁条款约定状态预计将发生的成本	×	√

需要说明的是，承租人发生的租赁资产改良支出计入长期待摊费用。

（二）后续计量

使用权资产和租赁负债的后续计量如下表所示：

会计科目	计量原则和会计分录
使用权资产	（1）承租人应当采用成本模式对使用权资产进行后续计量，会计分录为： 借：管理费用、制造费用等 　贷：使用权资产累计折旧 （2）发生减值时，会计分录为： 借：资产减值损失 　贷：使用权资产减值准备 使用权资产减值准备一经计提，不得转回。 （3）行使购买选择权时，会计分录为： 借：固定资产 　　使用权资产累计折旧 　　使用权资产减值准备 　　租赁负债——租赁付款额 　贷：使用权资产 　　租赁负债——未确认融资费用 　　银行存款等

续表

会计科目	计量原则和会计分录
租赁负债	（1）确认租赁负债的利息时，增加租赁负债的账面金额，会计分录为： 借：财务费用等 　　贷：租赁负债——未确认融资费用 （2）支付租赁付款额时，减少租赁负债的账面金额，会计分录为： 借：租赁负债——租赁付款额 　　贷：银行存款等 （3）并非取决于指数或比率的可变租赁付款额，应当在实际发生时计入当期损益，但按规定应计入存货成本的从其规定，会计分录为： 借：销售费用等 　　贷：银行存款等

需要说明的是，当实质固定付款额发生变动、担保余值预计的应付金额发生变动、用于确定租赁付款额的指数或比率发生变动和购买选择权、续租选择权或终止租赁选择权的评估结果或实际行使情况发生变化时，应重新计量租赁负债。

通关绿卡

命题角度：根据经济业务，编制承租人租赁资产相关会计分录。

此类题目请同学们关注以下两点易错问题：

（1）并非取决于指数或比率的可变租赁付款额不构成租赁负债初始计量金额。

（2）初始直接费用不构成租赁负债初始确认金额，但构成使用权资产的初始确认金额。

承租人行使购买选择权时，固定资产入账金额按以下公式计算：

固定资产入账金额=使用权资产的账面价值-租赁负债的账面价值+购买价款

第59记 短期租赁、低价值资产租赁的会计处理

1分

飞越必刷题：101

对于短期租赁和低价值资产租赁，承租人可以选择不确认使用权资产和租赁负债。

（一）短期租赁

短期租赁，是指在租赁期开始日，租赁期不超过12个月的租赁。包含购买选择权的租赁不属于短期租赁。

按照简化会计处理的短期租赁发生的租赁变更或其他原因导致租赁期发生变化的，承租人应当将其视为一项新租赁，重新按照上述原则判断该项新租赁是否可以选择简化会计处理。

（二）低价值资产租赁

低价值资产租赁，是指单项租赁资产为全新资产时价值较低（40 000元以下）的租赁。承租人在判断是否是低价值资产租赁时，应基于租赁资产全新状态下的价值进行评估，不应考虑资产已被使用的年限。

如果承租人已经或者预期要把相关资产进行转租赁，则不能将原租赁按照低价值资产租赁进行简化会计处理。

低价值资产同时还应满足只有承租人能够从单独使用该低价值资产或将其与承租人易于获得的其他资源一起使用中获利，且该项资产与其他租赁资产没有高度依赖或高度关联关系时，才能对该资产租赁选择进行简化会计处理。

第60记 | 出租人融资租赁的会计处理

1分

飞越必刷题：102

（一）出租人融资租赁判断

存在下列情况之一的为融资租赁，否则为经营租赁：

（1）在租赁期届满时，租赁资产的所有权转移给承租人。

（2）承租人有购买租赁资产的选择权，所订立的购买价款预计将远低于行使选择权时租赁资产的公允价值。

（3）租赁期占租赁开始日租赁资产使用寿命的75%以上（含75%）。

（4）在租赁开始日，租赁收款额的现值大于等于租赁资产公允价值的90%。

（5）租赁资产性质特殊，如果不作较大改造，只有承租人才能使用。

（6）若承租人撤销租赁，撤销租赁对出租人造成的损失由承租人承担。

（7）资产余值的公允价值波动所产生的利得或损失归属于承租人。

（8）承租人有能力以远低于市场水平的租金继续租赁至下一期间。

（二）出租人融资租赁的会计处理

1.初始计量

在租赁期开始日，出租人应当对融资租赁确认应收融资租赁款，并终止确认融资租赁资产。会计分录为：

借：应收融资租赁款——租赁收款额

　　贷：银行存款（初始直接费用）

　　　　融资租赁资产（账面价值）

　　　　应收融资租赁款——未实现融资收益

　　　　资产处置损益（融资租赁资产账面价值与公允价值的差额，或借方）

其中，租赁收款额包括：

（1）承租人需支付的固定付款额及实质固定付款额。

（2）取决于指数或比率的可变租赁付款额。

（3）购买选择权的行权价格，前提是合理确定承租人将行使该选择权。

（4）承租人行使终止租赁选择权需支付的款项，前提是租赁期反映出承租人将行使终止租赁选择权。

（5）由承租人、与承租人有关的一方以及有经济能力履行担保义务的独立第三方向出租人提供的担保余值。

2.后续计量

（1）出租人应当按照固定的周期性利率计算并确认租赁期内各个期间的利息收入。会计分录为：

借：银行存款

　　贷：应收融资租赁款——租赁收款额

借：应收融资租赁款——未实现融资收益

　　贷：租赁收入

（2）出租人取得的未纳入租赁投资净额计量的可变租赁付款额，如与资产的未来绩效或使用情况挂钩的可变租赁付款额，应当在实际发生时计入当期损益。会计分录为：

借：银行存款

　　贷：租赁收入

第61记 **出租人经营租赁的会计处理** 2分

飞越必刷题：84

（一）租金的处理

在租赁期内的各个期间，出租人应采用直线法或者其他系统合理的方法将经营租赁的租赁收款额确认为租金收入。

（二）出租人对经营租赁提供激励措施

出租人提供免租期的，出租人应将租金总额在不扣除免租期的整个租赁期间内，按直线法或其他合理的方法进行分配，免租期内应当确认租金收入。出租人承担了承租人某些费用的，出租人应将该费用自租金收入总额中扣除，按扣除后的租金收入余额在租赁期内进行分配。

（三）初始直接费用

出租人发生的与经营租赁有关的初始直接费用应当资本化至租赁标的资产的成本，在租赁期内按照与租金收入相同的确认基础分期计入当期损益。

（四）可变租赁付款额

出租人取得的与经营租赁有关的可变租赁付款额，如果是与指数或比率挂钩的，应在租赁期开始日计入租赁收款额。除此之外的，应当在实际发生时计入当期损益。

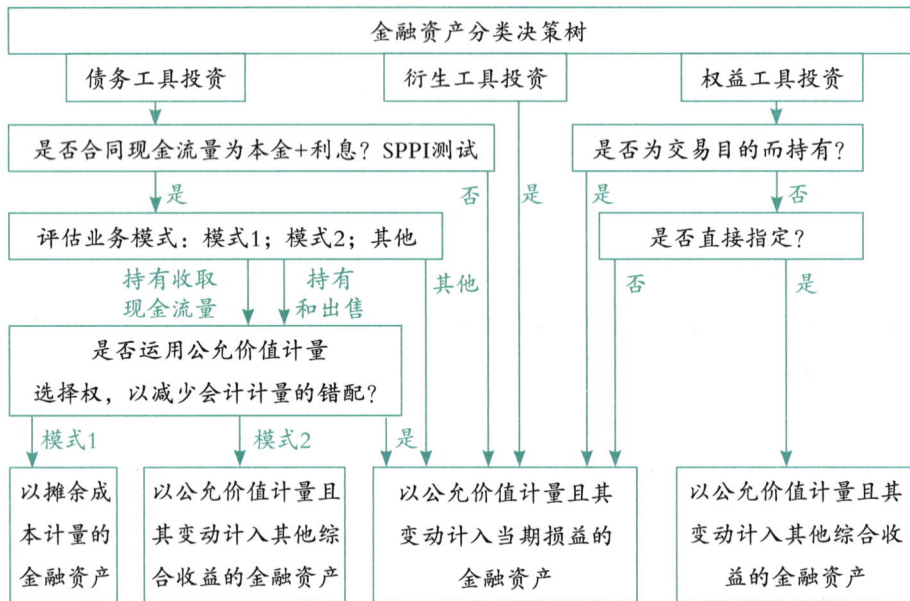

第62记 1分 金融资产分类

飞越必刷题：85

金融资产分类决策树

| 债务工具投资 | 衍生工具投资 | 权益工具投资 |

是否合同现金流量为本金+利息？SPPI测试

是否为交易目的而持有？

评估业务模式：模式1；模式2；其他

是否直接指定？

持有收取现金流量　持有和出售

是否运用公允价值计量选择权，以减少会计计量的错配？

| 以摊余成本计量的金融资产 | 以公允价值计量且其变动计入其他综合收益的金融资产 | 以公允价值计量且其变动计入当期损益的金融资产 | 以公允价值计量且其变动计入其他综合收益的金融资产 |

通关绿卡

命题角度：结合具体的实务案例判断金融资产的具体分类。

请同学们结合上图并按以下步骤对金融资产进行分类：

第一步：分析该项金融工具属于债务工具投资、权益工具投资还是衍生工具投资（需要站在被投资单位的角度进行分析），如果是衍生工具投资（购入看涨期权或看跌期权等），则直接将其分类为以公允价值计量且其变动计入当期损益的金融资产（以下简称"第三类金融资产"）。

第二步：如果属于权益工具投资，分析是否为交易目的而持有，如果是，应将其分类为"第三类金融资产"。如果不是，需进一步分析是否可以将该项非交易性权益工具投资指定为以公允价值计量且其变动计入其他综合收益的金融资产（以下简称"第二类金融资产"），企业如果指定，则属于"第二类金融资产"；企业如果不指定，则属于"第三类金融资产"。

第三步：如果属于债务工具投资，需要进行合同现金流量测试（以下简称"SPPI测试"），如果不能通过"SPPI测试"，则属于"第三类金融资产"。如果可以通过"SPPI测试"，企业需要对持有该金融资产的业务模式进行评估，对于业务模式1和业务模式2还需要分析企业管理层是否运用公允价值计量选择权，以减少会计计量的错配，如果是，则属于"第三类金融资产"；如果不是，则业务模式1属于以摊余成本计量的金融资产，业务模式2属于"第二类金融资产"。

需要说明的是，如果一项金融资产对外"出售"但并未终止确认，意味着企业仍将通过收取该金融资产存续期内合同现金流量的方式实现经济利益，该种业务模式不满足"通过持有并出售金融资产产生整体回报"的情形。因此，金融资产管理业务模式中"出售"，应当是满足会计终止确认条件下的金融资产出售行为。

第63记 2分 以摊余成本计量的金融资产的会计核算

飞越必刷题：86、143

以摊余成本计量的金融资产会计核算如下表所示：

内容	会计处理原则	会计分录
初始取得	按照公允价值计量，相关交易费用应当计入初始确认金额	借：债权投资——成本（面值） 　　　　——应计利息（未到期的利息） 　　　应收利息（已到期但尚未领取的债券利息） 　贷：银行存款等 差额：债权投资——利息调整
后续计量	以摊余成本进行后续计量	借：债权投资——应计利息 　贷：投资收益（账面余额×实际利率） 差额：债权投资——利息调整
发生信用减值	按预期信用减值损失法计算（满足条件可以转回）	借：信用减值损失 　贷：债权投资减值准备
到期或提前处置	处置价款与账面价值的差额计入投资收益	借：银行存款 　贷：债权投资——成本 　　　　——应计利息 　　　　——利息调整（或借方） 差额：投资收益

命题角度：根据经济业务计算债权投资的摊余成本。

在计算期末的摊余成本时，需要关注该债权投资属于分期付息到期还本还是到期一次性还本付息：

（1）分期付息到期还本：

期末债权投资的摊余成本=债权投资期初摊余成本×（1+实际利率）-债券面值×票面利率-计提的减值准备-已偿还的本金

（2）到期一次性还本付息：

期末债权投资的摊余成本=债权投资期初摊余成本×（1+实际利率）-计提的减值准备

第64记 2分 以公允价值计量且其变动计入其他综合收益的金融资产的会计核算

飞越必刷题：87、114、144

以公允价值计量且其变动计入其他综合收益的金融资产包括分类为以公允价值计量且其变动计入其他综合收益的金融资产，以及指定为以公允价值计量且其变动计入其他综合收益的金融资产。

（一）其他债权投资

其他债权投资会计处理如下表所示：

内容	会计处理原则	会计分录
初始取得	按照公允价值计量，相关交易费用应当计入初始确认金额	借：其他债权投资——成本（面值） 　　　　　——应计利息（未到期的利息） 　　应收利息（已到期但尚未领取的债券利息） 　贷：银行存款等 差额：其他债权投资——利息调整
后续计量	以公允价值进行后续计量	（1）按实际利率计提利息时： 借：其他债权投资——应计利息（面值×票面利率） 　贷：投资收益（账面余额×实际利率） 差额：其他债权投资——利息调整 （2）调整公允价值时： 借或贷：其他债权投资——公允价值变动 　贷或借：其他综合收益
发生信用减值	按预期信用减值损失法计算（满足条件可以转回）	借：信用减值损失 　贷：其他综合收益

内容	会计处理原则	会计分录
处置	处置价款与账面价值的差额计入投资收益，原计入其他综合收益的金额转入投资收益	借：银行存款 　贷：其他债权投资——成本 　　　　　　　　——应计利息 　　　　　　　　——利息调整（或借方） 　　　　　　　　——公允价值变动（或借方） 差额：投资收益 借或贷：其他综合收益 　贷或借：投资收益

（二）其他权益工具投资

其他权益工具投资会计处理如下表所示：

内容	会计处理原则	会计分录
初始取得	按照公允价值计量，相关交易费用应当计入初始确认金额	借：其他权益工具投资——成本 　　　应收股利（已宣告但尚未发放的现金股利） 　贷：银行存款等
后续计量	按公允价值进行后续计量	（1）调整公允价值时： 借或贷：其他权益工具投资——公允价值变动 　贷或借：其他综合收益 （2）被投资单位宣告发放现金股利时： 借：应收股利 　贷：投资收益
发生信用减值	不考虑	—
处置	处置价款与账面价值的差额，以及原计入其他综合收益的金额计入留存收益	借：银行存款等 　贷：其他权益工具投资——成本 　　　　　　　　——公允价值变动（或借方） 差额：盈余公积、利润分配——未分配利润 借或贷：其他综合收益 　贷或借：盈余公积、利润分配——未分配利润

命题角度1：根据经济业务对其他债权投资进行会计核算。

此类题目主要注意以下两点问题：

第一，各期实际利息收入的计量与金融资产的公允价值无关。

第二，其他债权投资计提减值准备不影响其账面价值，通过"其他综合收益"科目核算。

命题角度2：根据经济业务对其他权益工具投资进行会计核算。

此类题目需要关注以下两点问题：

第一，其他权益工具投资无须计提减值准备。

第二，处置其他权益工具投资不会影响损益，同时，将原计入其他综合收益的金额结转至留存收益。

第65记 以公允价值计量且其变动计入当期损益的金融资产的会计核算

2分

飞越必刷题：88

交易性金融资产会计处理如下表所示：

内容	会计处理原则	会计分录
初始取得	按照公允价值计量，相关交易费用应当计入投资收益	借：交易性金融资产——成本（公允价值） 　　投资收益（交易费用） 　　应收股利（已宣告但尚未发放的现金股利） 　　应收利息（已到期但尚未领取的债券利息） 　贷：银行存款等
后续计量	按公允价值进行后续计量	（1）调整公允价值时： 借或贷：交易性金融资产——公允价值变动 　贷或借：公允价值变动损益 （2）被投资单位宣告发放现金股利（或分期付息债券到期利息）时： 借：应收股利（交易性金融资产——应计利息） 　贷：投资收益

续表

内容	会计处理原则	会计分录
发生信用减值	不考虑	—
处置	处置价款与账面价值的差额计入投资收益	借：银行存款等（扣除手续费后的净额） 　　贷：交易性金融资产——成本 　　　　　　　　　——公允价值变动（或借方） 差额：投资收益

第66记 金融资产会计核算对比　2分

飞越必刷题：113

三类金融资产的会计核算总结：

项目	债权投资	其他债权投资	其他权益工具投资	交易性金融资产
交易费用	入账成本	入账成本	入账成本	投资收益（借方）
尚未发放利息或股利	债权投资——应计利息	其他债权投资——应计利息	应收股利	应收股利（交易性金融资产——应计利息）
期末计量	摊余成本计量	公允价值计量	公允价值计量	公允价值计量
公允价值变动	—	其他综合收益	其他综合收益	公允价值变动损益
利息计算	摊余成本×实际利率	摊余成本×实际利率	—	面值×票面利率
是否计提减值	√（债权投资减值准备）	√（其他综合收益）	—	—
处置是否影响损益	√	√	×	√
处置时影响的会计科目	投资收益	投资收益（其他综合收益转投资收益）	留存收益（其他综合收益转留存收益）	投资收益

第67记 [1分] 金融负债分类

飞越必刷题：103

除下列各项外，企业应当将金融负债分类为以摊余成本计量的金融负债：

（1）以公允价值计量且其变动计入当期损益的金融负债，包括交易性金融负债（含属于金融负债的衍生工具）和指定为以公允价值计量且其变动计入当期损益的金融负债。

（2）金融资产转移不符合终止确认条件或继续涉入被转移金融资产所形成的金融负债。

（3）不属于上述情形（1）和（2）的部分财务担保合同。

（4）不属于以公允价值计量且其变动计入当期损益的金融负债的以低于市场利率贷款的贷款承诺。

在非同一控制下的企业合并中，企业作为购买方确认的或有对价形成金融负债的，该金融负债应当按照以公允价值计量且其变动计入当期损益进行会计处理。

需要说明的是，金融负债分类一经确定，不得变更。

第68记 [1分] 金融负债的会计核算

飞越必刷题：89

1.初始计量

对于以公允价值计量且其变动计入当期损益的金融负债，相关交易费用应当直接计入当期损益（投资收益）。对于其他类别的金融负债，相关交易费用应当计入初始确认金额，具体会计处理如下表所示：

类型	会计分录
以公允价值计量的金融负债	借：银行存款等 　　投资收益（交易费用） 贷：交易性金融负债——成本
以摊余成本计量的金融负债	借：银行存款等 贷：应付债券——面值（成本） 差额：应付债券——利息调整

2.后续计量

对于以公允价值进行后续计量的金融负债，其公允价值变动形成的利得或损失，除与套期会计有关外，应当计入当期损益。对于以摊余成本计量的金融负债，按实际利率法计算利息费用，计入相关资产成本或当期损益，具体会计处理如下表所示：

类型	会计分录
以公允价值计量的金融负债	（1）公允价值上升时： 借：公允价值变动损益 　　贷：交易性金融负债——公允价值变动 （2）公允价值下降时： 借：交易性金融负债——公允价值变动 　　贷：公允价值变动损益 （3）确认利息费用时： 借：财务费用 　　贷：交易性金融负债——应计利息 （4）到期时： 借：交易性金融负债——成本 　　　　　　　　——公允价值变动（或贷方） 　　　　　　　　——应计利息 　　贷：银行存款等 差额：投资收益
以摊余成本计量的金融负债	（1）确认利息费用时： 借：财务费用、在建工程等 　　贷：应付债券——应计利息 差额：应付债券——利息调整 （2）到期时： 借：应付债券——面值 　　　　　　——应计利息 　　贷：银行存款

第69记 1分 股份支付主要类型

飞越必刷题：90

　　股份支付包括权益结算的股份支付和现金结算的股份支付。

　　（1）以权益结算的股份支付，是指企业为获取服务而以股份或其他权益工具作为对价进行结算的交易，包括限制性股票和股票期权等。

　　（2）以现金结算的股份支付，是指企业为获取服务而承担的以股份或其他权益工具为基础计算的交付现金或其他资产义务的交易，包括现金股票增值权和模拟股票等。

◀ ◀ ◀ 通关绿卡

命题角度：根据经济业务判断是否属于股份支付，以及属于哪种股份支付。

在考试中，判断一项激励属于权益结算的股份支付还是现金结算的股份支付，解题要点在于抓住两者本质上的区别，即以权益结算的股份支付需支付"股票"，而以现金结算的股份支付需支付现金（只是现金的金额是以"股票"为基础确定的）。

第70记 [1分] 股份支付的会计处理

飞越必刷题：91、104、105、116

（一）会计核算
1.授予日

情形	权益结算	现金结算
立即可行权	借：管理费用等 　贷：资本公积——股本溢价（授予日权益工具的公允价值）	借：管理费用等 　贷：应付职工薪酬（授予日企业承担负债的公允价值）
非立即可行权	无须进行会计处理	

2.后续各资产负债表日

阶段	权益结算	现金结算
等待期内	借：管理费用等 　贷：资本公积——其他资本公积（授予日权益工具的公允价值×最佳估计数×当期天数/等待期天数–上期余额）	借：管理费用等 　贷：应付职工薪酬（资产负债表日负债公允价值×最佳估计数×当期天数/等待期天数–上期余额）
可行权日之后	无须进行会计处理	借或贷：公允价值变动损益 　贷或借：应付职工薪酬
行权日	借：银行存款 　　资本公积——其他资本公积 　贷：股本（或库存股） 　　资本公积——股本溢价	借：应付职工薪酬 　贷：银行存款

3.特殊情形

企业修改以现金结算的股份支付协议中的条款和条件，使其成为以权益结算的股份支付的，在修改日，企业应当按照当日所授予权益工具的公允价值计量以权益结算的股份支付，将截至修改日已取得的服务计入资本公积，同时终止确认以现金结算的股份支付在修改日已确认的负债，两者之间的差额计入当期损益。会计分录为：

借：应付职工薪酬——股份支付

　　贷：资本公积——其他资本公积

　　差额：管理费用等

（二）可行权条件的种类、修改和取消

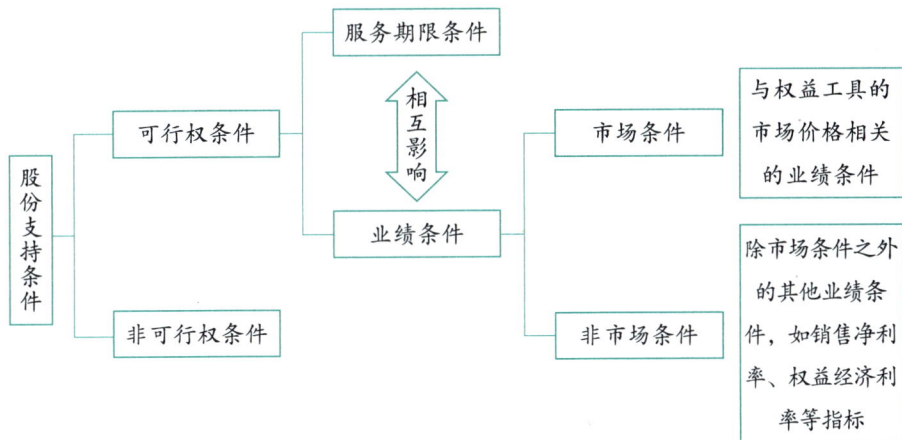

（1）非可行权条件和市场条件未满足而不能行权的，已经确认的费用或成本不作转回处理。非市场条件未满足而不能行权的（实质为作废），已经确认的费用或成本应作转回处理。

（2）条件、条款的有利修改需要进行相应账务处理，而条款和条件的不利修改，如同该变更从未发生（视而不见），除非企业取消了部分或全部已授予的权益工具。

（3）取消或结算应作为加速可行权处理，立即确认原本应在剩余等待期内确认的金额，在取消或结算时支付给职工的所有款项均应作为权益的回购处理，回购支付的金额高于该权益工具在回购日公允价值的部分，计入当期费用，会计分录为：

借：资本公积——其他资本公积

　　管理费用等

　　贷：银行存款

（4）股份支付存在非可行权条件的，只要职工或其他方满足了所有可行权条件中的非市场条件（如服务期限等），企业应当确认已得到服务相对应的成本费用；职工或其他方能够选择满足非可行权条件但在等待期内未满足的，企业应当将其作为授予权益工具的取消处理；在等待期内如果取消了授予的权益工具（因未满足可行权条件而被取消的除外），企业应当对该取消作为加速行权处理，将剩余等待期内应确认的金额立即计入当期损益，同时确认资本公积。

（5）在实务中，职工自愿退出股权激励计划不属于未满足可行权条件的情况，而属于股权激励计划的取消，因此，企业应当作为加速行权处理，将剩余等待期内应确认的金额立即计入当期损益，同时确认资本公积，不应当冲回以前期间确认的成本或费用。

命题角度：根据经济业务，说明股份支付结算、取消或作废等不同情形如何进行会计处理。

(1) 如果取消或结算，应作为加速可行权处理，立即确认原本应在剩余等待期内确认的金额。

(2) 如果作废，其本质是因为非市场条件没有满足而被取消，已经确认的费用或成本应作转回处理。

第71记 2分 非企业合并形成长期股权投资的会计核算

飞越必刷题：92、106、107、145、146、147

（一）初始计量

企业通过非企业合并方式形成长期股权投资的（联营企业投资、合营企业投资），应按付出对价的公允价值与交易费用之和作为初始投资成本，具体会计处理如下表所示：

付出对价	会计分录
货币资金	借：长期股权投资——投资成本（含交易费用） 　　应收股利（已宣告但尚未发放的现金股利或利润） 贷：银行存款等
存货 （执行收入准则）	借：长期股权投资——投资成本（股权公允价值，含交易费用） 　贷：主营业务收入（股权公允价值） 　　　银行存款（交易费用） 借：主营业务成本 　贷：库存商品
固定资产 （执行非货币性资产交换准则，不涉及补价）	借：长期股权投资——投资成本（固定资产公允价值，含交易费用） 　贷：固定资产清理（固定资产公允价值） 　　　银行存款（交易费用）

续表

付出对价	会计分录
无形资产（执行非货币性资产交换准则，不涉及补价）	借：长期股权投资——投资成本（无形资产公允价值，含交易费用） 　　　累计摊销 　　　无形资产减值准备 　　贷：无形资产 　　　　银行存款（交易费用） 差额：资产处置损益（无形资产账面价值与其公允价值的差额）
发行普通股	借：长期股权投资——投资成本（股票公允价值，含交易费用） 　　贷：股本 　　　　资本公积——股本溢价 　　　　银行存款（交易费用） 借：资本公积——股本溢价 　　贷：银行存款（支付发行股票佣金、手续费）

（二）后续计量

投资企业持有的对合营企业投资（共同控制）及联营企业投资（重大影响），其后续核算应当采用权益法，具体会计处理如下表所示：

业务内容	会计分录	
初始投资成本的调整（比一比）	长期股权投资的初始投资成本小于投资时，应享有被投资单位可辨认净资产公允价值份额，应按其差额： 借：长期股权投资——投资成本 　　贷：营业外收入	
投资损益确认	被投资单位实现净利润时： 借：长期股权投资——损益调整 　　贷：投资收益	被投资单位发生净亏损时： 借：投资收益 　　贷：长期股权投资——损益调整
	对被投资单位采用权益法核算，初始取得投资时因被投资单位某项资产（例如存货、固定资产等）的账面价值与公允价值不同，当年投资单位根据被投资单位实现的净利润确认投资收益时，需要基于相关资产（例如出售部分存货或资产折旧额、摊销额等）因账面价值与公允价值不同对净损益进行调整	
	对于投资方与联营企业或合营企业（以下简称"被投资单位"）之间发生的未实现内部交易损益（顺流交易+逆流交易），均需对被投资单位的净利润进行调整（将未实现内部交易损益部分抵销被投资方的净利润），以后年度将上述未实现内部交易损益实现时，还需要将以前年度抵销金额体现在实现年度的净利润中（即加回来）	

业务内容	会计分录
取得现金 股利或利润	被投资单位股东会宣告时： 借：应收股利 　　贷：长期股权投资——损益调整
超额亏损确认	
被投资单位其他综合收益变动	借或贷：长期股权投资——其他综合收益 　　贷或借：其他综合收益
被投资单位所有者权益的其他变动	借或贷：长期股权投资——其他权益变动 　　贷或借：资本公积——其他资本公积
减值	借：资产减值损失 　　贷：长期股权投资减值准备

（三）处置

（1）全部处置时的会计分录为：

借：银行存款等

　　长期股权投资减值准备

　贷：长期股权投资

差额：投资收益

同时：

借或贷：资本公积——其他资本公积、其他综合收益

　贷或借：投资收益

　　　　盈余公积、利润分配（其他综合收益不能转损益的部分）

（2）部分处置的，剩余股权仍采用权益法核算时，原权益法核算的相关其他综合收益应当采用与被投资单位直接处置相关资产或负债相同的基础处理并按比例结转，因被投资方除净损益、其他综合收益和利润分配以外的其他所有者权益变动而确认的资本公积，应当按比例结转到当期投资收益。

命题角度：根据经济业务，对权益法核算的长期股权投资进行会计处理。

权益法核算时应注意的是在被投资单位实现净利润时，是否需要对被投资方净利润进行调整，同学们需要考虑以下四个方面：

第一，在投资时点被投资单位净资产账面价值与其公允价值是否相同。

第二，是否发生未实现内部交易损益。

此部分内容容易出现混淆，请关注以下两点问题：

（1）在投资时点因被投资单位净资产账面价值与公允价值不同的存货，对被投资单位净损益进行调整时需要关注存货出售部分。而如果是未实现内部交易损益，则需要关注存货尚未出售部分。

（2）在投资时点因被投资单位净资产账面价值与公允价值不同的固定资产，对被投资单位净损益进行调整时无须考虑增加时点问题，因为该固定资产在投资时点已经记录在被投资单位账簿中。而如果是未实现内部交易损益，则需要考虑当月增加时点问题，即固定资产取得当月无须计提折旧，从次月开始计提折旧。

第三，被投资单位如果发生超额亏损，后续实现净利润时，一定要注意是否有未在账簿中登记的损失金额。

第四，权益法核算的长期股权投资处置，原核算计入资本公积的金额需要转入投资收益，原核算计入其他综合收益的金额需要分情况结转，如果被投资单位形成的其他综合收益可以转损益，则投资方可转损益；如果被投资单位形成的其他综合收益不能转损益，则投资方不可转损益。

第72记 2分 非同一控制下企业合并形成长期股权投资的会计核算

飞越必刷题：93、109、147

（一）初始计量

企业通过非同一控制下企业合并形成长期股权投资的，应按付出对价的公允价值作为长期股权投资的初始投资成本，为取得股权投资支付的交易费用计入当期损益。

具体会计处理如下表所示：

支付对价	会计处理
货币资金	借：长期股权投资 　　贷：银行存款等

续表

支付对价	会计处理
存货 （执行收入准则）	借：长期股权投资（股权公允价值） 　贷：主营业务收入等（股权公允价值） 借：主营业务成本 　贷：库存商品
固定资产 （执行企业合并准则）	借：长期股权投资（固定资产公允价值） 　贷：固定资产清理 差额：资产处置损益（固定资产账面价值与其公允价值的差额）
无形资产 （执行企业合并准则）	借：长期股权投资（无形资产公允价值） 　累计摊销 　无形资产减值准备 　贷：无形资产 差额：资产处置损益（无形资产账面价值与其公允价值的差额）
发行普通股	借：长期股权投资（增发股票的公允价值） 　贷：股本 　　资本公积——股本溢价 借：资本公积——股本溢价 　贷：银行存款（支付发行股票佣金、手续费）
债权投资、其他债权投资、其他权益工具投资	借：长期股权投资（各项金融资产的公允价值） 　贷：债权投资、其他债权投资、其他权益工具投资 　　投资收益（债权投资、其他债权投资账面价值与公允价值的差额） 　　利润分配、盈余公积（其他权益工具投资账面价值与公允价值的差额）
债权投资、其他债权投资、其他权益工具投资	借或贷：其他综合收益 　贷或借：投资收益 借或贷：其他综合收益 　贷或借：利润分配、盈余公积

（二）后续计量

投资企业持有的子公司投资（控制）其后续核算应当采用成本法，具体会计处理如下：

（1）被投资单位宣告发放现金股利时：

借：应收股利

　　贷：投资收益

（2）长期股权投资账面价值高于其可收回金额时：

借：资产减值损失

　　贷：长期股权投资减值准备

（三）处置

投资企业将持有子公司投资全部处置时，应将处置价款与长期股权投资账面价值的差额计入当期损益，会计分录为：

借：银行存款等

　　长期股权投资减值准备

　　贷：长期股权投资

差额：投资收益

第73记 [2分] 同一控制下企业合并形成长期股权投资的会计核算

飞越必刷题：94、109、147

（一）初始计量

企业通过同一控制下企业合并形成长期股权投资的，应按取得被合并方在最终控制方合并财务报表中净资产账面价值的份额与最终控制方收购被合并方时形成的商誉之和作为长期股权投资的入账金额，付出对价按账面价值进行结转，为取得股权投资支付的交易费用计入当期损益。

会计分录为：

借：长期股权投资

　　贷：付出资产的账面价值、承担债务的账面价值、发行权益工具的账面价值

借方差额：资本公积、盈余公积、利润分配

贷方差额：资本公积

需要说明的是，同一控制下企业合并形成对子公司的长期股权投资不会产生新的商誉，但原子公司在集团内部合并报表中存在商誉的，该商誉应继续保留。

（二）后续计量

与非同控一致。

（三）处置

与非同控一致。

第74记 [2分] 成本法核算与权益法核算对比

飞越必刷题：96、108

企业取得长期股权投资后，根据对被投资单位的影响程度分别采用成本法或权益法核算，具体对比如下表所示：

业务类型	成本法	权益法
初始取得	企业合并方式形成长期股权投资	非企业合并方式形成长期股权投资
初始投资成本调整	×	√（"比一比"）
被投资单位宣告分派现金股利或利润	借：应收股利 　贷：投资收益	借：应收股利 　贷：长期股权投资——损益调整
被投资单位净损益	×	借或贷：长期股权投资——损益调整 　贷或借：投资收益
被投资单位其他综合收益发生变动	×	借或贷：长期股权投资——其他综合收益 　贷或借：其他综合收益
被投资单位其他所有者权益变动	×	借或贷：长期股权投资——其他权益变动 　贷或借：资本公积——其他资本公积
发生减值	借：资产减值损失 　贷：长期股权投资减值准备	
全部处置	借：银行存款等 　贷：长期股权投资 差额：投资收益	借：银行存款等 　贷：长期股权投资 差额：投资收益 借或贷：资本公积——其他资本公积 　贷或借：投资收益 借或贷：其他综合收益 　贷或借：投资收益（可转损益） 　　留存收益（不可转损益）

2分
第75记 因增资导致长期股权投资核算方法的转换

飞越必刷题：95、147

（一）公允价值计量转权益法核算

原投资作为公允价值计量的金融资产，因追加投资其影响程度到达重大影响或共同控制的，应重新计量原股权，具体会计处理如下表所示：

原投资	会计处理	会计分录
交易性金融资产	长期股权投资初始投资成本="原公"+"新公" 确认投资收益="原公"-"原账"	借：长期股权投资——投资成本 　贷：交易性金融资产、银行存款等 差额：投资收益
其他权益工具投资	长期股权投资初始投资成本="原公"+"新公" 确认留存收益="原公"-"原账"±其他综合收益	借：长期股权投资——投资成本 　贷：其他权益工具投资、银行存款等 差额：盈余公积、利润分配 借或贷：其他综合收益 　贷或借：盈余公积、利润分配

（二）公允价值计量转成本法核算

原投资作为公允价值计量的金融资产，因追加投资使其能够达到控制被投资单位的，应重新计量原股权（非同控），具体会计处理如下表所示：

原投资	类型	会计处理	会计分录
交易性金融资产	非同控	长期股权投资初始投资成本="原公"+"新公" 确认投资收益="原公"-"原账"	借：长期股权投资 　贷：交易性金融资产、银行存款等 差额：投资收益
其他权益工具投资		长期股权投资初始投资成本="原公"+"新公" 确认留存收益="原公"-"原账"±其他综合收益	借：长期股权投资 　贷：其他权益工具投资、银行存款等 差额：盈余公积、利润分配 借或贷：其他综合收益 　贷或借：盈余公积、利润分配

续表

原投资	类型	会计处理	会计分录
交易性金融资产其他权益工具投资	同控（不属于一揽子交易）	长期股权投资入账金额=被合并方在最终控制方合并财务报表中净资产账面价值份额+最终控制方收购被合并方时形成的商誉	借：长期股权投资（被合并方在最终控制方合并财务报表中净资产账面价值份额+最终控制方收购被合并方时形成的商誉） 　贷：××投资（原投资的账面价值） 　　　××资产等（投出资产账面价值） 借方差额：资本公积、盈余公积、利润分配 贷方差额：资本公积

（三）权益法转成本法核算

原投资作为权益法核算的长期股权投资，因追加投资使其能够达到控制被投资单位的，应按原投资账面价值与新增投资成本之和作为个别报表中长期股权投资入账金额（非同控），具体会计处理如下表所示：

原投资	类型	会计处理	会计分录
长期股权投资（权益法）	非同控	长期股权投资入账金额="原账"+"新公"	借：长期股权投资 　贷：长期股权投资（原投资的账面价值） 　　　银行存款等
	同控（不属于一揽子交易）	长期股权投资入账金额=被合并方在最终控制方合并财务报表中净资产账面价值份额+最终控制方收购被合并方时形成的商誉	借：长期股权投资（被合并方在最终控制方合并财务报表中净资产账面价值份额+最终控制方收购被合并方时形成的商誉） 　贷：长期股权投资（原投资的账面价值） 　　　××资产等（投出资产账面价值） 借方差额：资本公积、盈余公积、利润分配 贷方差额：资本公积

通关绿卡

命题角度：根据经济业务，编制增资相关业务会计分录。

因增资导致由公允价值计量转为权益法或成本法核算的，均按"先卖再买"的原则进行会计处理（同控除外），因增资导致由权益法转为成本法核算的，在个别报表中应"无缝衔接"，无须调整原投资公允价值（同控除外）。

因减资导致长期股权投资核算方法的转换

第76记 2分

飞越必刷题：97、145

（一）成本法转权益法核算

原投资作为成本法核算的长期股权投资，因处置部分投资而丧失控制权，但仍对被投资单位能够施加重大影响的，将处置部分股权按处置进行会计处理，同时对剩余股份进行追溯调整，将剩余股权由原成本法核算调整为权益法核算，具体会计处理如下表所示：

经济业务		会计分录
处置部分		借：银行存款等 　贷：长期股权投资（处置部分） 　差额：投资收益
剩余部分 追溯调整	初始投资成本调整（初始投资成本小于投资时点净资产公允价值份额的部分）	借：长期股权投资——投资成本 　贷：营业外收入（当年） 　　　盈余公积、利润分配（以前）
	宣告分派现金股利调整	借：投资收益（当年） 　　　盈余公积、利润分配（以前） 　贷：长期股权投资——损益调整
	净损益调整	借或贷：长期股权投资——损益调整 　贷或借：投资收益（当年） 　　　　　盈余公积、利润分配（以前）
	其他综合收益以及其他权益变动调整	借或贷：长期股权投资——其他综合收益 　　　　　　　　　　——其他权益变动 　贷或借：其他综合收益 　　　　　资本公积——其他资本公积

需要说明的是，其他方增资导致母公司被动丧失控制权的，在个别报表中，应确认投资收益，并将剩余股权由成本法转为权益法。

通关绿卡

命题角度1：因处置子公司股权而丧失控制权，长期股权投资由成本法核算转为权益法核算。

长期股权投资由成本法转为权益法时，需要对剩余部分投资进行追溯调整，即视同从投资当日（并非处置日）即以权益法核算。因此，在追溯调整时，需要心中默念五个步骤，即初始投资成本的调整、分派现金股利的调整、净损益的调整、其他综合收益的调整、其他权益变动的调整。同时，此部分内容也是合并报表调整分录的基础。

命题角度2：计算因其他方增资导致投资方对子公司丧失控制权应确认的投资收益。

此类题目可以按以下公式计算：

投资收益=增资扩股增加净资产×新持股比例–原长期股权投资账面价值/原持股比例×持股比例下降部

（二）成本法转公允价值计量的核算

原投资作为成本法核算的长期股权投资，因处置部分投资而丧失控制权，剩余股权对被投资单位不具有重大影响的，将剩余股权改按金融工具确认和计量准则的要求进行会计处理，并于丧失控制权日将剩余股权按公允价值重新计量，公允价值与其账面价值的差额计入当期损益，会计分录为：

借：银行存款（处置部分股权公允价值）

　　交易性金融资产、其他权益工具投资（剩余部分股权公允价值）

　贷：长期股权投资（账面价值）

差额：投资收益（全部股权公允价值与账面价值的差额）

（三）权益法转公允价值计量的核算

原投资作为权益法核算的长期股权投资，因处置部分投资而对被投资单位不具有重大影响的，视同将原权益法核算的长期股权投资处置，再按公允价值购入剩余股权，会计分录为：

借：银行存款（处置部分股权公允价值）

　　交易性金融资产、其他权益工具投资（剩余部分股权公允价值）

　贷：长期股权投资（账面价值）

差额：投资收益

借或贷：其他综合收益、资本公积——其他资本公积

　　贷或借：投资收益、盈余公积、利润分配（其他综合收益不可转损益部分）

第77记 企业合并的会计处理

飞越必刷题：98、117、118

一、同一控制下吸收合并的会计处理

合并方对同一控制下吸收合并取得的资产、负债应当按照原账面价值作为入账金额。会计分录为：

借：××资产（被合并方原资产账面价值）

　　贷：××负债（被合并方原负债账面价值）

　　　　银行存款等（付出对价账面价值）

借方差额：资本公积、盈余公积、利润分配——未分配利润

贷方差额：资本公积

二、非同一控制下吸收合并的会计处理

购买方对非同一控制下吸收合并取得的资产、负债应当按购买日的公允价值计量。会计分录为：

借：××资产（被购买方资产的公允价值）

　　商誉（差额）

　　贷：××负债（被购买方负债的公允价值）

　　　　银行存款等（付出对价的公允价值）

需要说明的是，购买日付出对价账面价值与公允价值的差额计入当期损益。

三、控股合并财务报表的编制

（一）同一控制下企业合并财务报表编制

报表	编制要求
资产负债表	调整合并资产负债表的期初数，合并资产负债表的留存收益项目应当反映母子公司视同一直作为一个整体运行至合并日应实现的盈余公积和未分配利润的情况，同时应当对比较报表的相关项目进行调整
利润表	将该子公司或业务自合并当期期初至报告期末的收入、费用、利润纳入合并利润表，同时应当对比较报表的相关项目进行调整
现金流量表	将该子公司或业务自合并当期期初到报告期末的现金流量纳入合并现金流量表，同时应当对比较报表的相关项目进行调整

（二）非同一控制下企业合并财务报表编制

报表	编制要求
资产负债表	购买日开始编制合并资产负债表
利润表	将该子公司或业务自购买日至报告期末的收入、费用、利润纳入合并利润表
现金流量表	将该子公司或业务自购买日到报告期末的现金流量纳入合并现金流量表

第78记 2分 合并财务报表调整分录

飞越必刷题：119、149、150、151

（一）对子公司的个别财务报表进行调整

1. "同控"取得子公司

如果不存在与母公司会计政策和会计期间不一致的情况，一般情况下不需要对该子公司的个别财务报表进行调整。

2. "非同控"取得子公司

对于非同一控制下企业合并中取得的子公司，除应考虑会计政策及会计期间的差别需要对子公司的个别财务报表进行调整外，还应当根据母公司在购买日设置的备查簿中登记的该子公司有关可辨认资产、负债及或有负债等的公允价值，对子公司的个别财务报表进行调整，使子公司的个别财务报表反映为在购买日公允价值基础上确定的可辨认资产、负债及或有负债等在本期资产负债表日应有的金额。

具体调整分录如下表所示（不考虑所得税）：

（1）存货的调整分录。

存货（公允价值大于账面价值）		当年调整分录	连续编报调整分录
购买日		借：存货 　　贷：资本公积	不涉及
资产负债表日	未出售	借：存货 　　贷：资本公积	借：存货 　　贷：资本公积
	部分出售	借：存货 　　贷：资本公积 借：营业成本 　　贷：存货（出售部分）	借：存货 　　贷：资本公积 借：未分配利润——年初 　　贷：存货（以前年度出售部分） 借：营业成本 　　贷：存货（本年出售部分）
资产负债表日	全部出售	借：存货 　　贷：资本公积 借：营业成本 　　贷：存货	借：存货 　　贷：资本公积 借：未分配利润——年初 　　贷：存货

（2）固定（无形）资产调整分录。

固定资产、无形资产（公允价值大于账面价值）		当年调整分录	连续编报调整分录
购买日		借：固定资产、无形资产 　贷：资本公积	不涉及
资产负债表日	公允价值高于账面价值差额	借：固定资产、无形资产 　贷：资本公积	借：固定资产、无形资产 　贷：资本公积
	公允价值高于账面价值差额部分的折旧（摊销）额	借：管理费用等 　贷：固定资产、无形资产（公允价值高于账面价值部分本年折旧额、摊销额） 提示：固定资产无须考虑当月增加、次月计提折旧问题，因为，购买日此项固定资产已经存在，并不是新购入	借：未分配利润——年初 　贷：固定资产、无形资产（公允价值高于账面价值部分以前年度折旧额、摊销额） 借：管理费用等 　贷：固定资产、无形资产（公允价值高于账面价值部分本年折旧额、摊销额）

（二）长期股权投资成本法调整为权益法

"同控"与"非同控"调整思路相同，具体如下表所示：

内容	①投资当年	②以后年度（连续编制）+①
（1）子公司盈亏的调整	借：长期股权投资 　贷：投资收益 若亏损，作相反分录	借：长期股权投资 　贷：未分配利润——年初 若亏损，作相反分录
（2）子公司宣告分派现金股利的调整	借：投资收益 　贷：长期股权投资	借：未分配利润——年初 　贷：长期股权投资
（3）子公司其他综合收益变动的调整	借或贷：长期股权投资 　贷或借：其他综合收益	借或贷：长期股权投资 　贷或借：其他综合收益
（4）子公司除净损益、其他综合收益以及利润分配以外所有者权益的其他变动的调整	借或贷：长期股权投资 　贷或借：资本公积	借或贷：长期股权投资 　贷或借：资本公积

> **命题角度：根据资料编制合并报表中的调整分录。**
>
> 此类题目大多出现在综合题中，其实就是"两大块"调整内容。
>
> 第一，子公司净资产账面价值与其公允价值不同的调整。
>
> 第二，对子公司的长期股权投资在合并报表中由成本法核算调整为权益法核算。

第79记 [2分] 母公司股权投资与子公司所有者权益的抵销

飞越必刷题：149、150、151

母公司长期股权投资代表对子公司净资产所有权，在编制合并报表时，已经将子公司所有资产和负债纳入合并报表，因此母公司股权投资与子公司所有者权益需要抵销，具体抵销分录如下表所示：

分录	"同控"	"非同控"
抵销分录	借：股本（实收资本） 　　资本公积 　　其他综合收益 　　盈余公积 　　未分配利润 　贷：长期股权投资 　　　少数股东权益 同时，恢复子公司原在集团合并报表中留存收益： 借：资本公积（母公司资本或股本溢价为限） 　贷：盈余公积（归属于当前母公司部分） 　　　未分配利润（归属于当前母公司部分）	借：股本（实收资本） 　　资本公积 　　其他综合收益 　　盈余公积 　　未分配利润 　　商誉（母公司部分） 　贷：长期股权投资（按权益法调整后的长期股权投资的账面价值） 　　　少数股东权益（子公司所有者权益 × 少数股东投资持股比例）

第80记 [2分] 母公司对子公司、子公司相互之间持有对方长期股权投资的投资收益的抵销

飞越必刷题：149、150、151

子公司实现净损益后，母公司已按持股比例确认了投资收益，但是，在编制合并财务报表时子公司的净损益已经并入合并财务报表中，而母公司的投资收益也会形成集团合并

财务报表净损益，为了避免重复计入，所以要将母公司的投资收益与各个子公司净损益进行抵销。

具体抵销分录为：

借：投资收益（子公司调整后净利润×母公司的持股比例）

　　少数股东损益（子公司调整后净利润×少数股东的持股比例）

　　未分配利润——年初（源自上年"未分配利润——年末"）

贷：提取盈余公积（子公司当年实际计提的盈余公积）

　　对所有者（或股东）的分配（子公司当年实际宣告发放的现金股利或利润）

　　未分配利润——年末（源自上一组抵销分录"未分配利润——年末"）

◀ ◀ ◀ **通关绿卡**

命题角度：根据资料，编制合并报表中涉及所有者权益的抵销分录。

请同学关注以下问题：

（1）商誉金额，如果是"非同控"，则商誉金额是可以验算的，合并成本−购买日被购买方可辨认净资产公允价值×母公司持股比例。如果是"同控"，则一般不会在抵销分录中出现商誉。

（2）长期股权投资抵销金额，该金额是在合并报表中将对子公司长期股权投资调整为权益法后的金额，如果该金额不准确，其抵销是无法做平的。但是，也有方法可以"偷懒"，实质上长期股权投资的金额应该是按购买日子公司持续计算净资产公允价值的份额（母公司持股比例）与商誉金额之和。当然这个"偷懒"的过程也可以作为验算的一种方式。

（3）"未分配利润——年末"的金额，此金额在母公司股权投资与子公司所有者权益的抵销分录中计算出后，可以直接复用到母公司对子公司投资收益的抵销分录中。

第81记 2分 **母子公司、子公司之间内部债权债务的抵销**

飞越必刷题：149、150、151

集团内部公司对应的债权债务从企业集团整体角度来看，它只是内部资金运动，既不能增加企业集团的资产，也不能增加负债。因此，为了消除个别资产负债表直接加总中的重复计算因素，在编制合并财务报表时应当将内部债权债务项目予以抵销。

具体抵销分录如下表所示（不考虑所得税）：

情形		当年抵销分录	连续编报抵销分录
资产负债表日	一般情况	借：应付账款（期末余额） 　　贷：应收账款（期末余额）	借：应付账款（期末余额） 　　贷：应收账款（期末余额）

续表

情形		当年抵销分录	连续编报抵销分录
资产负债表日	计提坏账准备	借：应收账款 　贷：信用减值损失	借：应收账款 　贷：未分配利润——年初（以前年度计提的坏账准备） 借：应收账款 　贷：信用减值损失（本年计提的坏账准备）
	转回坏账准备	不涉及	借：应收账款 　贷：未分配利润——年初（以前年度计提的坏账准备） 借：信用减值损失（本年转回坏账准备金额） 　贷：应收账款

应收票据和应付票据的抵销原理与上述抵销分录相同，只需要将"应收账款"替换为"应收票据"，"应付账款"替换成"应付票据"。

◀ ◀ ◀ 　**通关绿卡**

命题角度：根据资料，编制合并报表中涉及内部债权债务的抵销分录。

此类题目的总体原则是在集团内部没有相互的债权债务，所以需要借记债务、贷记债权。同时，如果债权人计提坏账准备，在合并报表中一律抵销，方式很简单，就是编制个别报表中的相反会计分录，但要使用报表项目。

第82记 【2分】 **母子公司、子公司之间内部商品交易的抵销**

飞越必刷题：110、149、150、151

集团内部公司之间发生商品交易的，从整个企业集团来看，属于集团内部企业之间的商品内部物资调拨活动，既不会产生利润，也不会增加商品的价值。因此，在编制合并资产负债表时，应当将存货价值中包含的未实现内部销售损益予以抵销。具体抵销分录如下表所示：

1.不涉及存货跌价准备和所得税的商品内部交易抵销

情形		当年抵销分录	连续编报抵销分录
资产负债表日	结存未售	借：营业收入（内部交易售价，即销售方存货售价） 　贷：营业成本（内部交易成本，即销售方存货成本） 　　　存货（期末留存存货虚增价值）	借：未分配利润——年初 　贷：存货
	全部出售	借：营业收入（内部交易售价，即销售方存货售价） 　贷：营业成本（购买方存货成本）	借：未分配利润——年初 　贷：营业成本
	部分出售	借：营业收入（内部交易售价，即销售方存货售价） 　贷：营业成本 借：营业成本 　贷：存货（留存部分虚增价值）	借：未分配利润——年初 　贷：营业成本 借：营业成本 　贷：存货（期末留存部分虚增价值）

2.涉及存货跌价准备的抵销

涉及集团内部商品交易中，在个别报表计提存货跌价准备的，应通过比较存货在销售方的成本与可变现净值后进行抵销。抵销分录为：

借：存货

　贷：资产减值损失

🔺 🔺 🔺 **通关绿卡**

命题角度：根据经济业务，编制集团内部商品交易中涉及存货跌价准备的抵销分录。

合并报表中涉及存货跌价准备的抵销按以下步骤进行会计处理：

第一步，计算该批存货的可变现净值，然后与合并报告主体确认的存货账面余额进行比较。

第二步，如果账面余额大于其可变现净值的，差额部分应计提存货跌价准备，反之则无须计提。

第三步，查看个别报表中是否已经对该批存货计提存货跌价准备，如果已经计提，则需要比较合并报表主体应计提的金额与个别报表实际已计提的金额，然后通过抵销分录进行处理，抵销分录为：

借：存货

　贷：资产减值损失

第四步，如果涉及跨年度编制抵销分录，则仍然需要将合并报告主体确认的存货账面余额与其可变现净值进行比较，涉及需要转回时编制如下抵销分录：

借：存货

　　贷：未分配利润——年初

借：资产减值损失

　　贷：存货

如果在个别报表中已经将计提存货跌价准备的存货出售，且合并报表中已经将已计提的存货跌价准备抵销时，在合并报表中还应编制抵销分录为：

借：营业成本

　　贷：存货

第83记 [2分] 母子公司、子公司之间内部固定（无形）资产交易的抵销

飞越必刷题：111、149、150、151

集团内部公司之间发生固定资产（无形资产）交易的，从整个企业集团来看，属于集团内部企业之间部物资调拨活动，既不会产生利润，也不会增加商品的价值。因此，在编制合并资产负债表时应当予以抵销。具体抵销分录如下表所示：

抵销项目	投资当年	连续编报
固定资产内部交易当年的抵销	①存货→固定（无形）资产 借：营业收入（内部交易收入） 　　贷：营业成本（内部交易成本） 　　　　固定（无形）资产（内部交易的利润）	借：未分配利润——年初 　　贷：固定（无形）资产（内部交易的利润）
	②固定（无形）资产→固定（无形）资产 借：资产处置收益（内部交易收益） 　　贷：固定（无形）资产	
当年多计提折旧（摊销）的抵销	借：固定（无形）资产 　　贷：管理费用等（内部交易形成的当期折旧或摊销多计提金额）	借：固定（无形）资产（内部交易形成的以前年度折旧或摊销多计提金额） 　　贷：未分配利润——年初

续表

抵销项目	投资当年	连续编报
固定（无形）资产到期当期继续使用的抵销（不进行清理）	—	借：未分配利润——年初 　贷：固定（无形）资产（内部交易的利润） 借：固定（无形）资产（内部交易形成的以前年度折旧或摊销多计提金额） 　贷：未分配利润——年初 借：固定（无形）资产 　贷：管理费用等（内部交易形成的当期折旧或摊销多计提金额）
固定（无形）资产到期进行清理的抵销（报废）	—	借：未分配利润——年初 　贷：管理费用等（内部交易形成的当期折旧或摊销多计提金额）
固定（无形）资产超预计使用年限继续使用的抵销	—	借：未分配利润——年初 　贷：固定（无形）资产（内部交易的利润） 借：固定（无形）资产（内部交易形成的以前年度折旧或摊销多计提金额） 　贷：未分配利润——年初 如果清理则无抵销分录
固定（无形）资产提前清理的抵销（出售）	—	借：未分配利润——年初（内部交易的利润） 　贷：资产处置收益 借：资产处置收益 　贷：未分配利润——年初（内部交易收益在以前年度造成折旧或摊销多计提金额） 借：资产处置收益 　贷：管理费用等（内部交易形成的当期折旧或摊销多计提金额）

第三模块

性价比不高

> ● 此部分有一定难度，可考的概率也不高，需要说明的是，如果考试中考到此部分内容，同学们就"佛系"对待，你要记住，你不是因为这部分知识不会没拿分导致无法通过考试，所以，同学们在复习时要做到说好不纠结就不纠结，谁纠结那就是浪费时间。

适当放弃等于胜利

第84记 `4分` 合并报表涉及所得税的会计处理

飞越必刷题：120、124

（一）调整分录涉及所得税

在编制合并报表调整分录时，需要考虑合并报表中该项资产的账面价值，再与个别报表中此项资产的计税基础进行比较，进而在合并报表中确认所得税影响。

（1）一般情况下，合并报表中资产的账面价值大于个别报表中该项资产的计税基础，因此，在合并报表中会形成应纳税暂时性差异，需要确认递延所得税负债，调整分录为：

借：资本公积

　　贷：递延所得税负债

需要说明的是，此业务本质为资产评估增值，在调整分录中调整该项资产价值的同时增加资本公积，因此，上述调整分录中递延所得税负债对应调整资本公积。

（2）涉及固定资产（无形资产）时，应将当年计提折旧（摊销）部分所对应的所得税处理进行如下调整：

借：递延所得税负债

　　贷：所得税费用

（3）涉及跨年度编制调整分录时，应根据连续编报原则进行调整处理，编制调整分录为：

借：资本公积

　　贷：递延所得税负债

借：递延所得税负债

　　贷：年初未分配利润

借：递延所得税负债

　　贷：所得税费用

（二）抵销分录涉及所得税

1.存货抵销涉及所得税的会计处理

先以集团合并报表的角度进行分析，然后与个别报表的所得税处理进行比较，再编制合并报表抵销分录。

情形		当年抵销分录	连续编报抵销分录
资产负债表日	个别报表计提存货跌价准备，合并报表无须计提	借：存货（个别报表计提的存货跌价准备） 　贷：资产减值损失 借：递延所得税资产 　贷：所得税费用	借：存货 　贷：年初未分配利润 借：递延所得税资产 　贷：年初未分配利润
	个别报表计提的存货跌价准备比合并报表需要计提的存货跌价准备多	借：存货（个别报表多计提的存货跌价准备） 　贷：资产减值损失 借：所得税费用 　贷：递延所得税资产	借：存货 　贷：年初未分配利润 借：年初未分配利润 　贷：递延所得税资产
	个别报表计提的存货跌价准备与合并报表需要计提的存货跌价准备一致	不涉及	

通关绿卡

命题角度：合并报表中存货涉及递延所得税抵销分录的编制。

合并报表中涉及递延所得税时，按以下步骤进行分析：

第一步，计算合并报告主体该批存货的账面价值（已计提减值准备的需要扣除）。

第二步，计算该批存货的计税基础，此计税基础为购买方购入该批存货的历史成本。

第三步，比较第一步和第二步的结果，分别确认应纳税暂时性差异或可抵扣暂时性差异（多数情况为可抵扣），进而计算递延所得税负债（或资产）。

第四步，将合并主体应确认的递延所得税负债（或资产）与个别报表中已确认的递延所得税负债（或资产）进行比较，然后通过抵销分录进行会计处理。

2.固定资产（无形资产）涉及所得税的会计处理

（1）合并财务报表中固定（无形）资产账面价值为集团内部销售方期末固定（无形）资产的账面价值。

（2）合并财务报表中固定（无形）资产计税基础为集团内部购货方期末按税法规定确定的账面价值。

一般情况下，固定（无形）资产账面价值小于其计税基础，形成可抵扣暂时性差异，确认相关的递延所得税资产，抵销分录为：

借：递延所得税资产

贷：所得税费用

通关绿卡

命题角度：合并报表中固定资产（无形资产）涉及递延所得税抵销分录的编制。

在合并报表中固定资产（无形资产）抵销涉及递延所得税时，按以下步骤进行分析：

第一步，计算合并报告主体该固定资产（无形资产）的账面价值（扣除折旧、摊销和减值准备）。

第二步，计算该固定资产（无形资产）的计税基础，此计税基础为购买方个别报表中按税法规定计算的计税基础。

第三步，比较第一步和第二步的结果，分别确认应纳税暂时性差异或可抵扣暂时性差异（多数情况为可抵扣），进而计算递延所得税负债（或资产）。

第四步，将合并主体应确认的递延所得税负债（或资产）与个别报表中已确认的递延所得税负债（或资产）进行比较，然后通过抵销分录进行处理。

3.债权债务涉及所得税的会计处理

在合并报表中对于个别报表计提的坏账准备均需要抵销，因此，在个别报表计提坏账准备时确认的递延所得税资产在合并报表中也需要一并抵销，抵销分录为：

借：所得税费用

贷：递延所得税资产（本年计提坏账准备金额×所得税税率）

涉及连续编报时，抵销分录为：

借：年初未分配利润

贷：递延所得税资产（以前年度计提坏账准备金额×所得税税率）

借：所得税费用

贷：递延所得税资产（本年计提坏账准备金额×所得税税率）

或：

借：递延所得税资产（本年转回坏账准备金额×所得税税率）

贷：所得税费用

第85记 1分 合并报表特殊交易的会计处理

飞越必刷题：121

（一）考虑少数股东权益（损益）抵销

在合并报表中，子公司向母公司（或其他子公司）销售资产存在未实现内部交易损益时，按以下原则进行抵销处理：

（1）当年子公司向母公司（或子公司向子公司）销售资产发生未实现内部交易损益，抵销分录为：

借：少数股东权益（按销售方子公司少数股东持股比例计算）

　　贷：少数股东损益

（2）上年子公司向母公司（或子公司向子公司）销售资产发生未实现内部交易损益，抵销分录为：

借：少数股东权益（按销售方子公司少数股东持股比例计算）

　　贷：年初未分配利润

（3）以前年度子公司向母公司（或子公司向子公司）销售资产发生未实现内部交易损益在本期实现，抵销分录为：

借：少数股东损益

　　贷：少数股东权益（按销售方子公司少数股东持股比例计算）

（二）企业集团股份支付的会计处理

（1）结算企业以本身权益工具结算，接受服务企业没有结算义务。

结算企业	接受服务企业	抵销分录	合并报表角度
借：长期股权投资 　贷：资本公积	借：管理费用等 　贷：资本公积	借：资本公积（累计额） 　贷：长期股权投资	借：管理费用等 　贷：资本公积

（2）结算企业不是以本身权益工具结算，接受服务企业没有结算义务。

结算企业	接受服务企业	抵销分录	合并报表角度
借：长期股权投资 　贷：应付职工薪酬	借：管理费用等 　贷：资本公积	借：资本公积（累计额） 　　　管理费用等（差额） 　贷：长期股权投资	借：管理费用等 　贷：应付职工薪酬

第86记 2分 售后租回交易的会计处理

飞越必刷题：122、125

（一）售后租回的判断

（1）承租人在资产转移给出租人之前已经取得对标的资产的控制，则该交易属于售后租回交易。

（2）承租人未能在资产转移给出租人之前取得对标的资产的控制，即便承租人在资产转移给出租人之前先获得标的资产的法定所有权，该交易也不属于售后租回交易。

（二）售后租回的会计处理

1.售后租回交易中的资产转让属于销售

（1）卖方兼承租人应当按原资产账面价值中与租回获得的使用权有关的部分，计量售后租回所形成的使用权资产，并仅就转让至买方兼出租人的权利确认相关利得或损失。

（2）买方兼出租人根据其他适用的《企业会计准则》对资产购买进行会计处理，并根据相关规定对资产出租进行会计处理。

（3）如果销售对价的公允价值与资产的公允价值不同，或者出租人未按市场价格收取租金，企业应当进行以下调整：

①销售对价低于市场价格的款项作为预付租金进行会计处理。

②销售对价高于市场价格的款项作为买方兼出租人向卖方兼承租人提供的额外融资进行会计处理。同时，承租人按照公允价值调整相关销售利得或损失，出租人按市场价格调整租金收入。

在进行上述调整时，企业应当按销售对价的公允价值与资产的公允价值的差异，与合同付款额的现值和按市场租金计算的付款额的现值的差异两者中较易确定者进行。

2.售后租回交易中的资产转让不属于销售

（1）卖方兼承租人不终止确认所转让的资产，而应当将收到的现金作为金融负债。

（2）买方兼出租人不确认被转让资产，而应当将支付的现金作为金融资产。

第87记 1分 金融资产重分类

飞越必刷题：103、123

（一）金融资产重分类原则

企业改变其管理金融资产的业务模式时（例如，企业被合并或重组等），应当按照规定对所有受影响的相关金融资产进行重分类。

需要说明的是，金融资产重分类仅限于通过"SPPI测试"的债务工具投资，权益工具投资和衍生工具投资不涉及重分类的问题。

（二）金融资产重分类会计处理

1.以摊余成本计量的金融资产的重分类

（1）以摊余成本计量的金融资产①重分类为以公允价值计量且其变动计入其他综合收益的金融资产②会计处理如下表所示：

①→②	以摊余成本计量的金融资产 以公允价值计量且其变动计入其他综合收益的金融资产
原则	按照该金融资产在重分类日的公允价值进行计量，原账面价值与公允价值之间的差额计入其他综合收益
会计分录	借：其他债权投资（重分类日的公允价值） 　贷：债权投资 差额：其他综合收益 同时： 借：债权投资减值准备 　贷：其他综合收益——信用减值准备

（2）以摊余成本计量的金融资产①重分类为以公允价值计量且其变动计入当期损益的金融资产③会计处理如下表所示：

①→③	以摊余成本计量的金融资产 以公允价值计量且其变动计入当期损益的金融资产
原则	按照该金融资产在重分类日的公允价值进行计量，原账面价值与公允价值之间的差额计入当期损益
会计分录	借：交易性金融资产（重分类日的公允价值） 　　债权投资减值准备 　贷：债权投资 差额：公允价值变动损益

2.以公允价值计量且其变动计入其他综合收益的金融资产的重分类

（1）以公允价值计量且其变动计入其他综合收益的金融资产②重分类为以摊余成本计量的金融资产①会计处理如下表所示：

②→①	以公允价值计量且其变动计入其他综合收益的金融资产 以摊余成本计量的金融资产
原则	将之前计入其他综合收益的累计利得或损失转出，调整该金融资产在重分类日的公允价值，并以调整后的金额作为新的账面价值，即视同该金融资产一直以摊余成本计量
会计分录	借：债权投资（重分类日的公允价值） 　贷：其他债权投资 借或贷：其他综合收益 　贷或借：债权投资 同时： 借：其他综合收益——信用减值准备 　贷：债权投资减值准备

（2）以公允价值计量且其变动计入其他综合收益的金融资产②重分类为以公允价值计量且其变动计入当期损益的金融资产③会计处理如下表所示：

②→③	以公允价值计量且其变动 计入其他综合收益的金融资产	以公允价值计量且其变动 计入当期损益的金融资产
原则	继续以公允价值计量该金融资产	
会计 分录	借：交易性金融资产（重分类日的公允价值） 　　贷：其他债权投资 借或贷：其他综合收益 　　贷或借：公允价值变动损益	

3.以公允价值计量且其变动计入当期损益的金融资产的重分类

（1）以公允价值计量且其变动计入当期损益的金融资产③重分类为以摊余成本计量的金融资产①会计处理如下表所示：

③→①	以公允价值计量且其变动计入当期损益的金融资产	以摊余成本计量的金融资产
原则	以其在重分类日的公允价值作为新的账面余额	
会计 分录	借：债权投资（重分类日的公允价值） 　　贷：交易性金融资产 　　重分类日存在预期信用损失的（了解即可）： 借：信用减值损失 　　贷：债权投资减值准备	

（2）以公允价值计量且其变动计入当期损益的金融资产③重分类为以公允价值计量且其变动计入其他综合收益的金融资产②会计处理如下表所示：

③→②	以公允价值计量且其变动 计入当期损益的金融资产	以公允价值计量且其变动 计入其他综合收益的金融资产
原则	继续以公允价值计量该金融资产	
会计 分录	借：其他债权投资（重分类日的公允价值） 　　贷：交易性金融资产 　　重分类日存在预期信用损失的（了解即可）： 借：信用减值损失 　　贷：其他综合收益——信用减值准备	

第88记 [1分] 主观题命题总结

关于主观题作答先解答同学们比较关心的三个重要问题：

第一，分录中是否需要写二级明细科目，一切以题目要求为准，题目不要求写的，一律不写。

第二，题目要求单位是万元，而你的答案单位是元能给分吗？不给！

第三，计算分析题过程正确，答案错误，能给分吗？不给！

因为中级会计实务考试有三场，因此，主观题合计为12道，可以说基本上大纲中要求掌握的知识点都可以命制主观题。但是，同学们也不用紧张，我们把以下这九大类主观题掌握到位就可以应付90%以上的主观题。

（一）收入

此类出题模式在2019年、2020年、2021年、2022年和2023年均考核了主观题。

近几年中级会计资格考试难度并不是很高，所以，请各位同学以《5年真题3套模拟》中的题目为基础进行掌握，特别要注意特定交易的会计处理。收入内容的命题思路大体包括三种：

其一，以企业发生的收入经济业务为主线，把各种需要考核的收入内容作为经济业务，然后考核会计分录的编制、营业收入的计算等；

其二，将收入与会计差错、资产负债表日后事项结合，此类题目需要编制调整分录，做这类题目的前提条件是同学们需要掌握正确的会计处理，然后再进行相应的更正和调整；

其三，将收入与其他知识点拼凑考核主观题（2020年综合题）。

这里需要说明的是，如果第一种情况你完全掌握了，后面两种情况也能手到擒来。

（二）长期股权投资+合并报表

此类出题模式在2007年、2008年、2009年、2011年、2012年、2014年、2016年、2017年、2018年、2020年、2021年和2023年均考核了主观题。

随着机考形式的应用，近几年此类题目的总体难度不高，出题所挖的"坑"也很常见，总结以下命题方式：

（1）直接取得控制权（非同一控制居多）—编制调整分录（账面价值与公允价值不同、成本法转权益法）—编制抵销分录—跨年度调整和抵销；

（2）取得重大影响的股权投资—追加投资后达到控制（非同一控制）—编制调整分录（账面价值与公允价值不同、成本法转权益法）—编制抵销分录；

（3）直接取得控制权（非同一控制居多）—编制调整分录（账面价值与公允价值不同、成本法转权益法）—编制抵销分录—出售全部或部分股权投资。

此类题目大多为综合题，总体难度偏高，但是出题模式很稳定，想拿满分有困难，但拿下80%左右的分值还是完全可以实现的。

（三）会计调整

此类出题模式在2008年、2009年、2010年、2012年、2013年、2014年、2015年、2017年、2018年、2019年、2020年、2021年和2022年均考核了主观题。

各位同学，看到了吗？基本每年必考。那就会有同学问，这类主观题的出题套路是什么？我告诉你们，一切皆有可能。没有固定的出题方式，想考什么就调什么。所以，我一直强调会计调整本身没有什么实质内容，只是介绍了方法。真正要各位同学理解和掌握的是前面的内容。

涉及会计调整的包括：会计政策变更、前期差错更正和资产负债表日后调整事项，我将这三类调整的区别总结如下表：

内容	涉及会计科目的替换	是否可以调整所得税	特殊说明
会计政策变更	涉及损益类会计科目替换成"利润分配——未分配利润"和"盈余公积"	不得调整"应交税费——应交所得税"，满足条件可以调整"递延所得税资产"或"递延所得税负债"	题目中如果已经明确不考虑所得税的影响，则无须调整所得税（包括应交所得税和递延所得税）
前期差错更正	涉及损益类会计科目替换成"以前年度损益调整"，看题目要求结转"以前年度损益调整"至"利润分配——未分配利润"和"盈余公积"	需看题目已知条件的要求，如果题目中规定可以调整当年应交所得税，则调整。否则，满足暂时性差异确认递延所得税条件的，应确认递延所得税负债或递延所得税资产	题目中如果已经明确不考虑所得税的影响，则无须调整所得税（包括应交所得税和递延所得税）
资产负债表日后调整事项	涉及损益类会计科目替换成"以前年度损益调整"，看题目要求结转"以前年度损益调整"至"利润分配——未分配利润"和"盈余公积"	需看题目已知条件的要求，如果题目中规定可以调整当年应交所得税，则调整（从历年考题分析，绝大多数情况下是可以调整的）。否则，满足暂时性差异确认递延所得税条件的，应确认递延所得税负债或递延所得税资产	

（四）长期股权投资+金融资产

此类出题模式在2009年、2010年、2011年、2013年、2014年、2015年、2017年、2018年、2019年、2020年、2021年和2022年均考核了主观题。个别年度单独考核长期股权投资或金融资产。

因为金融资产属于新准则的内容，估计今年仍然是主观题的重要命题方向。

此类主观题常见的命题方式包括：

（1）交易性金融资产全程会计核算（简单）；

（2）债权投资全程会计核算（难度一般，需要计算，但计算量不大）；

（3）其他权益工具投资——长期股权投资（权益法）核算（需要注意非交易性权益工具投资的会计核算）。

各位同学不要担心，近几年的考题都很"温和"，不会为难同学们。所以，请把《5年真题3套模拟》中有关题目掌握即可，不用在这个阶段深究。

（五）所得税

此类出题模式在2007年、2011年、2013年、2015年、2016年、2018年、2019年、2020年和2023年均考核了主观题。

针对所得税考核有以下三种出题模式，包括：

（1）单独考核所得税核算，题目中给出具体的经济业务，需要各位考生分析是否存在暂时性差异（个别年度需要调表），确认递延所得税资产或递延所得税负债的金额，计算利润表中的所得税费用金额，并编制相关的会计分录；

（2）单独考核所得税核算，题目中给出某单位核算所得税的经济业务，题目会要求各位考生分析是否应确认相关的递延所得税资产或递延所得税负债、某单位自行计算的所得税费用是否正确；

（3）结合其他经济业务考核所得税核算，例如结合存货、固定资产、无形资产等。

考试中所得税并不难，所以各位同学不必紧张，将历年此部分考题认真练习即可。

（六）基础资产、负债

此类出题模式在2008年、2012年、2015年、2016年、2017年、2018年、2019年、2020年、2022年和2023年均考核了主观题。此类主观题比较基础，常见的命题方式包括：

（1）取得（外购）存货—出售（结合收入）—期末计提减值准备；

（2）取得（自建）固定资产—固定资产计提折旧—固定资产后续支出—固定资产处置；

（3）取得（研发）无形资产—无形资产计提摊销—无形资产减值—无形资产处置（报废）；

（4）自用固定（无形）资产—转为投资性房地产—计提折旧（或摊销）、公允价值变动—投资性房地产出售。

此类题目大多为计算分析题，总体难度不高，"性价比"超高，希望同学们将近三年的真题完全掌握。

（七）非货币性资产交换

此类出题模式在2008年、2012年、2015年、2016年、2017年和2023年均考核了主观题。

此类题目主要以固定资产换取存货、固定资产、无形资产、投资性房地产和非控制性长期股权投资。首先，此类题目一般会涉及补价，同学们应先计算补价是否超过25%的标准，如果没有超过，则属于非货币性资产交换，超过则不属于非货币性资产交换。从以往考情分析，大概率不会超过。其次，判断该项交换是公允价值计量的还是账面价值计量的，进而进行会计处理。

同时，非货币性资产交换就是一个"壳"，上述的基础资产也可以套用这个"壳"进行考核。

（八）债务重组

此类出题模式在2008年、2012年和2023年均考核了主观题。

首先，判断是否属于债务重组；其次，分别对债权人和债务人进行会计处理。此类题目的关键是双方账务处理的不同，即债权人视同出售债权后再购买抵债资产，所以，债权人需要确认投资收益（债转股中同控除外）；债务人比较复杂，需要分析抵债资产的性质，进行会计处理，请同学们参看第25记表格的总结进行复习。

（九）租赁

请同学们放心，租赁不会出太难的主观题，所以，同学们只需要将历年真题（2022年和2023年）掌握即可，无须扩展学习。

必备清单

必备知识清单（会计分录大全）

（一）存货

	经济业务	会计处理
初始取得	外购存货	借：原材料等 　　应交税费——应交增值税（进项税额） 贷：银行存款等
存货结转	生产经营领用	借：生产成本（直接材料成本） 　　制造费用（间接材料成本） 　　销售费用（销售部门消耗） 　　管理费用（行政部门消耗） 　　在建工程（工程环节消耗） 　　研发支出（研发环节消耗） 贷：原材料等
	销售发出	借：主营业务成本、其他业务成本 　　存货跌价准备（如涉及） 贷：库存商品、原材料
期末计量	存货跌价准备的计提	借：资产减值损失 贷：存货跌价准备
	存货跌价准备的转回	借：存货跌价准备 贷：资产减值损失
资产清查	存货盘盈	借：原材料等（重置成本） 贷：待处理财产损溢 借：待处理财产损溢 贷：管理费用

经济业务		会计处理
资产清查	存货盘亏	借：待处理财产损溢 　贷：原材料等 　　　应交税费——应交增值税（进项税额转出）（自然灾害无须转出） 借：原材料等（残料入库） 　　其他应收款（保险赔款或责任人赔款） 　　管理费用（管理不善） 　　营业外支出（非常损失） 　贷：待处理财产损溢

（二）固定资产

初始取得	外购固定资产	借：固定资产、在建工程（各期付款额的现值之和+相关费用） 　　未确认融资费用（差额） 　贷：长期应付款（应付购买价款） 　　　银行存款等（需要支付的相关费用） 借：在建工程、财务费用（期初摊余成本×实际利率） 　贷：未确认融资费用
	自行建造	借：工程物资 　　应交税费——应交增值税（进项税额） 　贷：银行存款等 借：在建工程 　贷：工程物资（领用工程物资的成本） 　　　银行存款 　　　应付职工薪酬 　　　库存商品（领用自产产品的成本） 　　　原材料（领用外购原材料的成本） 借：固定资产 　贷：在建工程
	投资者投入	借：固定资产（协议约定价值，不公允的除外） 　　应交税费——应交增值税（进项税额） 　贷：实收资本、股本（在注册资本中享有份额） 　　　资本公积——资本（股本）溢价（差额）

续表

		计提时： 借：制造费用等 　　贷：专项储备	
初始取得	高危行业提取安全生产费	费用化支出	形成固定资产
		借：专项储备 　　贷：银行存款等	借：在建工程 　　　应交税费——应交增值税（进项税额） 　　贷：银行存款 借：固定资产 　　贷：在建工程 借：专项储备 　　贷：累计折旧（一次性全额计提折旧）
	存在弃置费用的固定资产	借：固定资产 　　贷：预计负债（弃置费用现值） 　　　　在建工程等 借：财务费用等（期初摊余成本 × 实际利率） 　　贷：预计负债	
后续计量	计提折旧	借：制造费用（生产用固定资产折旧费） 　　管理费用（行政用固定资产折旧费） 　　销售费用（销售部门用固定资产折旧费） 　　在建工程（工程用固定资产折旧费） 　　研发支出（研发用固定资产折旧费） 　　贷：累计折旧	
	计提减值	借：资产减值损失 　　贷：固定资产减值准备	
	更新改造	借：在建工程 　　累计折旧 　　固定资产减值准备 　　贷：固定资产 借：在建工程 　　贷：银行存款等 借：银行存款等（残料价值） 　　营业外支出（净损失） 　　贷：在建工程（被替换部分的账面价值） 借：固定资产 　　贷：在建工程	

续表

处置	固定资产清理核算	借：固定资产清理 　　累计折旧 　　固定资产减值准备 　贷：固定资产 借：固定资产清理 　贷：银行存款等 借：银行存款（残料变价） 　　原材料（残料入库） 　　其他应收款（保险公司或责任人赔偿款） 　贷：固定资产清理 借：银行存款 　贷：固定资产清理 　　应交税费——应交增值税（销项税额）
	出售时结转损益	借或贷：固定资产清理 贷或借：资产处置损益
	因自然灾害发生毁损、已丧失功能等原因报废时结转损益	借：营业外支出 　贷：固定资产清理 借：固定资产清理 　贷：营业外收入
资产清查	固定资产盘盈	借：固定资产（重置成本） 　贷：以前年度损益调整
	固定资产盘亏	借：待处理财产损溢 　　累计折旧 　　固定资产减值准备 　贷：固定资产 借：营业外支出 　　其他应收款（责任人或保险公司赔款） 　贷：待处理财产损溢

（三）无形资产

初始取得	分期付款购买无形资产	借：无形资产（各期付款额的现值之和+相关费用） 　　未确认融资费用（差额） 　贷：长期应付款（应付购买价款总额） 　　银行存款（相关费用） 借：财务费用（期初摊余成本×实际利率） 　贷：未确认融资费用
内部研究开发	研究阶段和开发阶段不满足资本化条件	借：研发支出——费用化支出 　贷：银行存款等 借：管理费用 　贷：研发支出——费用化支出
	开发阶段满足资本化条件	借：研发支出——资本化支出 　贷：银行存款等 借：无形资产 　贷：研发支出——资本化支出
后续计量	计提摊销	借：制造费用（用于特定产品生产） 　　管理费用（一般自用的无形资产） 　贷：累计摊销
	计提减值	借：资产减值损失 　贷：无形资产减值准备
资产处置	出租	借：银行存款 　贷：其他业务收入 　　　应交税费——应交增值税（销项税额） 借：其他业务成本 　贷：累计摊销
	出售	借：银行存款 　　无形资产减值准备 　　累计摊销 　贷：无形资产 　　　应交税费——应交增值税（销项税额） 　　　资产处置损益（倒挤差额）
	报废	借：营业外支出 　　累计摊销 　　无形资产减值准备 　贷：无形资产

（四）投资性房地产

经济业务	成本模式	公允价值模式
初始计量	借：投资性房地产 　贷：银行存款 　　　在建工程等	借：投资性房地产——成本 　贷：银行存款 　　　在建工程等
后续计量	借：银行存款等 　贷：其他业务收入 借：其他业务成本 　贷：投资性房地产累计折旧（摊销） 借：资产减值损失 　贷：投资性房地产减值准备	借：银行存款等 　贷：其他业务收入 借或贷：投资性房地产——公允价值变动 　贷或借：公允价值变动损益
后续支出	借：投资性房地产——在建 　　　投资性房地产累计折旧（摊销） 　　　投资性房地产减值准备 　贷：投资性房地产 借：其他业务成本 　贷：银行存款等	借：投资性房地产——在建 　贷：投资性房地产——成本 　　　投资性房地产——公允价值变动（或借方） 借：其他业务成本 　贷：银行存款等
后续计量模式变更	借：投资性房地产——成本（变更日公允价值） 　　　投资性房地产累计折旧（摊销）（原房地产已计提的折旧或摊销） 　　　投资性房地产减值准备（原房地产已计提的减值准备） 　　　递延所得税资产 　贷：投资性房地产（原值） 　　　递延所得税负债 　　　留存收益*（差额）	
转换	非投资性房地产转投资性房地产： ①借：投资性房地产（原固定资产或无形资产的账面原值） 　　　累计折旧（累计摊销） 　　　固定（无形）资产减值准备 　贷：固定资产、无形资产 　　　投资性房地产累计折旧（摊销） 　　　投资性房地产减值准备 ②借：投资性房地产（原存货的账面价值） 　　　存货跌价准备 　贷：开发产品	非投资性房地产转投资性房地产： 借：投资性房地产（转换日的公允价值） 　　　累计折旧（摊销） 　　　固定（无形）资产减值准备 　　　存货跌价准备 　　　公允价值变动损益（公允价值小于原资产账面价值） 　贷：固定资产、无形资产、开发产品 　　　其他综合收益（公允价值大于原资产账面价值）

续表

经济业务	成本模式	公允价值模式
	投资性房地产转非投资性房地产： ①借：固定资产、无形资产（原投资性房地产的账面原值） 　　　投资性房地产累计折旧（摊销） 　　　投资性房地产减值准备 　　贷：投资性房地产 　　　累计折旧（累计摊销） 　　　固定（无形）资产减值准备 ②借：开发产品（原投资性房地产的账面价值） 　　　投资性房地产累计折旧（摊销） 　　　投资性房地产减值准备 　　贷：投资性房地产	投资性房地产转非投资性房地产： 借：固定资产、无形资产、开发产品（转换当日的公允价值） 　贷：投资性房地产——成本 　　　投资性房地产——公允价值变动（或借方） 差额：公允价值变动损益
处置	借：银行存款 　贷：其他业务收入 　　　应交税费——应交增值税（销项税额） 借：其他业务成本 　　投资性房地产累计折旧（摊销） 　　投资性房地产减值准备 　贷：投资性房地产	借：银行存款 　贷：其他业务收入 　　　应交税费——应交增值税（销项税额） 借：其他业务成本 　贷：投资性房地产——成本 　　　投资性房地产——公允价值变动 借或贷：公允价值变动损益 　贷或借：其他业务成本 借：其他综合收益 　贷：其他业务成本

（五）职工薪酬

货币性短期薪酬		借：生产成本（生产车间工人薪酬） 　　制造费用（生产车间管理人员薪酬） 　　管理费用（行政管理人员薪酬） 　　销售费用（销售部门人员薪酬） 　　研发支出（研发人员的薪酬） 　　在建工程（工程人员的薪酬） 　贷：应付职工薪酬——××薪酬
		借：应付职工薪酬——××薪酬 　贷：银行存款 　　其他应付款 　　应交税费——应交个人所得税
非货币性福利	以自产产品作为职工福利	借：应付职工薪酬——非货币性福利 　贷：主营业务收入（产品公允价值） 　　应交税费——应交增值税（销项税额） 借：主营业务成本 　　存货跌价准备（如涉及） 　贷：库存商品 借：生产成本、管理费用等 　贷：应付职工薪酬——非货币性福利
	以外购产品作为职工福利	借：库存商品 　　应交税费——应交增值税（进项税额） 　贷：银行存款等 借：应付职工薪酬——非货币性福利 　贷：库存商品 　　应交税费——应交增值税（进项税额转出） 借：管理费用、制造费用等 　贷：应付职工薪酬——非货币性福利
辞退福利		借：管理费用 　贷：应付职工薪酬 借：应付职工薪酬 　贷：银行存款

（六）借款费用

借款费用	长期借款	一般公司债券
专门借款与一般借款	借：财务费用（费用化部分） 　在建工程（资本化部分） 　应收利息等（专门借款闲置资金创造的收益） 　贷：长期借款——应计利息	借：财务费用（费用化部分） 　在建工程（资本化部分） 　应收利息等（专门借款闲置资金创造的收益） 　贷：应付债券——利息调整（或借方） 　应付债券——应计利息

（七）亏损合同

存在标的资产	没有标的资产
借：资产减值损失 　贷：存货跌价准备 借：主营业务成本 　贷：预计负债 借：预计负债 　贷：库存商品	借：主营业务成本 　贷：预计负债 借：预计负债 　贷：库存商品

（八）政府补助

项目	总额法	净额法
与资产相关的政府补助	借：银行存款等 　贷：递延收益 借：固定资产 　贷：银行存款等 借：成本费用等 　贷：累计折旧 借：递延收益 　贷：其他收益（日常活动） 借：固定资产清理 　累计折旧 　贷：固定资产 借：递延收益 　贷：固定资产清理 借：营业外支出 　贷：固定资产清理	借：银行存款等 　贷：递延收益 借：固定资产 　贷：银行存款等 借：递延收益 　贷：固定资产 借：成本费用等 　贷：累计折旧 借：固定资产清理 　累计折旧 　贷：固定资产 借：营业外支出 　贷：固定资产清理

项目	总额法	净额法
与收益相关的政府补助	①补偿以后期间发生的成本费用： 借：银行存款等 　　贷：递延收益 借：递延收益 　　贷：其他收益（日常活动） 　　　　营业外收入（非日常活动） ②补偿已发生的成本费用： 借：银行存款等 　　贷：其他收益（日常活动） 　　　　营业外收入（非日常活动）	借：银行存款等 　　贷：递延收益 借：递延收益 　　贷：管理费用、营业外支出等

（九）金融工具

金融工具分类	初始计量	后续计量
债权投资	借：债权投资——成本（面值） 　　债权投资——应计利息 　　应收利息（已到期但尚未发放的债券利息） 　　贷：银行存款等 差额：债权投资——利息调整	①确认利息收益： 借：债权投资——应计利息（面值×票面利率） 　　贷：投资收益（账面余额×实际利率） 差额：债权投资——利息调整 ②确认信用减值损失： 借：信用减值损失 　　贷：债权投资减值准备 ③到期收回本金和利息： 借：银行存款 　　贷：债权投资——成本 　　　　　　——应计利息 　　债权投资——利息调整（或借方） 差额：投资收益

金融工具分类	初始计量	后续计量
其他债权投资	借：其他债权投资——成本（面值） 　　其他债权投资——应计利息 　　　应收利息（已到期但尚未发放的债券利息） 　贷：银行存款等 　　　其他债权投资——利息调整（差额倒挤）	①确认利息收益： 借：其他债权投资——应计利息（面值×票面利率） 　贷：投资收益（账面余额×实际利率） 差额：其他债权投资——利息调整 ②确认公允价值变动： 借或贷：其他债权投资——公允价值变动 　贷或借：其他综合收益 ③确认信用减值损失： 借：信用减值损失 　贷：其他综合收益——信用减值准备 ④处置： 借：银行存款等 　贷：其他债权投资——成本 　　　其他债权投资——应计利息 　　　其他债权投资——利息调整（或借方） 　　　其他债权投资——公允价值变动（或借方） 差额：投资收益 借或贷：其他综合收益 　贷或借：投资收益

金融工具分类	初始计量	后续计量
其他权益工具投资	借：其他权益工具投资——成本 　　应收股利（已宣告但尚未发放的现金股利） 　贷：银行存款	①确认股利收益： 借：应收股利 　贷：投资收益 借：银行存款等 　贷：应收股利 ②确认公允价值变动： 借或贷：其他权益工具投资——公允价值变动 　贷或借：其他综合收益 ③处置： 借：银行存款等 　贷：其他权益工具投资——成本 　　　其他权益工具投资——公允价值变动（或借方） 差额：留存收益* 借或贷：其他综合收益 　贷或借：留存收益*
交易性金融资产	借：交易性金融资产——成本（公允价值） 　　投资收益（交易费用） 　　应收股利（已宣告但尚未发放的现金股利） 　　应收利息（已到付息期但尚未领取的利息） 　贷：银行存款等	①确认股利/利息收益： 借：应收股利（交易性金融资产——应计利息） 　贷：投资收益 借：银行存款等 　贷：应收股利（交易性金融资产——应计利息） ②确认公允价值变动： 借或贷：交易性金融资产——公允价值变动 　贷或借：公允价值变动损益 ③处置： 借：银行存款等（扣除手续费后的净额） 　贷：交易性金融资产——成本 　　　交易性金融资产——公允价值变动（或借方） 差额：投资收益

续表

金融工具分类	初始计量	后续计量
应付债券	借：银行存款等 　贷：应付债券——面值（成本） 　　　应付债券——利息调整（差额）	①计提债券利息： 借：财务费用、在建工程等（摊余成本×实际利率） 　贷：应付债券——应计利息 　　　应付债券——利息调整（差额） 借：应付债券——应计利息 　贷：银行存款等 ②到期偿还本金和利息： 借：应付债券——面值 　　　　——应计利息 　　　　——利息调整（或贷方） 　贷：银行存款等 差额：投资收益
交易性金融负债	借：银行存款等 　　投资收益（交易费用） 　贷：交易性金融负债——成本	①确认公允价值变动： 借或贷：公允价值变动损益 　贷或借：交易性金融负债——公允价值变动 ②计提利息： 借：财务费用 　贷：交易性金融负债——应计利息 借：交易性金融负债——应计利息 　贷：银行存款等 ③到期偿还本金和利息： 借：交易性金融负债——成本 　　交易性金融负债——公允价值变动（或贷方） 　贷：银行存款等 差额：投资收益

（十）金融资产的重分类与股权投资的转换

金融资产的重分类（改变管理业务模式）	债权投资→其他债权投资	借：其他债权投资（重分类日的公允价值） 　贷：债权投资 差额：其他综合收益 借：债权投资减值准备 　贷：其他综合收益——信用减值准备
	债权投资→交易性金融资产	借：交易性金融资产（重分类日的公允价值） 　　债权投资减值准备 　贷：债权投资 差额：公允价值变动损益
	其他债权投资→债权投资	借：债权投资（视同一直以摊余成本计量） 　贷：其他债权投资 　　其他综合收益——其他债权投资公允价值变动（或借方） 借：其他综合收益——信用减值准备 　贷：债权投资减值准备
金融资产的重分类（改变管理业务模式）	其他债权投资→交易性金融资产	借：交易性金融资产（重分类日的公允价值） 　贷：其他债权投资 借或贷：其他综合收益 　贷或借：公允价值变动损益
	交易性金融资产→债权投资	借：债权投资（重分类日的公允价值） 　贷：交易性金融资产 借：信用减值损失 　贷：债权投资减值准备
	交易性金融资产→其他债权投资	借：其他债权投资（重分类日的公允价值） 　贷：交易性金融资产 借：信用减值损失 　贷：其他综合收益——信用减值准备

续表

权益性工具投资的转换	交易性金融资产→长期股权投资（权益法）	借：长期股权投资——投资成本（"原公"+"新公"） 　贷：银行存款等 　　交易性金融资产 　　投资收益（原投资公允与其账面价值的差额）
	其他权益工具投资→长期股权投资（权益法）	借：长期股权投资——投资成本（"原公"+"新公"） 　贷：银行存款等 　　其他权益工具投资 　　留存收益*（原投资公允与其账面价值的差额） 借或贷：其他综合收益（其他权益工具投资公允价值变动） 　贷或借：留存收益*
	交易性金融资产→非同控长期股权投资（成本法）	借：长期股权投资（"原公"+"新公"） 　贷：银行存款等 　　交易性金融资产 　　投资收益（原投资公允与其账面价值的差额）
	其他权益工具投资→非同控长期股权投资（成本法）	借：长期股权投资（"原公"+"新公） 　贷：银行存款等 　　其他权益工具投资 　　留存收益*（原投资公允与其账面价值的差额） 借或贷：其他综合收益（其他权益工具投资公允价值变动） 　贷或借：留存收益*
	交易性金融资产→同控长期股权投资（成本法）	借：长期股权投资（最终控制方合并报表中净资产账面价值份额+最终控制方收购被合并方时形成的商誉）① 　　资本公积、留存收益*（借方差额） 　贷：××资产等（支付对价的账面价值） 　　交易性金融资产 　　资本公积——资本（股本）溢价（贷方差额）
	其他权益工具投资→同控长期股权投资（成本法）	借：长期股权投资（同①） 　　资本公积、留存收益*（借方差额） 　贷：××资产等（支付对价的账面价值） 　　其他权益工具投资 　　资本公积——资本（股本）溢价（贷方差额）

权益性工具投资的转换	交易性金融资产→同控长期股权投资（成本法）	借：长期股权投资（最终控制方合并报表中净资产账面价值份额+最终控制方收购被合并方时形成的商誉）① 资本公积、留存收益*（借方差额） 贷：××资产等（支付对价的账面价值） 交易性金融资产 资本公积——资本（股本）溢价（贷方差额）
	其他权益工具投资→同控长期股权投资（成本法）	借：长期股权投资（同①） 资本公积、留存收益*（借方差额） 贷：××资产等（支付对价的账面价值） 其他权益工具投资 资本公积——资本（股本）溢价（贷方差额）
	长期股权投资（权益法）→非同控长期股权投资（成本法）	借：长期股权投资（原账+新公） 贷：××资产等（支付对价的公允价值） 长期股权投资——投资成本 ——损益调整（或借方） ——其他综合收益（或借方） ——其他权益变动（或借方）
	长期股权投资（权益法）→同控长期股权投资（成本法）	借：长期股权投资（同①） 资本公积、留存收益*（借方差额） 贷：××资产等（支付对价的账面价值） 长期股权投资——投资成本 ——损益调整（或借方） ——其他综合收益（或借方） ——其他权益变动（或借方） 资本公积——资本（股本）溢价（贷方差额）

续表

权益性工具投资的转换	长期股权投资（成本法）→长期股权投资（权益法）	借：银行存款等 　贷：长期股权投资（处置部分） 　　　投资收益（差额倒挤） 借：长期股权投资——投资成本（剩余部分） 　贷：营业外收入（当年） 　　　留存收益*（以前年度） 借或贷：长期股权投资——损益调整（剩余部分） 　贷或借：投资收益（当年） 　　　　留存收益*（以前年度） 借：投资收益（当年） 　　留存收益*（以前年度） 　贷：长期股权投资——损益调整（剩余部分） 借或贷：长期股权投资——其他综合收益（剩余部分） 　贷或借：其他综合收益 借或贷：长期股权投资——其他权益变动（剩余部分） 　贷或借：资本公积——其他资本公积
	长期股权投资（成本法）→交易性金融资产	借：银行存款 　贷：长期股权投资（处置部分） 　　　投资收益（差额倒挤） 借：交易性金融资产（剩余部分股权公允价值） 　贷：长期股权投资（剩余部分） 　　　投资收益（差额倒挤）
	长期股权投资（成本法）→其他权益工具投资	借：银行存款 　贷：长期股权投资（处置部分） 　　　投资收益（差额倒挤） 借：其他权益工具投资（剩余部分股权公允价值） 　贷：长期股权投资（剩余部分） 　　　投资收益（差额倒挤）

续表

权益性工具投资的转换	长期股权投资（权益法）→交易性金融资产	借：银行存款 　贷：长期股权投资（处置部分） 　　　投资收益（差额倒挤） 借：交易性金融资产（剩余部分股权公允价值） 　贷：长期股权投资（剩余部分） 　　　投资收益（差额倒挤） 借或贷：其他综合收益 　　　　资本公积——其他资本公积 　贷或借：投资收益 　　　　留存收益*（其他综合收益中不可转损益部分）
	长期股权投资（权益法）→其他权益工具投资	借：银行存款 　贷：长期股权投资（处置部分） 　　　投资收益（差额倒挤） 借：其他权益工具投资（剩余部分股权公允价值） 　贷：长期股权投资（剩余部分） 　　　投资收益（差额倒挤） 借或贷：其他综合收益 　　　　资本公积——其他资本公积 　贷或借：投资收益 　　　　留存收益*（其他综合收益中不可转损益部分）

（十一）长期股权投资

项目	非企业合并方式形成的长期股权投资	企业合并方式形成的长期股权投资
初始计量	①购买取得： 借：长期股权投资——投资成本 　　应收股利（被投资单位已宣告但尚未发放的现金股利或利润） 　贷：银行存款等 ②发行股份取得： 借：长期股权投资——投资成本 　　应收股利（被投资单位已宣告但尚未发放的现金股利或利润） 　贷：股本（发行普通股的数量） 　　资本公积——股本溢价 　　银行存款（交易费用） 借：资本公积——股本溢价（发行股票支付的佣金、手续费） 　　盈余公积（如涉及） 　　利润分配——未分配利润（如涉及） 　贷：银行存款	同一控制下企业合并： 借：长期股权投资（被合并方在最终控制方合并报表中所有者权益账面价值的份额+最终控制方收购被合并方时形成的商誉） 　　资本公积、留存收益*（借方差额） 　贷：付出资产的账面价值 　　承担债务的账面价值 　　发行权益工具的账面价值 　　资本公积——资本溢价或股本溢价（贷方差额） 非同一控制下企业合并： ①以自产存货换入取得： 借：长期股权投资 　贷：主营业务收入等（执行收入准则） 　　应交税费——应交增值税（销项税额） 借：主营业务成本 　　存货跌价准备 　贷：库存商品 ②以固定资产、无形资产换入取得： 借：长期股权投资 　　累计摊销 　　无形资产减值准备 　贷：无形资产、固定资产清理 　　应交税费——应交增值税（销项税额） 差额：资产处置损益（资产账面价值与其公允价值的差额）

项目	非企业合并方式形成的长期股权投资	企业合并方式形成的长期股权投资
后续计量	借：长期股权投资——投资成本 　贷：营业外收入 借：长期股权投资——损益调整 　贷：投资收益 借：投资收益 　贷：长期股权投资——损益调整（以长期股权投资账面价值为限） 借：应收股利 　贷：长期股权投资——损益调整 借或贷：长期股权投资——其他综合收益 　贷或借：其他综合收益 借或贷：长期股权投资——其他权益变动 　贷或借：资本公积——其他资本公积	借：应收股利 　贷：投资收益
减值	借：资产减值损失 　贷：长期股权投资减值准备	借：资产减值损失 　贷：长期股权投资减值准备
处置	借：银行存款等 　长期股权投资减值准备（如有） 　贷：长期股权投资 　　投资收益（差额） 借或贷：资本公积——其他资本公积 　　其他综合收益 　贷或借：投资收益 　　留存收益*（其他综合收益中不可转损益部分）	借：银行存款等 　长期股权投资减值准备（如有） 　贷：长期股权投资 　　投资收益（差额）

（十二）所得税

确认步骤	计入当期所得税费用的递延所得税	计入其他综合收益、资本公积、留存收益、商誉等的递延所得税
确认递延 所得税	借：所得税费用 　　贷：递延所得税负债 借：递延所得税资产 　　贷：所得税费用	借：其他综合收益、资本公积、留存收益*、商誉等 　　贷：递延所得税负债 借：递延所得税资产 　　贷：其他综合收益、资本公积、留存收益*、商誉等
确认所得 税费用	借：所得税费用 　　递延所得税资产（或贷方） 　　贷：递延所得税负债（或借方） 　　　　应交税费——应交所得税	

（十三）收入

在某一时段内 履行履约义务	实际发生成本	借：合同履约成本 　　贷：原材料 　　　　应付职工薪酬等
	确认当期收入	借：合同结算——收入结转 　　贷：主营业务收入 借：主营业务成本 　　贷：合同履约成本
	结算合同价款	借：应收账款 　　贷：合同结算——价款结算
	收到合同价款	借：银行存款 　　贷：应收账款
附有销售退回 条款的销售	确认收入	借：应收账款 　　贷：主营业务收入 　　　　应交税费——应交增值税（销项税额） 　　　　预计负债——应付退货款 借：主营业务成本 　　应收退货成本 　　贷：库存商品

续表

附有质量保证 条款的销售	实际收到货款	借：银行存款 　　贷：应收账款
	期末重估退货率	借：预计负债——应付退货款 　　贷：主营业务收入 借：主营业务成本 　　贷：应收退货成本
	发生实际退货	①实际＞预计： 借：预计负债 　　主营业务收入 　　应交税费——应交增值税（销项税额） 　　贷：银行存款 借：库存商品 　　贷：应收退货成本 　　　　主营业务成本 ②实际＜预计： 借：预计负债 　　应交税费——应交增值税（销项税额） 　　贷：主营业务收入 　　　　银行存款 借：库存商品 　　主营业务成本 　　贷：应收退货成本
	（服务类质保） 商品控制权转移时确 认收入	借：应收账款 　　贷：主营业务收入 　　　　合同负债 借：主营业务成本 　　贷：库存商品
	（保证类质保） 预估质量保修费用	借：主营业务成本 　　贷：预计负债

续表

附有客户额外购买选择权的销售	分摊交易价格至商品和额外购买选择权	借：银行存款 　贷：主营业务收入 　　　合同负债
	在客户行使购买选择权时（或选择权失效时）确认收入	借：合同负债 　贷：主营业务收入
客户未行使的权利	预收款项	借：银行存款 　贷：合同负债 　　　应交税费——待转销项税额
	确认收入	借：合同负债 　　　应交税费——待转销项税额 　贷：主营业务收入 　　　应交税费——应交增值税（销项税额）

（十四）合并财务报表

调整抵销步骤		投资当年	连续编制
合并调整分录	调整子公司个别财务报表	借：固定资产 　贷：资本公积 递延所得税负债 借：管理费用 　贷：固定资产 借：递延所得税负债 　贷：所得税费用	借：固定资产 　贷：资本公积 　　　递延所得税负债 借：未分配利润——年初 　贷：固定资产 借：递延所得税负债 　贷：未分配利润——年初 借：管理费用 　贷：固定资产 借：递延所得税负债 　贷：所得税费用

续表

调整抵销步骤		投资当年	连续编制
合并抵销分录	长期股权投资成本法调整为权益法	借：长期股权投资 　贷：投资收益 借：投资收益 　贷：长期股权投资 借或贷：长期股权投资 　贷或借：其他综合收益 借或贷：长期股权投资 　贷或借：资本公积	借：长期股权投资 　贷：未分配利润——年初 借：长期股权投资 　贷：投资收益 借：未分配利润——年初 　贷：长期股权投资 借：投资收益 　贷：长期股权投资 借或贷：长期股权投资 　贷或借：其他综合收益 借或贷：长期股权投资 　贷或借：其他综合收益 借或贷：长期股权投资 　贷或借：资本公积 借或贷：长期股权投资 　贷或借：资本公积
	抵销母公司股权投资与子公司所有者权益	非同一控制企业合并： 借：股本（实收资本） 　资本公积 　其他综合收益 　盈余公积 　未分配利润——年末（期初+本期公允口径净利润–提取盈余公积–分派现金股利） 　商誉（借方差额） 　贷：长期股权投资（按权益法调整后的长期股权投资的账面价值） 　　少数股东权益（子公司所有者权益×少数股东投资持股比例）	

续表

调整抵销步骤		投资当年	连续编制
合并抵销分录	抵销母公司股权投资与子公司所有者权益	同一控制企业合并： 借：股本（实收资本） 　　资本公积 　　其他综合收益 　　盈余公积 　　未分配利润——年末（期初+本期公允口径净利润–提取盈余公积–分派现金股利） 　贷：长期股权投资（按权益法调整后的长期股权投资的账面价值） 　　　少数股东权益（子公司所有者权益×少数股东投资持股比例）	
	抵销投资收益	借：投资收益（子公司调整后净利润×母公司的持股比例） 　　少数股东损益（子公司调整后净利润×少数股东的持股比例） 　　未分配利润——年初（源自上年"未分配利润——年末"） 　贷：提取盈余公积（子公司当年实际计提的盈余公积） 　　　对所有者（或股东）的分配（子公司当年实际宣告发放的现金股利或利润） 　　　未分配利润——年末（源自上一组抵销分录"未分配利润——年末"）	
	抵销内部债权债务	借：应付账款 　贷：应收账款 借：应收账款 　贷：信用减值损失 借：所得税费用 　贷：递延所得税资产	借：应收账款 　贷：未分配利润——年初 借：应收账款 　贷：信用减值损失 借：未分配利润——年初 　贷：递延所得税资产 借：所得税费用 　贷：递延所得税资产

调整抵销步骤		投资当年	连续编制
合并抵销分录	抵销内部商品交易	当年购入存货，当年全部结存未出售 借：营业收入（内部交易售价，即销售方存货售价） 　贷：营业成本（内部交易成本，即销售方存货成本） 　　　存货（期末结存存货虚增价值）	上年购入存货，当年全部结存未出售 借：未分配利润——年初 　贷：存货
		当年购入存货，当年全部出售 借：营业收入（内部交易售价，即销售方存货售价） 　贷：营业成本（购买方存货成本）	上年购入存货，当年全部出售 借：未分配利润——年初 　贷：营业成本
		当年购入存货，既有销售，也有结存 借：营业收入（内部交易售价，即销售方存货售价） 　贷：营业成本 借：营业成本 　贷：存货（结存部分虚增价值）	上年购入存货，当年既有销售，也有结存 借：未分配利润——年初 　贷：营业成本 借：营业成本 　贷：存货（期末结存部分虚增价值）

续表

调整抵销步骤		投资当年	连续编制
合并抵销分录	抵销内部固定资产交	存货→固定资产 借：营业收入（内部交易收入） 　贷：营业成本（内部交易成本） 　　　固定资产（内部交易利润） 借：固定资产 　贷：管理费用等（当期多计提折旧）	借：未分配利润——年初 　贷：固定资产（内部交易利润） 借：固定资产 　贷：未分配利润——年初（期初累计多计提折旧） 借：固定资产 　贷：管理费用等（当期多计提折旧）
		固定资产→固定资产 借或贷：资产处置收益（内部交易利得） 　贷或借：固定资产 借：固定资产 　贷：管理费用等（当期多计提折旧）	借或贷：未分配利润——年初（内部交易利得） 　贷或借：固定资产 借：固定资产 　贷：未分配利润——年初（期初累计多计提折旧） 借：固定资产 　贷：管理费用等（当期多计提折旧）

（十五）租赁（承租人）

承租人		会计处理
初始计量	租赁负债的初始确认	借：使用权资产 　　租赁负债——未确认融资费用 　贷：租赁负债——租赁付款额 　　　银行存款（当年支付的租赁付款额）
	发生初始直接费用	借：使用权资产 　贷：银行存款
	收到租赁激励	借：银行存款 　贷：使用权资产

承租人		会计处理
后续计量	按期支付租金	借：租赁负债——租赁付款额 　贷：银行存款
	摊销利息	借：财务费用 　贷：租赁负债——未确认融资费用
	计提折旧	借：管理费用等 　贷：使用权资产累计折旧
	计提减值	借：资产减值损失 　贷：使用权资产减值准备
行使购买选择权		借：固定资产 　使用权资产累计折旧 　使用权资产减值准备 　租赁负债——租赁付款额 　贷：使用权资产 　　租赁负债——未确认融资费用 　　银行存款

（十六）租赁（出租人）

出租人会计处理		融资租赁	经营租赁
初始计量	取得融资租赁固定资产	借：融资租赁资产 　贷：银行存款	借：固定资产 　贷：银行存款
	对外租出	借：应收融资租赁款——租赁收款额 　贷：融资租赁资产 　　资产处置损益 　　应收融资租赁款——未实现融资收益	
后续计量	收取租金	借：银行存款 　贷：应收融资租赁款——租赁收款额 借：应收融资租赁款——未实现融资收益 　贷：租赁收入	借：应收账款 　贷：其他业务收入 借：其他业务成本 　贷：累计折旧

（十七）非货币性资产交换

交换类型	以公允价值为基础	以账面价值为基础
涉及单项非货币性资产交换	借：换入资产 　　应交税费——应交增值税（进项税额） 　　银行存款等（收到的补价） 　贷：换出资产的公允价值（或换入资产的公允价值） 　　　应交税费——应交增值税（销项税额） 　　　银行存款等（支付的补价+为换入资产支付的相关税费） 差额：资产处置损益等（换出资产的公允价值与账面价值的差额）	借：换入资产 　　应交税费——应交增值税（进项税额） 　　银行存款等（收到补价的公允价值） 　贷：换出资产的账面价值 　　　应交税费——应交增值税（销项税额） 　　　银行存款等（支付补价的账面价值+为换入资产而支付的相关税费）
涉及多项非货币性资产交换	借：换入资产1 　　换入资产2 　　应交税费——应交增值税（进项税额） 　　银行存款等（收到的补价） 　贷：换出资产的公允价值 　　　应交税费——应交增值税（销项税额） 　　　银行存款等（支付的补价+为换入资产支付的相关税费） 差额：资产处置损益等（换出资产公允价值与账面价值的差额）	借：换入资产1 　　换入资产2 　　应交税费——应交增值税（进项税额） 　　银行存款（收到补价的公允价值） 　贷：换出资产的账面价值 　　　应交税费——应交增值税（销项税额） 　　　银行存款等（支付补价的账面价值+为换入资产支付的相关税费）

（十八）债务重组

债务重组方式	债权人会计处理	债务人会计处理
以金融资产清偿债务	借：交易性金融资产（债务重组日的公允价值） 　　投资收益（交易费用） 　　坏账准备 　　贷：应收账款等 　　　　银行存款（交易费用） 差额：投资收益	借：应付账款等（账面价值） 　　贷：交易性金融资产（账面价值） 　　　　债权投资 　　　　其他债权投资① 　　　　其他权益工具投资② 差额：投资收益 借或贷：其他综合收益 　　贷或借：投资收益① 　　　　　　留存收益*②
	借：债权投资、其他债权投资、其他权益工具投资（债务重组日的公允价值+交易费用） 　　坏账准备 　　贷：应收账款等 　　　　银行存款（交易费用） 差额：投资收益	
以非金融资产清偿债务	借：库存商品、固定资产、无形资产等（放弃债权的公允价值+相关税费） 　　应交税费——应交增值税（进项税额） 　　坏账准备 　　贷：应收账款等 　　　　银行存款（相关税费） 差额：投资收益	借：应付账款等（账面价值） 　　累计摊销 　　无形资产减值准备 　　贷：库存商品（账面价值） 　　　　无形资产 　　　　固定资产清理（账面价值） 　　　　应交税费——应交增值税（销项税额） 差额：其他收益

续表

债务重组方式	债权人会计处理	债务人会计处理
债务转为权益工具	①非企业合并： 借：长期股权投资（放弃债权公允价值+相关税费） 　　坏账准备 　贷：应收账款等 　　　银行存款（相关税费） 差额：投资收益 ②非同一控制企业合并： 借：长期股权投资（放弃债权的公允价值） 　　坏账准备 　贷：应收账款等 差额：投资收益 ③同一控制企业合并： 借：长期股权投资（最终控制方合并报表中净资产账面价值份额+最终控制方收购被合并方时形成的商誉） 　　坏账准备 　　资本公积、留存收益*（借方差额） 　贷：应收账款等 　　　资本公积（贷方差额）	借：应付账款等 　贷：股本、资本公积（发行权益的公允价值） 差额：投资收益 借：资本公积、留存收益* 　贷：银行存款

注：★为"盈余公积"科目和"利润分配——未分配利润"科目。

飞越必刷题篇

必刷客观题

第一模块　性价比极高

一、单项选择题

1 下列各项中，关于会计要素计量属性的说法中不正确的是（　　）。

A.企业盘盈固定资产应按重置成本入账

B.资产负债表日存货应当按成本与可变现净值孰低计量

C.交易性金融负债期末应以公允价值计量

D.债权投资期末按公允价值计量

第1记 ⊞记 知识链接

2 下列各项中，属于直接计入当期损益的利得或损失的是（　　）。

A.其他权益工具投资期末公允价值上升

B.销售原材料的成本

C.因自然灾害报废固定资产产生的净损失

D.自用资产转换为采用公允价值模式进行后续计量的投资性房地产，转换日公允价值大于自用资产的账面价值的差额

第1记 ⊞记 知识链接

3 甲公司为增值税一般纳税人，2×24年4月12日购入100吨原材料，取得增值税专用发票上注明的价款为200万元，增值税税额为26万元。支付运费取得专用发票注明价款为2万元，增值税税额为0.18万元，支付装卸费取得专用发票注明价款1万元，增值税税额为0.06万元。验收入库时发现短缺0.5吨，属于合理损耗。不考虑其他因素，甲公司外购原材料的单位入账成本为（　　）万元。

A.2.03　　　　　　　B.2.04　　　　　　　C.2.28　　　　　　　D.2.29

第2记 ⊞记 知识链接

4 甲公司的存货有两种产品，分别是M产品和N产品。2×23年年末，该公司分别对M产品和N产品计提减值准备6万元和8万元。2×24年年末，M产品的成本为600万元，N产品的成本为500万元，可变现净值分别为598万元和608万元。不考虑其他因素，该公司2×24年年末应转回资产减值损失的金额为（　　）万元。

A.12　　　　　　　　B.14　　　　　　　　C.8　　　　　　　　D.4

第3记 ⊞记 知识链接

5　甲公司为增值税一般纳税人，2×24年5月1日开始自行建造某仓库，外购工程物资一批全部用于仓库建造，取得增值税专用发票注明的价款为100万元，增值税税额为13万元，建造过程中领用本公司自产产品一批，该批产品的成本为30万元，市场售价为40万元，领用外购原材料一批，成本为10万元，购入时已抵扣增值税进项税额1.3万元，以银行存款支付工程人员薪酬合计112万元。仓库于2×24年5月31日达到预定可使用状态，不考虑其他因素，甲公司该仓库的入账成本为（　　）万元。

A.262　　　　　　　B.287.3　　　　　　　C.252　　　　　　　D.283

第4记 🔳记 知识链接

6　企业持有下列各项固定资产中，不需要计提折旧的是（　　）。
A.划分为持有待售的固定资产
B.尚未使用的固定资产
C.大修理停工期间的固定资产
D.已经完工投入使用尚未办理竣工决算的自建厂房

第5记 🔳记 知识链接

7　2×24年12月20日，甲公司以银行存款200万元外购一项专利技术用于W产品生产，另支付相关税费1万元，达到预定用途前的专业服务费2万元，宣传W产品广告费4万元。不考虑增值税及其他因素，2×24年12月20日，该专利技术的入账价值为（　　）万元。

A.201　　　　　　　B.203　　　　　　　C.20　　　　　　　D.200

第6记 🔳记 知识链接

8　下列各项中，关于投资性房地产后续计量的表述不正确的是（　　）。
A.同一企业应对所有的投资性房地产采用同一种计量模式进行后续计量
B.采用成本模式进行后续计量的投资性房地产需要计提折旧（摊销）
C.采用成本模式进行后续计量的投资性房地产在期末发生减值的应计提减值准备
D.采用公允价值模式进行后续计量的投资性房地产期末公允价值变动计入其他业务成本

第8记 🔳记 知识链接

9　下列各项资产，在计提减值准备后其持有期间可以转回的是（　　）。
A.无形资产减值准备
B.合同资产减值准备
C.固定资产减值准备
D.长期股权投资减值准备

第10记 🔳记 知识链接

10　下列各项中，企业应当计入管理费用的是（　　）。

A.按利润分享计划给予生产部门管理人员的额外薪酬

B.为生产部门管理人员计提和缴存的医疗保险费

C.与生产部门管理人员解除劳动关系支付的一次性款项补偿金额

D.供生产部门管理人员无偿使用的小汽车的租金支出

第12记　知识链接

11　甲公司为增值税一般纳税人，其生产的空调适用增值税税率为13%。2×24年6月1日，甲公司向企业管理人员发放自产空调50台，每台成本为0.4万元，每台公允价值为0.6万元，公允价值与计税价格一致。不考虑其他因素，该项业务影响营业利润的金额为（　　）万元。

A.-20　　　　　　　　B.10　　　　　　　　C.-23.9　　　　　　　　D.-33.9

第13记　知识链接

12　2×24年3月1日，某公司决定辞退员工，2×24年5月10日该公司与员工进行协商，2×24年6月15日该公司董事会批准并对外公告，2×24年9月1日起执行。不考虑其他因素，该公司确认应付职工薪酬的时间为（　　）。

A.2×24年3月1日　　　　　　　　B.2×24年5月10日

C.2×24年6月15日　　　　　　　　D.2×24年9月1日

第13记　知识链接

13　下列各项中，不属于借款费用的是（　　）。

A.发行股票的手续费

B.折价溢价的摊销

C.债务融资费用

D.外币借款汇兑差额

第14记　知识链接

14　甲公司为建造一栋写字楼借入一笔2年期专门借款4 000万元，期限为2×23年1月1日至2×24年12月31日，合同年利率与实际年利率均为7%，2×23年1月1日甲公司开始建造该写字楼，并分别于2×23年1月1日和2×23年10月1日支付工程进度款2 500万元和1 600万元，超出专门借款的工程款由自有资金补充，甲公司将专门借款中尚未动用的部分用于固定收益债券短期投资，该短期投资月收益率为0.25%，2×24年5月31日，该写字楼建设完毕并达到预定可使用状态。假定全年按360天计算，每月按30天计算，不考虑其他因素，甲公司2×23年专门借款利息应予资本化的金额为（　　）万元。

A.246.25　　　　　　　B.287　　　　　　　C.280　　　　　　　D.235

第15记　知识链接

15 下列各项中，关于或有事项会计处理的表述正确的是（   ）。

A.与未决诉讼相关的支出应于实际支付赔偿款时确认

B.存在标的资产的亏损合同，预计亏损大于标的资产减值损失的部分应计入当期损益

C.与产品质量保证相关的负债应在质量保证期间内分期确认

D.债务担保义务应于所担保债务存续期间内分期确认

第16记 📖记 知识链接

16 2×24年12月20日，甲公司与乙公司签订不可撤销合同，合同约定甲公司在2×25年2月20日以每件1万元的价格向乙公司销售100件P产品，若不能按期交货，将按总价款的10%向乙公司支付违约金。截至2×24年12月31日，P产品尚未投入生产。由于原材料价格上涨等原因，预计生产每件P产品需耗用原材料0.9万元，人工费用0.3万元，分摊生产用固定资产折旧费0.1万元。不考虑其他因素，2×24年12月31日，甲公司关于该合同应确认的预计负债金额为（   ）万元。

A.30   B.0   C.10   D.20

第17记 📖记 知识链接

17 甲公司发生的下列各项交易或事项中，应按与收益相关的政府补助进行会计处理的是（   ）。

A.收到政府以股东身份投入的资本5 000万元

B.收到即征即退的增值税退税额20万元

C.获得政府无偿划拨的公允价值为9 000万元的地使用权

D.收到政府购买商品支付的货款300万元

第18记 📖记 知识链接

18 甲公司以人民币作为记账本位币。乙公司是甲公司的境外子公司，以美元作为记账本位币，甲公司在资产负债表日对外币报表进行折算时，应当采用资产负债表日的即期汇率折算的是（   ）。

A.财务费用   B.应付债券   C.盈余公积   D.股本

第20记 📖记 知识链接

19 甲公司记账本位币为人民币，其外币交易采用交易日的即期汇率折算。2×23年9月1日以每股10美元的价格购入乙公司股票10万股，当日即期汇率为1美元=7.02元人民币，甲公司将其划分为交易性金融资产核算。12月31日乙公司股票公允价值为每股11.5美元，当日的即期汇率为1美元=7.09元人民币。不考虑其他因素，12月31日甲公司因上述事项应计入财务费用的金额为（   ）万元人民币。

A.100.35   B.1.35   C.10.35   D.0

第20记 📖记 知识链接

20　甲、乙公司均为增值税一般纳税人，适用增值税税率均为13%。2×24年11月11日甲公司以一项作为固定资产核算的机器设备交换乙公司作为固定资产核算的一辆大货车。该机器设备账面价值30万元，公允价值为20万元，增值税税额为2.6万元；该大货车账面价值为28万元，公允价值为25万元，增值税税额为3.25万元，甲公司向乙公司共支付补价5.65万元（含增值税补价），该交换具有商业实质，甲公司换入的大货车作为固定资产管理。不考虑其他因素，甲公司换入大货车的入账价值为（　　　）万元。

A.20　　　　　　　　B.25　　　　　　　　C.28.25　　　　　　　　D.30.65

第23记 ⊞记 知识链接

21　2×24年6月30日，甲公司就乙公司所欠原材料货款与其签订债务重组协议。货款账面余额1 000万元，甲公司已计提坏账准备10万元；乙公司以一项其他权益工具投资偿还该债务，该其他权益工具投资成本为500万元，公允价值变动为100万元，公允价值为800万元，协议约定剩余款项不再追偿。不考虑其他因素，该项债务重组影响乙公司损益的金额是（　　　）万元。

A.500　　　　　　　　B.400　　　　　　　　C.200　　　　　　　　D.190

第25记 ⊞记 知识链接

22　2×24年6月10日，乙公司无力偿还所欠甲公司货款，经双方协商同意，乙公司以原材料、交易性金融资产、长期股权投资抵偿甲公司债务。乙公司用于抵债的资产公允价值分别为原材料30万元、交易性金融资产40万元、长期股权投资45万元。当日，甲公司应收账款账面价值为160万元，公允价值为140万元。不考虑税费等其他因素，下列关于甲公司的处理正确的是（　　　）。

A.确认原材料入账价值为40万元

B.确认交易性金融资产入账价值为48.70万元

C.应确认的投资损失为25万元

D.应确认的长期股权投资入账价值为45万元

第25记 ⊞记 知识链接

23　2×24年1月10日，乙公司销售一批商品给甲公司，应收货款共计450万元。甲公司将该应付款项分类为以摊余成本计量的金融负债。2×24年4月20日，甲公司与乙公司就其所欠乙公司购货款450万元进行债务重组。根据协议，甲公司以其专利技术抵偿全部债务。甲公司用于抵债的专利技术的账面余额为300万元，累计摊销50万元，减值准备30万元，公允价值为350万元。不考虑其他因素，甲公司对该债务重组应确认的当期损益为（　　　）万元。

A.100　　　　　　　　B.150　　　　　　　　C.130　　　　　　　　D.230

第25记 ⊞记 知识链接

24 下列各项均已处置或被划分为持有待售类别，其中不满足终止经营的是（   ）。

A.该组成部分代表一项独立的主要业务或一个单独的主要经营地区

B.该组成部分是拟对一项独立的主要业务进行处置的一项相关联计划的一部分

C.该组成部分是拟对一个单独的主要经营地区进行处置的一项相关联计划的一部分

D.该组成部分是专为转售而取得的联营企业，且不构成一个独立的主要业务或一个单独的主要经营地区

第28记 记 知识链接

25 下列各项交易或事项的会计处理中，根据规定应执行《企业会计准则第14号——收入》的是（   ）。

A.出租固定资产收取租金

B.以存货换取客户的专利技术

C.以固定资产换取客户的投资性房地产

D.进行债权投资取得的利息

第29记 记 知识链接

26 2×24年8月5日，甲公司与乙公司签订购销合同，根据合同约定，甲公司在2×24年9月30日前陆续将1 000件A商品交付乙公司，每件售价为12万元。截至2×24年9月10日甲公司已向乙公司交付A商品500件。2×24年9月10日，甲、乙公司变更原合同，增加交付A商品200件，每件售价11万元，当日，A商品市场单独售价为11万元，A商品属于可明确区分商品。不考虑相关税费等其他因素，下列各项说法中符合企业会计准则的是（   ）。

A.应将追加的200件A商品与原1 000件A商品合并确认收入，并对以前确认的收入进行追溯调整

B.应将追加的200件A商品与原1 000件A商品合并确认收入

C.应将追加的200件A商品与原未履行的500件A商品合并确认收入

D.应将追加的200件A商品单独确认收入

第30记 记 知识链接

27 甲公司与乙公司签订合同，甲公司按乙公司要求定制化生产专用设备，同时负责安装调试。不考虑其他因素，下列说法符合企业会计准则规定的是（   ）。

A.如果安装调试工作专业程度非常高，但其他供应商同样可以提供此项服务，且甲公司也单独提供此项安装服务，甲公司与乙公司签订的合同中包括一项履约义务，即销售专用设备并安装

B.如果安装调试工作专业程度非常高，其他供应商均不能提供此项服务，且甲公司从未单独提供此项安装服务，甲公司与乙公司签订的合同中包括两项履约义务，即销售专用设备和安装服务

C.如果安装调试工作具有很强的专业性，只能由甲公司专业人员提供服务，且甲公司从未单独提供此项安装服务，合同也未明确区分安装服务价格的，则甲公司与乙公司签订的合同中包括一项履约义务，即销售专用设备并安装

D.如果安装调试工作具有很强的专业性，只能由甲公司专业人员提供服务，且甲公司从未单独提供此项安装服务，合同也未明确区分安装服务价格的，则甲公司识别合同中包括两项履约义务，即销售专用设备和安装服务

第31记 **记** 知识链接

28　2×24年1月1日，甲公司为乙公司提供保洁服务，合同约定服务期为1年，每季末结算一次，乙公司每季末向甲公司支付A公司股票1 000股作为服务报酬。合同开始日，A公司股票价格为12元/股，1月31日A公司股票公允价值为12.9元/股，2月29日A公司股票的公允价值为11元/股，3月31日A公司股票的公允价值为15元/股。3月31日，乙公司向甲公司支付A公司股票1 000股作为当季保洁服务费。不考虑其他因素，甲公司此项合同应确认的交易价格是（　　　）元。

A.12 000　　　　　　　B.48 000　　　　　　　C.11 000　　　　　　　D.15 000

第32记 **记** 知识链接

29　2×24年度，某商场销售各类商品共取得货款6 000万元，同时共授予客户奖励积分60万分，奖励积分的公允价值为1元/分，商场估计2×24年度授予的奖励积分将有90%使用。不考虑其他因素，该商场2×24年交易价格应分摊销售商品的金额为（　　　）万元。

A.5 991.08　　　　　　B.5 946.48　　　　　　C.6 050　　　　　　　D.5 991.48

第33记 **记** 知识链接

30　2×22年12月31日，甲建筑公司与乙公司签订一项建造工程合同，合同约定建造期限为2×23年1月1日–2×25年12月31日。2×23年6月30日，甲公司确认的与建造合同相关的营业收入为12 000万元，与乙公司结算的合同价款为11 000万元。2×23年12月31日，甲公司确认的与该建造合同相关的营业收入为11 000万元，与乙公司结算的合同价款为11 800万元。假定不考虑其他因素，2×23年甲公司与该建造合同相关的合同资产项目金额为（　　　）万元。

A.200　　　　　　　　B.800　　　　　　　　C.1 000　　　　　　　D.1 800

第34记 **记** 知识链接

31　下列各项中，相关费用均由企业承担，属于合同取得成本的是（　　　）。

A.销售佣金　　　　　　　　　　　　　B.签订合同的差旅费

C.合同投标费　　　　　　　　　　　　D.尽职调查费

第35记 **记** 知识链接

32 2×24年4月15日，甲公司以1 500万元的价格向乙公司销售一台设备。双方约定，一年以后甲公司有权利以1 400万元的价格从乙公司回购该设备。对于上述交易，不考虑增值税及其他因素，甲公司正确的会计处理方法是（　　）。

A.作为融资交易进行会计处理

B.作为租赁交易进行会计处理

C.作为附有销售退回条款的销售交易进行会计处理

D.分别作为销售和购买进行会计处理

第41记 📖记 知识链接

33 2×23年12月31日，甲公司因一起未决诉讼确认预计负债1 200万元，2×24年3月4日人民法院判决甲公司败诉，需支付赔偿金1 500万元，甲公司不再上诉。甲公司适用的所得税税率为25%，2×24年度财务报告批准报出日为2×24年3月31日，按净利润的10%计提盈余公积，甲公司预计未来期间能够取得足够的应纳税所得额用以抵扣可抵扣暂时性差异。不考虑其他因素，甲公司2×23年12月31日资产负债表中"盈余公积"项目的期末余额应调减的金额为（　　）万元。

A.202.5　　　　　　B.810　　　　　　C.22.5　　　　　　D.729

第44记 📖记 知识链接

34 下列各项中，属于会计政策变更的是（　　）。

A.存货的计价方法由先进先出法改为移动加权平均法

B.将成本模式计量的投资性房地产的净残值率由5%变为3%

C.固定资产的折旧方法由年限平均法改为年数总和法

D.将无形资产的预计使用年限由10年变更为6年

第45记 📖记 知识链接

二、多项选择题

35 按照我国《会计人员职业道德规范》，以下属于新时代会计人员应当遵守的职业道德有（　　）。

A.坚持惯例，守护传统　　　　　　B.坚持诚信，守法奉公

C.坚持准则，守责敬业　　　　　　D.坚持学习，守正创新

第1记 📖记 知识链接

36 甲企业系增值税一般纳税人，其委托外单位加工存货发生的下列各项支出中，应计入收回的委托加工存货入账价值的有（　　）。

A.支付的加工费

B.发出并耗用的原材料成本

C.收回委托加工存货时支付的运输费

D.支付给受托方的可抵扣增值税

第2记　知识链接

37　下列各项中，关于存货跌价准备计提与转回的表述不正确的有（　　）。

A.资产负债表日存货应按成本与可变现净值孰低计量

B.可变现净值低于存货账面余额的差额应计提存货跌价准备

C.以前期间减记存货价值的影响因素已消失，可将原计提的存货跌价准备转回

D.如果本期导致存货可变现净值高于其成本的因素并不是以前期间减记该项存货价值的因素，则也应当将存货跌价准备转回

第3记　知识链接

38　甲公司系增值税一般纳税人，2×24年9月进口一台需安装的生产设备。在该设备达到预定可使用状态前，下列各项甲公司为该设备发生的支出中，应计入该设备初始入账成本的有（　　）。

A.设备调试人员工资费用5万元

B.安装过程中领用外购原材料的增值税13万元

C.不含增值税的安装费35万元

D.支付的进口关税20万元

第4记　知识链接

39　甲公司拥有一项固定资产，该固定资产初始成本为1 000万元，2×22年计提折旧为100万元，减值准备为20万元，2×23年计提折旧为50万元。2×23年12月31日，公允价值减处置费用后的净额为800万元，未来现金流量现值为810万元（税前）。甲公司2×23年12月31日重新估计折旧年限，预计剩余使用年限为5年，净残值为0，采用年限平均法计提折旧。不考虑其他因素，下列说法正确的有（　　）。

A.2×23年12月31日，固定资产减值准备余额为44万元

B.2×23年12月31日，可收回金额为810万元

C.2×24年折旧金额为161.2万元

D.2×23年12月31日计提减值损失20万元

第5记　知识链接

40　甲公司一项内部研发的无形资产系2×24年10月1日达到预定用途，为了研发该项无形资产，共发生支出110万元，其中符合资本化条件的支出为48万元。该项无形资产的法律保护期为10年，甲公司预计的经济收益期为8年，预计净残值为零，采用直线法摊销。不考虑其他因素，下列关于甲公司会计处理的说法中正确的有（　　）。

A.从2×24年10月1日开始摊销

B.费用化研发支出金额为62万元

C.无形资产摊销年限为10年

D.2×24年12月31日无形资产的账面价值为46.5万元

第6记　记记　知识链接

41　下列各项中，关于土地使用权的表述正确的有（　　）。

A.房地产开发企业外购土地使用权用于建造商品房，该土地使用权应作为存货核算

B.企业将土地使用权部分自用，部分对外出租，该土地使用权应全部作为无形资产核算

C.外购房屋建筑物价款中包括土地使用权的，企业无法区分土地使用权价值和房产价值的，应将整体作为固定资产核算

D.企业外购土地使用权用于自行建造建筑物，建造期间应将符合资本化条件的土地使用权的摊销额资本化

第6~7记　记记　知识链接

42　甲公司2×24年1月1日外购一项无形资产取得成本为3 000万元，因无法确定其使用寿命，甲公司将其作为使用寿命不确定的无形资产核算。2×24年12月31日该无形资产的可收回金额为2 900万元。不考虑其他因素，下列表述中正确的有（　　）。

A.甲公司不应对无形资产进行摊销

B.甲公司需在每个资产负债表日对该无形资产进行减值测试

C.2×24年应计提摊销100万元

D.2×24年12月31日无形资产的账面价值为2 900万元

第7记　记记　知识链接

43　下列各项中，关于投资性房地产范围的表述正确的有（　　）。

A.企业计划用于出租但尚未出租的土地使用权不属于投资性房地产

B.转租给其他单位的房产属于投资性房地产

C.按国家有关规定认定为闲置土地的资产不属于投资性房地产

D.向承租人提供相关辅助服务在整个协议中不重大的，出租建筑物属于投资性房地产

第8记　记记　知识链接

44 下列各项中，有关投资性房地产会计处理的表述正确的有（　　　）。

A.采用成本模式后续计量的投资性房地产转为存货，应将该房地产转换前的账面价值作为转换后存货的入账价值

B.成本模式后续计量的投资性房地产转换为自用固定资产，自用固定资产应按转换日的公允价值计量，公允价值小于原账面价值的差额确认为当期损益

C.以存货转换为以公允价值模式后续计量的投资性房地产，投资性房地产应按转换日的公允价值计量，公允价值小于存货账面价值的差额确认为当期损益

D.以公允价值模式后续计量的投资性房地产转换为自用固定资产，自用固定资产应按转换日的公允价值计量，公允价值大于账面价值的差额确认为其他综合收益

第8~9记　**记**知识链接

45 下列各项中，关于投资性房地产出售的表述正确的有（　　　）。

A.出售投资性房地产取得的收入属于营业收入

B.出售成本模式后续计量的投资性房地产，应将其账面价值结转至营业成本

C.出售公允价值模式后续计量的投资性房地产，应将原计入公允价值变动损益的金额转入营业成本

D.出售公允价值模式后续计量的投资性房地产，应将原计入其他综合收益的金额增加营业收入

第9记　**记**知识链接

46 下列关于总部资产减值的说法中，正确的有（　　　）。

A.总部资产应当单独进行减值测试

B.总部资产需要与和其相关的资产组或资产组组合结合进行减值测试

C.总部资产如果能够按合理和一致的基础分摊至各个相关资产组的，应将总部资产分摊至各个资产组，将各个资产组含总部资产在内的账面价值与可收回金额进行比较

D.总部资产如果不能按合理和一致的基础分摊至各个相关资产组的，需要单独对总部资产进行减值测试

第11记　**记**知识链接

47 下列各项中，企业应通过应付职工薪酬核算的有（　　　）。

A.作为福利发放给职工的自产产品

B.支付给职工的季度业绩奖金

C.支付给职工的辞退补偿

D.支付给职工的加班费

第12记　**记**知识链接

48 下列各项中,关于职工薪酬会计处理表述中正确的有(   )。

A.与辞退福利相关的职工薪酬应计入管理费用

B.向员工提供非货币性福利的,应当按照非货币性资产的账面价值确认薪酬费用

C.因利润分享计划应支付给员工的薪酬支出应当作为利润分配处理

D.以外购商品向员工提供非货币性福利的,无须确认收入

第13记 记 知识链接

49 企业专门借款利息开始资本化后发生的下列各项建造中断事项中,不会导致其应暂停借款利息资本化的事项的有(   )。

A.因可预见的冰冻季节造成建造中断连续超过3个月

B.因工程质量纠纷造成建造多次中断累计3个月

C.因发生安全事故造成建造中断连续超过3个月

D.因劳务纠纷造成建造中断2个月

第15记 记 知识链接

50 企业建造某项符合资本化条件的工程,当工程既有专门借款又有一般借款时,下列表述中正确的有(   )。

A.先使用专门借款,并按专门借款费用资本化的原则进行处理

B.当占用一般借款时,再按照一般借款费用资本化的原则进行处理

C.如果存在多笔一般借款时,应按占用的先后顺序分别计算一般借款利息资本化的金额

D.占用一笔一般借款时需要计算一般借款资本化率

第14记 记 知识链接

51 下列各项中,关于政府补助的表述正确的有(   )。

A.政府补助具有无偿性

B.政府以投资者身份向企业投入非货币性资产不属于政府补助

C.政府补助应当限定资金的使用用途

D.政府对企业债务的豁免属于政府补助

第18记 记 知识链接

52 下列各项中,关于企业取得与收益相关政府补助的说法中正确的有(   )。

A.用于补偿企业以后期间的相关成本费用或损失的,在收到时应当先判断企业能否满足政府补助所附条件

B.用于补偿企业以后期间的相关成本费用或损失的,收到时暂无法确定是否满足政府补助条件的,应当先作为预收款项计入"其他应付款"科目

C.用于补偿企业以后期间的相关成本费用或损失的，有客观情况表明企业能够满足政府补助所附条件的应确认递延收益

D.用于补偿企业已发生的相关成本费用或损失的直接计入当期损益或冲减相关成本费用

第19记 **川记** 知识链接

53　下列项目中，对外币财务报表进行折算时，应当采用期末资产负债表日的即期汇率进行折算的有（　　）。

A.盈余公积

B.未分配利润

C.长期股权投资

D.以公允价值计量且其变动计入当期损益的金融资产

第21记 **川记** 知识链接

54　下列各项中，不应执行非货币性资产交换准则的有（　　）。

A.以商业承兑汇票交换其他资产

B.企业以非货币性资产向职工换取服务

C.企业以非货币性资产偿还债务

D.企业以本公司股票换取长期股权投资（不构成控制）

第22记 **川记** 知识链接

55　下列各项中，关于以账面价值计量的非货币性资产交换表述正确的有（　　）。

A.应以换出资产的账面价值和应支付的相关税费作为换入资产成本

B.无论是否支付补价，均不确认交换损益

C.换出资产增值税销项税额的计算应以公允价值为基础确定

D.涉及多项资产交换的，应以各项换入资产的账面价值占换出资产账面价值总额的比例进行分配

第23记 **川记** 知识链接

56　在非货币性资产交换具有商业实质且换入或换出资产的公允价值能够可靠计量的情况下，换出资产公允价值和换入资产账面价值的差额可能计入（　　）。

A.资产处置损益　　　　　　　　　　B.营业外收入

C.投资收益　　　　　　　　　　　　D.留存收益

第23记 **川记** 知识链接

57　下列各项中，属于甲公司债务重组的有（　　）。

A.甲公司以成本30万元、公允价值35万元的存货抵偿所欠A公司35万元的债务

B.甲公司的母公司以账面价值100万元、公允价值120万元的交易性金融资产抵偿甲公司所欠B公司150万元的债务

C.H公司同意延长甲公司100万元的债务的偿还时间

D.甲公司将所欠D公司1 000万元的债务转为本公司股份

第24记 看记 知识链接

58　在债务重组协议中，就债权人取得的权益性投资，下列表述中正确的有（　　　）。

A.债权人取得的对联营企业的权益性投资应按其自身的公允价值计量

B.债权人取得的股权为交易性金融资产时，发生的交易费用应确认为投资收益

C.债权人取得的对非同一控制下子公司的投资，其入账成本按放弃债权的公允价值计量

D.债权人取得的股权为其他权益工具投资时，放弃债权的公允价值与放弃债权的账面价值之间的差额应计入留存收益

第25记 看记 知识链接

59　2×24年1月1日，甲公司以摊余成本计量的"应收账款——乙公司"账户余额为1 000万元，已计提坏账准备200万元。2×24年4月1日，甲公司与乙公司签订债务重组协议，协议约定，乙公司以两项资产清偿债务，包括一项公允价值为100万元的其他债权投资和一项公允价值为650万元的固定资产。当日，该应收账款的公允价值为750万元，双方于当日办理完成相关资产的转让手续。不考虑其他因素，关于甲公司会计处理的表述中，正确的有（　　　）。

A.确认投资收益减少50万元

B.确认其他债权投资增加100万元

C.确认其他收益减少100万元

D.确认固定资产增加650万元

第25记 看记 知识链接

60　2×23年9月，甲公司为整合公司资源，经董事会决议，处置部分生产线，2×23年12月31日，甲公司与乙公司签订某生产线出售合同。合同约定，该项交易自合同签订之日起10个月内完成，原则上不可撤销，但因外部审批及其他不可抗力因素影响的除外，如果取消合同，主动提出取消的一方应向对方赔偿损失560万元，生产线出售价格为2 600万元，甲公司负责生产线的拆除并运送至乙公司指定地点，经乙公司验收后付款。甲公司该生产线2×23年年末账面价值为3 200万元，预计拆除、运送等费用为120万元。2×24年3月在合同实际执行过程中，因乙公司所在的地方政府出台新的产业政策，乙公司购入资产属于新政策禁止行业，乙公司提出取消合同并支付了赔偿款，不考虑其他因素。下列关于甲公司对于上述事项的会计处理中，正确的有（　　　）。

A.自2×24年1月起对拟处置生产线停止计提折旧

B.自2×24年3月知晓合同将予取消时起，对生产线恢复计提折旧

C.2×23年资产负债表中该生产线列报为3 200万元

D.2×24年将取消合同取得的乙公司赔偿确认为营业外收入

第26记 看记 知识链接

61 2×24年11月30日，甲公司与乙公司签订一项合同，约定将一项原值为600万元、已计提折旧385万元的固定资产，在6个月内以200万元的价格出售给乙公司，预计法律服务费为10万元。甲公司对该固定资产每月计提折旧5万元。不考虑其他因素，下列关于甲公司2×24年会计处理的说法中正确的有（　　　）。

A.2×24年末资产负债表中持有待售资产的列报金额为190万元

B.2×24年全年计提折旧额为55万元

C.需要计提减值金额为25万元

D.在资产负债表中应列为"一年内到期的非流动资产"项目

第27记 记知识链接

62 下列各项中，不考虑其他因素属于合同履约成本的有（　　　）。

A.支付给分包商的成本

B.与履约义务中已履行部分相关的材料支出

C.支付给直接为客户提供承诺服务的人员工资

D.非正常消耗的直接材料

第35记 记知识链接

63 2×24年3月1日，甲公司向乙公司销售一批产品，合同约定价格为1 000万元，增值税税额为130万元，其成本为900万元。根据合同约定，乙公司应于签订合同当日支付该笔款项，同时甲公司当日发出产品。乙公司可以在3个月内无条件退货。当日甲乙公司均已履行各自义务。甲公司估计退货率为10%。不考虑其他因素，下列表述正确的有（　　　）。

A.甲公司在发出产品时控制权已转移，所以应确认1 000万元收入

B.甲公司在发出产品时应结转主营业务成本810万元

C.甲公司应确认预计负债100万元

D.甲公司应确认应交税费117万元

第36记 记知识链接

64 下列各项中，关于主要责任人和代理人的表述正确的有（　　　）。

A.主要责任人是在向客户转让商品前能够控制该商品

B.主要责任人应按总额法确认收入

C.代理人按收取价款确认收入，按支付给其他方价款确认成本

D.代理人在转让商品前不承担商品的风险

第38记 记知识链接

65 2×24年1月1日，甲公司与乙公司签订合同，根据合同约定，甲公司向乙公司出售大型设备一套，合同约定价格为3 000万元，其成本为2 800万元。同时合同中约定乙公司有权在2年后要求甲公司以3 200万元的价格回购此套设备。根据甲公司估计，在2年后该设备的公允价值将大大低于3 200万元。不考虑其他因素，下列表述正确的有（   ）。

A.甲公司此项交易应按3 000万元确认收入

B.甲公司此项交易应按融资交易处理

C.甲公司此项交易应按3 000万元确认其他应付款

D.甲公司应将3 000万元与未来回购时3 200万元的差额在2年内确认为利息费用

第41记 [H记] 知识链接

66 企业下列各项经济事项发生在资产负债表日后期间，其中属于资产负债表日后非调整事项的有（   ）。

A.发现报告年度重要会计差错

B.董事会通过利润分配方案

C.处置子公司

D.发生重大诉讼

第44记 [H记] 知识链接

67 企业发生资产负债表日后调整事项时应对相关财务报表进行调整，可以调整的报表包括（   ）。

A.资产负债表   B.利润表

C.现金流量表正表   D.所有者权益变动表

第44记 [H记] 知识链接

68 下列各项中，企业应采用未来适用法进行会计核算的有（   ）。

A.发现不重要的前期差错

B.会计估计变更

C.会计政策变更无法确定以前各期累积影响数

D.重要的前期差错无法确定前期差错累积影响数

第45、47记 [H记] 知识链接

三、判断题

69 企业为符合国家有关排污标准而购置的大型环保设备，因其不能为企业带来直接的经济利益，因此不确认为固定资产。   （   ）

第4记 [H记] 知识链接

70　交易价格发生后续变动的，企业应当按照在合同开始日所采用的基础将该后续变动金额分摊至合同中的履约义务。　　　　　　　　　　　　　　　　　　　　（　　）

第33记 🔲记 知识链接

71　对于附有质量保证条款的销售，企业应当作为单项履约义务，按照收入准则进行会计处理。　　　　　　　　　　　　　　　　　　　　　　　　　　　　　（　　）

第37记 🔲记 知识链接

72　对于附有客户额外购买选择权的销售，企业应当评估该选择权是否向客户提供了一项重大权利，如果企业提供重大权利的，应当作为单项履约义务进行会计处理。　（　　）

第39记 🔲记 知识链接

73　企业向客户授予知识产权许可，并约定按客户实际销售或使用情况收取特许权使用费的，应当在客户后续销售或使用行为实际发生与企业履行相关履约义务两项孰早的时点确认收入。　　　　　　　　　　　　　　　　　　　　　　　　　　　　　　　　　（　　）

第40记 🔲记 知识链接

74　存在客户未行使权利的，企业预期将有权获得与客户所放弃的合同权利相关金额的，应当按照客户行使合同权利的模式按比例将上述金额确认为收入。　　　　　　（　　）

第42记 🔲记 知识链接

75　无需退回的初始费与向客户转让已承诺的商品相关，并且该商品构成单项履约义务的，企业应当在转让该商品时，按照分摊至该商品的交易价格确认收入。　　　　（　　）

第43记 🔲记 知识链接

76　报表项目单独列报的原则不仅适用于报表，还适用于附注。　　　　　　　（　　）

第48记 🔲记 知识链接

第二模块　性价比很高

一、单项选择题

77　2×24年3月1日，甲公司因违反环保的相关法规被处罚270万元，罚款尚未支付，甲公司将其计入"其他应付款"科目。根据税法规定，行政罚款支出不得税前扣除。2×24年12月31日甲公司已经支付了200万元的罚款。不考虑其他因素，2×24年12月31日其他应付款的计税基础为（　　）万元。

A.70　　　　　　　　B.270　　　　　　　　C.200　　　　　　　　D.0

第51记　知识链接

78　下列交易或事项中，将产生应纳税暂时性差异的是（　　）。
A.计提坏账准备
B.支付销货方违约金
C.企业持有的交易性金融资产期末公允价值上升
D.因未决诉讼确认的预计负债（税法不允许抵扣）

第52记　知识链接

79　2×24年12月1日，甲公司将一批商品出售给乙公司，开具增值税专用发票注明的价款为5 000万元，增值税税额为650万元，该批商品的成本为4 000万元。根据合同约定乙公司拥有两个月的试用期，在试用期间出现问题有权退货。甲公司预计退货概率为10%，至12月31日乙公司尚未退货。甲公司适用的所得税税率为15%，预计未来期间保持不变，不考虑其他因素，甲公司2×24年12月31日应确认递延所得税负债为（　　）万元。

A.60　　　　　　　　B.15　　　　　　　　C.20　　　　　　　　D.75

第53记　知识链接

80　甲公司2×24年度投资性房地产公允价值上升1 000万元，交易性金融资产公允价值上升2 000万元，其他债权投资公允价值上升3 000万元。甲公司适用的所得税税率为25%，预计未来期间不会发生变化。甲公司当年应交所得税为1 500万元，年初递延所得税资产和递延所得税负债的余额均为零。不考虑其他因素，甲公司2×24年度利润表中"所得税费用"为（　　）万元。

A.0　　　　　　　　B.1 500　　　　　　　　C.3 000　　　　　　　　D.2 250

第55记　知识链接

81　2×23年1月1日，甲公司与乙公司签订一项租赁合同，将一项生产设备出租给乙公司，该生产设备当日已运抵至乙公司，乙公司当日起即可安排该设备与其他生产商设备的对接及调试工作。根据合同约定，起租日为2×23年5月1日，租期3年，承租人自起租日起开始支付租金，合同还约定，三年租期结束后，乙公司可选择按市场价格的80%继续租赁该设备两年，经合理评估乙公司将行使该续租选择权。不考虑其他因素，乙公司的租赁期为（　　）。

A.2×23年1月1日至2×26年5月1日

B.2×23年5月1日至2×26年5月1日

C.2×23年1月1日至2×28年5月1日

D.2×23年5月1日至2×28年5月1日

第57记　记　知识链接

82　甲公司从乙公司租赁一间商铺，甲公司初始确认的租赁负债金额为1 200万元，在签订租赁协议之前已向乙公司支付不可退还的保证金10万元，支付原租户搬迁补偿款6万元，乙公司同意补偿其中的3万元。不考虑其他因素，甲公司应确认的使用权资产是（　　）万元。

A.1 200　　　　　　B.1 216　　　　　　C.1 210　　　　　　D.1 213

第58记　记　知识链接

83　承租人甲公司与出租人乙公司签订了一份为期6年的房屋租赁合同用于生产经营，相关使用权资产的初始账面价值为100万元，按直线法在6年内计提折旧。第三年年末，甲公司确认该使用权资产发生减值损失20万元，计入当期损益。不考虑其他因素，甲公司在第五年应对该项使用权资产计提的折旧金额为（　　）万元。

A.5　　　　　　　　B.8　　　　　　　　C.10　　　　　　　D.6

第58记　记　知识链接

84　2×24年7月1日，甲公司以经营租赁方式出租一台大型设备，租期4年，租赁期开始前3个月免租金，年租金480万元，按年支付。当日，甲公司收到扣除免租期后的租金360万元。不考虑其他因素，甲公司2×24年应确认的租金收入为（　　）万元。

A.480　　　　　　　B.360　　　　　　　C.240　　　　　　　D.225

第61记　记　知识链接

85　甲公司持有的下列金融资产，应分类为"以摊余成本计量的金融资产"的是（　　）。

A.甲公司赊销商品形成应收账款，该项应收账款通过出售收回现金流量

B.甲公司购入乙公司债券，该债券持有目的为短期获利

C.甲公司购入丙公司股票，该股票持有目的为长期持有但影响程度未达重大影响及以上

D.甲公司购入丁公司债权，该债权持有目的为收取合同现金流量，该合同现金流量仅为对本金和以未偿付本金金额为基础的利息的支付

第62记　记　知识链接

86　2×23年1月1日，甲公司购入乙公司于2×22年1月1日发行的一般公司债券100万份，每份债券面值为100元，票面年利率为5%。甲公司支付购买价款9 800万元，另支付交易费用100万元，甲公司根据管理金融资产的业务模式和该债券的合同现金流量特征，将其分类为以摊余成本计量的金融资产。该债券是分期付息到期还本，每年1月10日支付上年度利息。不考虑其他因素，甲公司该债券的入账金额是（　　）万元。

A.9 800　　　　　　　B.9 400　　　　　　　C.9 300　　　　　　　D.10 000

第63记 **帮记** 知识链接

87　2×24年1月1日，甲公司从二级市场购入乙公司发行在外的普通股股票15万股，将其指定为以公允价值计量且其变动计入其他综合收益的金融资产，支付的价款为235万元（其中包括已宣告但尚未发放的现金股利1元/股），另支付交易税费5万元，则甲公司取得该项金融资产的入账金额为（　　）万元。

A.225　　　　　　　　B.220　　　　　　　　C.240　　　　　　　　D.215

第64记 **帮记** 知识链接

88　2×24年1月1日，甲公司购入乙公司5%的股权，甲公司根据管理金融资产的业务模式，将其划分为以公允价值计量且其变动计入当期损益的金融资产核算。甲公司支付购买价款1 000万元（其中包括已宣告但尚未发放的现金股利80万元和交易费用10万元）。2×24年6月30日该股权的公允价值为1 100万元，2×24年12月1日甲公司将该股权出售，取得处置价款1 080万元。不考虑相关税费等其他因素，甲公司该项交易对营业利润的影响金额为（　　）万元。

A.−20　　　　　　　　B.160　　　　　　　　C.120　　　　　　　　D.140

第65记 **帮记** 知识链接

89　2×24年1月1日，甲公司经批准公开发行面值为5 000万元，5年期的一般公司债券。该债券票面年利率为6%，到期一次还本付息。同类债券的实际利率为5%。不考虑其他因素，该债券的发行价格是（　　）。（P/F，6%，5）=0.7473；（P/F，5%，5）=0.7835

A.3 736.5万元　　　　　　　　　　　　B.3 917.5万元

C.4 857.45万元　　　　　　　　　　　　D.5 092.75万元

第68记 **帮记** 知识链接

90　下列各项中，应当作为以现金结算的股份支付进行会计处理的是（　　）。

A.以低于市价向员工出售限制性股票的计划

B.授予高管人员低于市价购买公司股票的期权计划

C.公司承诺达到业绩条件时向员工无对价定向发行股票的计划

D.授予研发人员以预期股价相对于基准日股价的上涨幅度为基础支付奖励款的计划

第69记 **帮记** 知识链接

91　2×24年1月1日，经股东大会批准，甲公司向50名高管人员每人授予1万份股票期权。根据股份支付协议规定，这些高管人员自2×24年1月1日起在甲公司连续服务3年，即可以每股5元的价格购买1万股甲公司普通股。2×24年1月1日，每份股票期权的公允价值为15元。2×24年没有高管人员离开公司，甲公司预计在未来两年内将有5名高管离开公司。2×24年12月31日，甲公司授予高管的股票期权每份公允价值为13元。甲公司因该股份支付协议在2×24年应确认的费用金额是（　　）万元。

A.195　　　　　　　　　　　　B.216.67

C.225　　　　　　　　　　　　D.250

第70记　知识链接

92　2×23年1月12日，甲公司通过增发本公司普通股方式从集团内乙公司取得其持有A公司30%的股权，取得股权后，甲公司能够对A公司施加重大影响。甲公司增发股票1 000万股，每股面值1元，每股发行价格12元，甲公司按发行总额的2%支付券商发行费用。为核实A公司资产情况，甲公司支付审计费和评估费合计为20万元。当日，A公司可辨认净资产的账面价值为40 000万元，公允价值为42 000万元，相关股权当日手续办理完毕。不考虑相关税费等其他因素，甲公司取得A公司股权的入账金额是（　　）万元。

A.12 000　　　　　　　　　　　B.12 020

C.12 600　　　　　　　　　　　D.12 620

第71记　知识链接

93　甲公司以定向增发3 000万股股票方式取得集团外部乙公司60%的股权，从而能够对乙公司实施控制。甲公司增发的普通股面值为1元/股，发行价格为2.5元/股，另支付券商发行费用200万元。当日，乙公司可辨认净资产的账面价值为8 000万元，公允价值为10 000万元。不考虑其他因素，甲公司在合并报表中的合并商誉是（　　）万元。

A.0　　　　　　　　　　　　　B.1 500

C.1 300　　　　　　　　　　　D.2 700

第72记　知识链接

94　2×23年7月1日，甲公司自母公司（A公司）取得乙公司60%股权，能够控制乙公司。当日，乙公司个别财务报表中净资产账面价值为3 200万元。该股权是A公司于2×19年6月18日自公开市场购入，A公司在购入乙公司60%股权时在合并报表中确认商誉800万元。2×23年7月1日，A公司在合并报表中按取得乙公司股权时可辨认净资产公允价值为基础持续计算的乙公司净资产为4 800万元。甲公司为进行该项交易支付有关审计等中介机构费用120万元。不考虑其他因素，甲公司应确认对乙公司股权投资的初始投资成本是（　　）万元。

A.3 680　　　　　　　　　　　B.1 920

C.2 040　　　　　　　　　　　D.2 880

第73记　知识链接

95 2×22年1月1日，甲公司购入乙公司30%的股权，能够对乙公司施加重大影响。2×23年1月1日，甲公司再次从非关联方处购入乙公司40%的股权，能够对乙公司实施控制。当日30%股权的公允价值为3 900万元，甲公司"长期股权投资——投资成本"科目借方余额3 200万元，"长期股权投资——其他综合收益"借方余额200万元，"长期股权投资——损益调整"借方余额500万元，"长期股权投资——其他权益变动"贷方余额100万元。甲公司取得乙公司40%股权支付银行存款5 200万元，两次交易不属于"一揽子交易"。不考虑其他因素，2×23年1月1日甲公司长期股权投资的初始投资成本为（   ）万元。

A.8 400

B.9 000

C.8 866.67

D.9 100

第75记 ⎚记 知识链接

96 下列各项中，在长期股权投资成本法核算时应进行账务处理的是（   ）。

A.被投资单位实现净利润

B.被投资单位实际发放股票股利

C.被投资单位其他综合收益增加

D.长期股权投资可收回金额低于其账面价值

第74记 ⎚记 知识链接

97 甲公司持有乙公司85%股权，能够控制乙公司。2×24年1月，甲公司出售乙公司80%股权，剩余5%股权不再对乙公司控制、共同控制或施加重大影响。下列各项关于甲公司出售乙公司股权的会计处理表述中，正确的是（   ）。

A.对于剩余股权按成本进行计量

B.对于剩余股权按公允价值与其账面价值的差额确认为资本公积

C.对于剩余股权视同取得该股权投资时即采用权益法核算并调整其账面价值

D.对于剩余股权按《金融工具确认和计量》准则进行分类和计量

第76记 ⎚记 知识链接

98 根据企业会计准则规定，下列各项应作为同一控制企业合并进行会计处理的是（   ）。

A.某市国资委将其投资的甲公司与A公司进行合并

B.乙公司能够控制B公司，丙公司能够控制C公司，B公司将C公司合并，乙公司和丙公司不存在关联方关系

C.张某、李某、王某和赵某共同设立丁公司、戊公司、己公司，D公司是丁公司的子公司，E公司是戊公司的子公司，F公司是己公司的子公司，G公司是D公司的子公司，E公司将G公司进行合并

D.庚公司是H公司的联营企业，J公司能够控制K公司，辛公司是J公司合营企业，辛公司能够控制庚公司，K公司对H公司进行企业合并

第77记 ⎚记 知识链接

二、多项选择题

99　2×23年12月1日，甲公司取得一项其他权益工具投资，取得成本为1 000万元，2×23年12月31日，该项其他权益工具投资的公允价值为800万元。2×24年12月31日，该项其他权益工具投资的公允价值为1 200万元。甲公司适用的所得税税率为25%。不考虑其他因素，下列会计处理中，正确的有（　　）。

A.2×23年12月31日甲公司确认递延所得税负债会减少所得税费用50万元

B.2×23年12月31日甲公司应确认递延所得税资产50万元

C.2×24年12月31日甲公司应转回递延所得税资产50万元

D.2×24年12月31日甲公司应确认递延所得税负债50万元

第50～55记　知识链接

100　2×23年11月20日，甲公司以5 100万元购入一台大型机械设备，经安装调试后，于2×23年12月31日投入使用。该设备的折旧年限为25年，甲公司预计使用20年，预计净残值100万元，按双倍余额递减法计提折旧。企业所得税法允许该设备按20年、预计净残值100万元、以年限平均法计提的折旧额在计算应纳税所得额时扣除。甲公司2×24年实现利润总额3 000万元，适用的企业所得税税率为25%，甲公司预计未来期间能够产生足够的应纳税所得额用以抵减可抵扣暂时性差异，且未来期间税率保持不变。2×24年度，甲公司用该设备生产的产品全部对外出售。除上述资料外，无其他纳税调整事项，不考虑除企业所得税以外的其他相关税费及其他因素，下列各项关于甲公司2×24年度对上述设备相关会计处理的表述中，正确的有（　　）。

A.2×24年年末该设备的账面价值为4 850万元

B.甲公司应确认当期应交所得税815万元

C.甲公司应确认递延所得税资产65万元

D.甲公司当年应对该设备计提折旧510万元

第54～55记　知识链接

101　下列各项中，关于短期租赁和低价值资产租赁的表述正确的有（　　）。

A.如果承租人对某类租赁资产作出了简化会计处理的选择，未来该类资产下所有的短期租赁都应采用简化会计处理

B.按照简化会计处理的短期租赁发生租赁变更或其他原因导致租赁期发生变化的，承租人应当将其视为一项新租赁

C.承租人在判断是否是低价值资产租赁时，应基于租赁资产的目前状态下的价值进行评估

D.如果承租人已经或者预期要把相关资产进行转租赁，则不能将原租赁按照低价值资产租赁进行简化会计处理

第59记　知识链接

102 甲公司为租赁公司，下列发生的经济业务中，不考虑给定以外的条件，通常应作为融资租赁进行会计处理的有（　　）。

A.甲公司将一台设备租赁给乙公司，在租赁期满时该设备所有权转移给乙公司

B.甲公司将一条生产线租赁给丙公司，该生产线在租赁开始日的公允价值为1 000万元，租赁收款额的现值为950万元

C.甲公司将一台专用设备租赁给丁公司，该设备是专门为丁公司定制的，如果不作较大改造，其他承租人将无法使用

D.甲公司将一部预计可以使用10年，但已使用5年的仪器租赁给戊公司，租赁期为3年

第60记 [记] 知识链接

103 下列各项中，关于金融资产和金融负债重分类的表述正确的有（　　）。

A.金融资产重分类应根据企业管理其业务模式，如果业务模式没有变化，则金融资产不得重新分类

B.以摊余成本计量的金融资产满足条件可以重新分类为以公允价值计量且其变动计入当期损益的金融资产

C.以公允价值计量且其变动计入当期损益的金融资产满足条件可以重新分类为以摊余成本计量的金融资产

D.企业对金融负债的分类一经确定不得随意变更

第67记、第87记 [记] 知识链接

104 下列各项中，关于企业以现金结算的股份支付的会计处理中正确的有（　　）。

A.初始确认时确认所有者权益

B.初始确认时以企业所承担负债的公允价值计量

C.等待期内按照所确认负债的金额计入成本或费用

D.可行权日后相关负债的公允价值变动计入当期损益

第70记 [记] 知识链接

105 下列关于股份支付会计处理的表述中，正确的有（　　）。

A.股份支付的确认和计量，应以符合相关法规要求、完整有效的股份支付协议为基础

B.对以权益结算的股份支付换取职工提供服务的，应按所授予权益工具在授予日的公允价值计量

C.对以现金结算的股份支付，在可行权日之后应将相关权益的公允价值变动计入当期损益

D.对以权益结算的股份支付，在可行权日之后应将相关的所有者权益按公允价值进行调整

第70记 [记] 知识链接

106 2×24年1月1日，甲公司以银行存款3 950万元取得乙公司30%的股份，另以银行存款50万元支付了与该投资直接相关的手续费，相关手续于当日完成，能够对乙公司施加重大影响。当日，乙公司可辨认净资产的公允价值为14 000万元。各项可辨认资产、负债的公允价值均与其账面价值相同。乙公司2×24年实现净利润2 000万元，其他债权投资的公允价值上升100万元。不考虑其他因素，下列各项中甲公司2×24年与该投资相关的会计处理中，正确的有（　　）。

A.确认投资收益600万元

B.确认财务费用50万元

C.确认其他综合收益30万元

D.确认营业外收入200万元

第71记　知识链接

107 企业采用权益法核算长期股权投资时，下列各项中，影响长期股权投资账面价值的有（　　）。

A.被投资单位其他综合收益变动

B.被投资单位发行一般公司债券

C.被投资单位以盈余公积转增资本

D.被投资单位实现净利润

第71记　知识链接

108 下列经济业务中，应计入当期损益的有（　　）。

A.同一控制下企业合并取得股权投资时，发生的审计费、评估费

B.发行权益性证券的发行费用

C.长期股权投资采用成本法核算，被投资单位实现的净利润

D.长期股权投资采用权益法核算，投资企业应享有的被投资单位实现的净损益的份额

第74记　知识链接

109 下列各项中，关于企业合并形成长期股权投资的表述正确的有（　　）。

A.同一控制下企业合并方式形成长期股权投资时支付的审计费应计入当期损益

B.非同一控制下企业合并形成的长期股权投资，其入账金额在个别报表中应按购买日被购买方可辨认净资产的公允价值份额为基础确定

C.同一控制下企业合并形成的长期股权投资，其入账金额在个别报表中应按被合并方在最终控制方合并财务报表中的净资产账面价值份额与最终控制方收购被合并方时所形成的商誉为基础确定

D.非企业合并方式形成的长期股权投资入账成本可能不以自身公允价值计量

第72~73记　知识链接

110 甲公司为乙公司的母公司，占乙公司有表决权股份的80%。2×24年12月1日乙公司将一批产品出售给甲公司，该批产品的售价为1 000万元，销售成本为750万元，至年末甲公司对外出售该批存货的20%。不考虑其他相关因素，甲公司在编制2×24年合并报表时，下列会计处理正确的有（   ）。

A.应抵销"存货"200万元

B.应抵销"少数股东损益"40万元

C.应抵销"营业收入"1 000万元

D.应抵销"营业成本"750万元

第82记   记 知识链接

111 甲公司为乙公司的母公司，2×24年7月1日，乙公司将其自用的一项非专利技术转让给甲公司，售价500万元，增值税为30万元，该非专利技术的原值为800万元，已计提摊销500万元，已计提减值准备50万元。甲公司取得后作为管理用无形资产核算，预计尚可使用5年，无残值，采用直线法计提摊销（与原乙公司会计估计相同）。甲公司和乙公司均为增值税一般纳税人，不考虑所得税等其他因素，甲公司年末编制合并报表时，下列会计处理正确的有（   ）。

A.抵销"资产处置收益"250万元

B.抵销"管理费用"25万元

C.抵销"无形资产"250万元

D.抵销"应交税费"30万元

第83记   记 知识链接

三、判断题

112 当合同中同时包含多项单独租赁的，承租人和出租人应当将合同予以分拆，并分别对各项单独租赁进行会计处理。   （   ）

第56记   记 知识链接

113 以公允价值计量且其变动计入其他综合收益的金融资产期末无须计提减值准备。   （   ）

第66记   记 知识链接

114 指定为以公允价值计量且其变动计入其他综合收益的非交易性权益工具投资产生的公允价值变动在以后会计期间满足规定条件时可以重分类为损益。   （   ）

第64记   记 知识链接

115 因税率变化产生的递延所得税资产和递延所得税负债的调整金额应确认为变化当期的所得税费用。   （   ）

第55记   记 知识链接

116　对以权益结算的股份支付和现金结算的股份支付，无论是否立即可行权，在授予日均不需要
　　　进行会计处理。　　　　　　　　　　　　　　　　　　　　　　　　　　　（　　）

第70记　知识链接

117　同一控制吸收合并取得的资产和负债按被合并方原资产、负债的账面价值计量，支付对价账
　　　面价值与合并取得资产、负债之间的差额确认为商誉。　　　　　　　　　　（　　）

第77记　知识链接

118　非同一控制吸收合并产生合并商誉在个别报表中确认，非同一控制控股合并产生合并商誉在
　　　合并报表中确认。　　　　　　　　　　　　　　　　　　　　　　　　　　（　　）

第77记　知识链接

119　期末编制合并财务报表时，应将子公司应收账款坏账准备的计提比例与母公司统一。
　　　　　　　　　　　　　　　　　　　　　　　　　　　　　　　　　　　　　（　　）

第78记　知识链接

第三模块　性价比不高

一、单项选择题

120 2×24年1月1日甲公司自非关联方处购入A公司70％有表决权股份，当日能够对A公司实施控制，甲公司支付购买价款8 000万元，另支付审计费和评估费合计为50万元。当日A公司可辨认净资产的账面价值为8 000万元，公允价值为9 000万元（差额源自一批存货的公允价值高于账面价值1 000万元，其他资产和负债的账面价值与公允价值相同）。甲公司与A公司适用的所得税税率均为25％。不考虑其他因素，甲公司在编制合并报表时应确认的商誉为（　　）万元。

A.1 700　　　　　　　B.2 400　　　　　　　C.1 875　　　　　　　D.1 925

第84记　知识链接

121 甲公司对乙公司投资占有表决权股份的80％。当年乙公司将一批成本为80万元（未发生减值）的存货销售给甲公司，售价100万元，甲公司至年末对外出售60％。不考虑其他因素，甲公司在编制合并报表时，该内部交易影响少数股东损益的金额为（　　）万元。

A.0　　　　　　　　　B.4　　　　　　　　　C.2.4　　　　　　　　D.1.6

第85记　知识链接

122 下列各项中，关于售后租回的会计处理正确的是（　　）。
A.售后租回对于出售部分企业应确认收入
B.售后租回对于租回部分企业应确认为固定资产
C.售后租回交易中的资产转让属于销售的卖方兼承租人应当按原资产账面价值中与租回获得的使用权有关的部分，计量售后租回所形成的使用权资产
D.售后租回应确认转让利得或损失

第86记　知识链接

123 以摊余成本计量的金融资产重分类为以公允价值计量且其变动计入其他综合收益的金融资产，按照该金融资产在重分类日的公允价值进行计量，原账面价值与公允价值之间的差额计入（　　）。
A.公允价值变动损益　　　　　　　B.资本公积
C.投资收益　　　　　　　　　　　D.其他综合收益

第87记　知识链接

二、多项选择题

124 甲公司对乙公司进行投资占有表决权股份的80%，能够控制乙公司。2×24年10月1日，甲公司向乙公司销售商品形成应收账款400万元，至年末乙公司尚未支付上述货款，甲公司采用预期信用损失法对该笔应收账款计提了10%的坏账准备。甲、乙公司均采用资产负债表债务法核算所得税，适用的所得税税率均为25%。不考虑其他因素，年末编制抵销分录时下列处理正确的有（　　　　）。

A.应抵销"应收账款"360万元

B.应抵销"信用减值损失"40万元

C.应抵销"递延所得税资产"10万元

D.应抵销"所得税费用"10万元

第84记　記 知识链接

三、判断题

125 售后租回交易中的资产转让属于销售的，卖方兼承租人应当按原资产账面价值中与租回获得的使用权有关的部分，计量售后租回所形成的使用权资产，并仅就转让至买方兼出租人的权利确认相关利得或损失。　　　　　　　　　　　　　　　　　　　　（　　　）

第86记　記 知识链接

必刷主观题

第一模块　性价比极高

126 2×19年至2×24年，甲公司发生的与环保设备相关的交易或事项如下：

资料一：2×19年12月31日，甲公司用银行存款600万元购买一台环保设备并立即投入使用，预计可使用年限为5年，预计净残值为零，采用双倍余额递减法计提折旧。

资料二：2×21年12月31日，甲公司应环保部门要求，对该环保设备进行升级改造，以提高环保效果。改造过程中耗用生产用原材料70万元，应付工程人员薪酬14万元。

资料三：2×22年3月31日，甲公司完成环保设备改造并达到预定可使用状态，并立即投入使用，预计尚可使用4年，预计净残值为零，继续采用双倍余额递减法计提折旧。

资料四：2×24年3月31日，甲公司将该环保设备出售，取得处置价款为120万元，款项已存入银行。以银行存款支付环保设备拆卸设备费用5万元。

其他资料：本题不考虑相关税费等其他因素。

要求：

（1）编制2×19年甲公司购入环保设备相关会计分录。

（2）分别计算2×20年、2×21年环保设备应计提的折旧金额。

（3）编制2×21年12月31日至2×22年3月31日环保设备改造，以及达到预定可使用状态时相关会计分录。

（4）计算2×24年3月31日出售该环保设备的净损益金额，并编制相关会计分录。

第4～5记、第10记 知识链接

127 2×21年至2×24年，甲公司发生的与A专有技术相关的交易或事项如下：

资料一：2×21年4月1日，甲公司开始自主研发A专有技术用于生产产品，2×21年4月1日至2×21年12月为研究阶段，耗用原材料300万元，应付研发人员薪酬400万元，计提研发专用设备折旧250万元。

资料二：2×22年1月1日，A专有技术研发活动进入开发阶段，至2×22年6月30日，耗用原材料420万元，应付研发人员薪酬300万元，计提研发专用设备折旧180万元。上述研发支出均满足资本化条件。2×22年7月1日，A专有技术研发完成并达到预定用途。该专有技术预计使用年限为5年，预计残值为零，采用直线法摊销。

资料三：2×23年12月31日，A专有技术出现减值迹象，经减值测试，A专有技术的可收回金额为510万元。该专有技术预计剩余使用年限为3年，预计净残值为零，摊销方法不变。

资料四：2×24年7月1日，甲公司将A专有技术与乙公司生产的产品进行交换，该交换具有商业实质。在交换日，A专有技术的公允价值为420万元，乙公司产品的公允价值为500万元。甲公司以银行存款80万元向乙公司支付补价。甲公司将换入的该产品作为原材料核算。

本题不考虑增值税等相关税费及其他因素。

要求：（"研发支出"科目应写出必要的明细科目）

(1) 编制甲公司2×21年发生研发支出的会计分录。

(2) 编制甲公司2×21年12月31日结转研发支出的会计分录。

(3) 编制甲公司2×22年发生研发支出、研发完成达到预定用途的相关会计分录。

(4) 判断甲公司2×23年12月31日A专有技术是否发生减值；如发生减值，编制相关会计分录。

(5) 编制甲公司2×24年7月1日以A专有技术交换乙公司产品的会计分录。

第6～7记、第10记　**HB记** 知识链接

128　2×19年至2×23年，甲公司有关投资性房地产的交易或事项如下：

资料一：2×19年12月16日，甲公司与乙公司签订了一项租赁协议，将一栋经营管理用写字楼出租给乙公司，租赁期为3年，租赁期开始日为2×20年1月1日，年租金为240万元，于每年年末收取。

资料二：2×19年12月31日，甲公司将该写字楼停止自用，准备出租给乙公司，拟采用成本模式进行后续计量。该写字楼于2×15年12月31日达到预定可使用状态时的账面原价为1 970万元，预计使用年限为50年，预计净残值为20万元，采用年限平均法计提折旧。

资料三：2×21年12月31日，甲公司考虑到所在城市存在活跃的房地产市场，并且能够合理估计该写字楼的公允价值，为提供更相关的会计信息，将投资性房地产的后续计量从成本模式转换为公允价值模式，当日，该写字楼的公允价值为2 000万元。

2×22年12月31日，该写字楼的公允价值为2 150万元。

资料四：2×23年1月1日，租赁合同到期，甲公司为解决资金周转困难，将该写字楼出售给丙企业，价款为2 100万元，款项已收存银行。

甲公司按净利润的10%提取法定盈余公积，不考虑其他因素。

（采用公允价值模式进行后续计量的投资性房地产应写出必要的明细科目）

要求：

(1) 编制甲公司2×19年12月31日将该写字楼转换为投资性房地产的会计分录。

(2) 计算甲公司2×20年应计提的折旧，并编制与收取租金和计提折旧相关会计分录。

(3) 编制甲公司2×21年12月31日将该投资性房地产的后续计量由成本模式转换为公允价值模式的相关会计分录。

(4) 编制甲公司2×22年12月31日确认公允价值变动损益的相关会计分录。

(5) 编制甲公司2×23年1月1日处置该投资性房地产时的相关会计分录。

第8～9记　**HB记** 知识链接

129 甲公司拥有一栋办公楼和M、P、V三条生产线，办公楼为与M、P、V生产线相关的总部资产。2×24年12月31日，办公楼、M、P、V生产线的账面价值分别为200万元、80万元、120万和150万元。2×24年12月31日，办公楼、M、P、V生产线出现减值迹象，甲公司决定进行减值测试，办公楼无法单独进行减值测试。M、P、V生产线分别被认定为资产组。

资料一：2×24年12月31日，甲公司运用合理和一致的基础将办公楼账面价值分摊到M、P、V生产线的金额分别为40万元、60万元和100万元。

资料二：2×24年12月31日，分摊了办公楼账面价值的M、P、V生产线的可收回金额分别为140万元、150万元和200万元。

资料三：P生产线由E、F两台设备构成，E、F设备均无法产生单独的现金流量。2×24年12月31日，E、F设备的账面价值分别为48万元和72万元，甲公司估计E设备的公允价值和处置费用分别为45万元和1万元，F设备的公允价值和处置费用均无法合理估计。不考虑其他因素。

要求：

(1) 分别计算分摊了办公楼账面价值的M、P、V生产线应确认减值损失的金额。

(2) 计算办公楼应确认减值损失的金额，并编制相关会计分录。

(3) 分别计算P生产线中E、F设备应确认减值损失的金额。

第10记 册记 知识链接

130 2×22年至2×23年，甲公司有关资料如下：

资料一：2×22年1月1日正式动工兴建一幢办公楼，工期预计为2年，工程采用出包方式，分别于2×22年1月1日、2×22年7月1日和2×23年1月1日支付工程进度款为1 500万元、2 500万元、1 500万元。均占用一般借款。

资料二：甲公司占用的一般借款有两笔：（1）向A银行长期贷款2 000万元，期限为2×20年12月31日至2×23年12月31日，年利率为6%，按年支付利息；（2）发行公司债券10 000万元，于2×20年1月1日发行，期限为5年，年利率为8%，按年支付利息。

其他资料：两笔一般借款除了用于办公楼建设外，没有用于其他符合资本化条件的资产购建或者生产活动。全年按360天计算。

要求：

(1) 分别计算2×22年和2×23年占用一般借款的累计资产支出加权平均数。

(2) 计算所占用一般借款的资本化率。

(3) 分别计算2×22年和2×23年占用一般借款应资本化利息的金额。

(4) 编制2×23年一般借款利息费用的会计分录。

第14～15记 册记 知识链接

131 甲公司为上市公司，2×24年发生的与或有事项有关的经济业务如下：

资料一：7月1日，有一笔银行贷款已经到期，本金5 000万元，利息1 200万元，因与银行存在其他经济纠纷未按期还款。7月15日，该银行提起诉讼，截至12月31日尚未判决。甲公司咨询法律顾问后认为败诉的可能性为80%，具体金额无法确定。

资料二：9月30日，甲公司为其子公司提供担保的贷款到期，因子公司无力还款，10月10日甲公司被诉，甲公司咨询法律顾问后认为很可能承担连带还款责任，预计损失金额在2 000万元至3 000万元之间（包括诉讼费用100万元），且该区间内各金额发生可能性相同。

资料三：11月1日，甲公司与乙公司签订不可撤销合同。根据合同约定，甲公司在12月31日之前需向乙公司提供1 000件A产品，每件产品售价1万元（不含税）。如有违约，需向对方支付合同总价款10%的违约金。当日甲公司尚未开始生产A产品，待甲公司准备生产A产品时，原材料价格突然上涨，预计生产A产品的单位成本为1.2万元/件。

资料四：12月12日，甲公司决定关闭境外的一处营业部，甲公司董事会已做出正式的书面决议，并将其对外公布。甲公司预计将会发生员工遣散费用1 200万元，房屋租赁撤销费用500万元，剩余职工的再培训费用100万元，特定固定资产的减值损失800万元，对新营销网络的投资5 000万元。

资料五：12月31日，甲公司对当月新生产销售的B产品做出承诺，售出B产品后三年内发生非人为原因的质量问题，甲公司将免费负责维修。当月B产品产生销售收入3 200万元。甲公司预计发生质量较大问题的维修费用为收入的10%，质量较小问题的维修费用为收入的2%。

甲公司根据技术部门提供的报告分析预测，本月销售B产品中，80%不会发生任何质量问题，15%可能发生较小质量问题，5%可能发生较大质量问题。

要求：

（1）根据上述资料逐项编制与预计负债有关的会计分录（如不满足预计负债的确认条件，则不需要编制会计分录）。

（2）不考虑其他因素，计算甲公司2×24年12月31日"预计负债"科目的期末余额。

第16~17记 目记 知识链接

132 甲公司2×24年12月发生的与收入相关的交易或事项如下：

资料一：2×24年12月1日，甲公司与客户乙公司签订一项销售并安装设备的合同，合同期限为2个月，交易价格为270万元。合同约定，当甲公司合同履约完毕时，才能从乙公司收取全部合同金额，甲公司对设备质量和安装质量承担责任。该设备单独售价为200万元，安装劳务的单独售价为100万元。2×24年12月5日，甲公司以银行存款170万元从丙公司购入并取得该设备的控制权，于当日按照合同约定直接运抵乙公司指定地点开始安装，乙公司对该设备进行验收并取得其控制权。此时，甲公司向乙公司销售设备的履约义务已经完成。

资料二：至2×24年12月31日，甲公司实际发生安装费用48万元（均为甲公司员工的薪酬），估计还将发生安装费用32万元。甲公司向乙公司提供设备安装劳务属于在一个时段内履行的履约义务，按实际发生的成本占估计总成本的比例确定履约进度。

本题不考虑增值税等相关税费及其他因素。

要求：

(1) 判断甲公司向乙公司销售设备时的身份是主要责任人还是代理人，并说明理由。

(2) 计算甲公司将交易价格分摊至设备销售与设备安装的金额。

(3) 编制甲公司2×24年12月5日销售设备时确认销售收入并结转销售成本的会计分录。

(4) 编制甲公司2×24年12月发生设备安装费用的会计分录。

(5) 分别计算甲公司2×24年12月31日设备安装的履约进度和应确认设备安装收入的金额，并编制确认设备安装收入和结转设备安装成本的会计分录。

第29~36记、第38记 Ⅲ记 知识链接

133　2×21年至2×23年，甲公司发生的与销售相关的交易或事项如下：

资料一：2×21年11月1日，甲公司与乙公司签订一份不可撤销合同，约定在2×22年2月1日以每台20万元的价格向乙公司销售A产品80台。2×21年12月31日，甲公司已完工入库的50台A产品的单位生产成本为21万元；甲公司无生产A产品的原材料储备，预计剩余30台A产品的单位生产成本为22万元。

资料二：2×21年12月31日，甲公司与丁公司签订合同，向其销售一批C产品。合同约定，该批C产品将于两年后交货。合同中包含两种可供选择的付款方式，即丁公司可以在两年后交付C产品时支付330.75万元，或者在合同签订时支付300万元。丁公司选择在合同签订时支付货款。当日，甲公司收到丁公司支付的货款300万元并存入银行。该合同包含重大融资成分，按照上述两种付款方式计算的内含年利率为5%，该融资费用不符合借款费用资本化条件。

资料三：2×23年12月31日，甲公司按照合同约定将C产品的控制权转移给丁公司，满足收入确认条件。

其他资料：本题不考虑增值税等相关税费及其他因素。

要求：

(1) 分别计算甲公司2×21年12月31日应确认的A产品存货跌价准备金额和与不可撤销合同相关的预计负债金额，并编制相关会计分录。

(2) 分别编制甲公司2×21年12月31日收到丁公司货款和2×22年12月31日摊销未确认融资费用的相关会计分录。

(3) 分别编制甲公司2×23年12月31日摊销未确认融资费用和确认C产品销售收入的相关会计分录。（答案中的金额单位用"万元"表示，计算结果保留两位小数）

第17记、第31~34记 Ⅲ记 知识链接

134　甲公司从事建筑材料的采购、销售和建筑施工服务，按净利润的10%计提法定盈余公积。2×23年度财务报告批准报出日为2×24年4月30日，甲公司财务负责人在日后期间对2×23年度财务会计报告进行复核时，对2×23年度部分交易或事项的会计处理存在疑问，该部分交易或事项如下：

资料一：甲公司与乙公司签订采购代理协议，约定由甲公司按照乙公司的要求采购指定的M建筑材料，乙公司向甲公司支付采购价款5%的佣金。2×23年甲公司采购M建筑材料，支付材料款1 900万元，收到乙公司支付的材料款2 000万元，乙公司取得M材料控制权。甲公司确认收入2 000万元并结转成本1 900万元。

资料二：甲公司与丙公司签订合同，销售建筑材料给丙公司，与丙公司约定，若丙公司全年采购金额超过5 000万元，按采购金额的3%于次年返还丙公司。甲公司预计丙公司能够享受该优惠政策。2×23年丙公司实际采购金额为5 500万元，甲公司将返还款165万元计入销售费用。

资料三：甲公司与丁公司签订一项建造合同，约定合同总造价8 000万元，预计总成本7 400万元，甲公司采用履约进度确认收入，履约进度采用产出法确定。2×23年甲公司发生成本3 100万元，且仅与建造地基相关。按产出法确认的履约进度为40%，甲公司按照履约进度确认了收入，并按照2 960万元将合同履约成本结转到主营业务成本，剩余140万元在期末资产负债表中作为"存货"项目列示。

资料四：2×23年12月31日，甲公司与丁公司签订合同，向其销售一批产品。合同约定，该批产品将于两年后交货。合同中包含两种可供选择的付款方式，即丁公司可以在两年后交付C产品时支付500万元，或者在合同签订时支付445万元。丁公司选择在合同签订时支付货款。当日，甲公司收到丁公司支付的货款445万元，并确认收入445万元，未结转成本。

要求：

(1) 根据资料一，判断甲公司上述处理是否正确，并简述理由

(2) 根据资料二，判断甲公司上述处理是否正确，并简述理由。

(3) 根据资料三，判断甲公司上述处理是否正确，并简述理由。

(4) 根据资料四，判断甲公司上述处理是否正确，并简述理由。若不正确，另编制更正会计分录。

(5) 根据上述资料，计算应计入甲公司2×23年营业收入的金额。

第31~34记、第36记、第39记　册记 知识链接

135　甲公司系增值税一般纳税人，2×24年1月1日，甲公司存货期初余额为零，采用实际成本法核算，2×24年，甲公司发生的与存货相关交易或事项如下：

资料一：2×24年2月1日，甲公司购入2 000件A商品，取得的增值税专用发票上注明的价款为95万元，增值税税额为12.35万元，甲公司支付该批商品运费取得增值税专用发票上注明价款为5万元，增值税税额为0.45万元。当日，A商品已验收入库，款项均以银行存款支付。

资料二：2×24年4月5日，甲公司与乙公司签订委托代销合同，委托乙公司对外销售500件A商品，合同约定，甲公司按照不含增值税销售价款的一定比例向乙公司支付代销手续费，当日A商品

已发出，2×24年4月30日，甲公司收到乙公司开具的代销清单，乙公司已对外销售400件A商品，甲公司与乙公司结算相应货款，向乙公司开出的增值税专用发票上注明的价款为22万元，增值税税额为2.56万元，收到的货款当日存入银行。

资料三：2×24年6月10日，甲公司向丙公司销售200件A商品，合同约定丙公司以其生产的B设备作为非现金对价进行支付，当日，甲公司将A商品的控制权转移给丙公司，并将收到的B设备作为固定资产核算，200件A商品的市场价格与计税价格均为11万元，B设备公允价值为11万元，双方按照公允价值为对方开具增值税专用发票，增值税税额均为1.43万元。

资料四：2×24年6月20日，甲公司与丁公司签订债务重组协议，以600件A商品抵偿所欠丁公司的应付账款40万元，2×21年8月25日，甲公司将A商品的控制权转移给丁公司，开具的增值税专用发票上注明的价款为33万元，增值税税额为4.29万元，债务重组合同履行完毕。

资料五：2×24年12月31日，甲公司库存A商品的成本为40万元，预计销售价格为38万元，销售费用为2万元。

本题不考虑增值税以外的税费及其他因素。

要求：

(1) 分别计算甲公司2×24年2月1日取得A商品初始入账金额和单位成本，并编制相关的会计分录。

(2) 编制甲公司2×24年4月5日发出委托代销商品的会计分录。

(3) 编制甲公司2×24年4月30日收到代销清单时确认收入和结转成本的会计分录。

(4) 编制甲公司2×24年6月10日销售A商品时确认收入和结转成本的会计分录。

(5) 计算甲公司2×24年8月25日应确认的债务重组损益，并编制相关会计分录。

(6) 计算甲公司2×24年12月31日应计提的存货跌价准备金额，并编制相关的会计分录。

第31～34记、第3记   🆔记 知识链接

136   甲公司对政府补助采用总额法进行会计核算，其与政府补助的相关资料如下：

资料一：2×22年4月1日，根据国家相关政策，甲公司向政府补助有关部门提交了购置A环保设备的补贴申请，2×22年5月20日，甲公司收到政府补贴款12万元并存入银行。

资料二：2×22年6月20日，甲公司以银行存款60万元购入A环保设备并立即投入生产部门使用，预计使用年限为5年，预计净残值为零，按年限平均法计提折旧。

资料三：2×23年6月30日，因自然灾害导致A环保设备报废且无残值，相关政府补助无须退回。

本题不考虑增值税等相关税费及其他因素。

要求：

(1) 编制甲公司2×22年5月20日收到政府补贴款的会计分录。

(2) 编制甲公司2×22年6月20日购入A环保设备的会计分录。

(3) 计算甲公司2×22年7月对该环保设备应计提的折旧金额并编制会计分录。

(4) 计算甲公司2×22年7月政府补贴款分摊计入当期损益的金额并编制会计分录。

（5）编制甲公司2×23年6月30日A环保设备报废的会计分录。（答案中的金额单位用"万元"表示）

第19记 ⊞记 知识链接

137 甲公司为上市公司（以下简称"甲公司"），2×24年1月20日，甲公司聘请ABC会计师事务所对其2×23年度财务报表进行审计时对甲公司部分会计处理提出疑问，相关资料如下：

资料一：2×23年2月1日，甲公司从乙公司购入一项专利权Y，支付价款800万元，同时支付相关税费60万元，该项专利权自2×23年2月20日起专门用于生产A、B两种产品，法律保护期限为15年，甲公司预计运用该专利生产的产品在未来10年内会为企业带来经济利益。

就该项专利权，丙公司向甲公司承诺在第6年年初以200万元购买该专利权。按照甲公司管理层目前的持有计划来看，准备在第5年年末将其出售给丙公司。甲公司采用直线法摊销该项无形资产。2×23年2月1日发生宣传新产品——A产品的相关广告费用100万元，假定至2×23年12月31日用该无形资产所生产的产品均未完工。甲公司相关会计处理如下：

借：无形资产　　　　　　　　　　　　　　960
　　贷：银行存款　　　　　　　　　　　　　　　　960

2×23年无形资产摊销额=960/10×11/12=88（万元）。

借：制造费用　　　　　　　　　　　　　　88
　　贷：累计摊销　　　　　　　　　　　　　　　　88

资料二：2×23年3月31日，甲公司与丁公司签订合同，自丁公司购买不需安装的设备供管理部门使用，合同价格6 000万元。因甲公司现金不足，按合同约定价款自合同签订之日起分3期支付，于次年起每年4月1日支付2 000万元。该设备预计使用年限为5年，预计净残值为零，采用年限平均法计提折旧。年利率为10%，已知（P/A，10%，3）=2.4869。

甲公司2×23年对上述交易或事项的会计处理如下：

借：固定资产　　　　　　　　　　　　　6 000
　　贷：长期应付款　　　　　　　　　　　　　　6 000

借：管理费用　　　　　　　　　　　　　900
　　贷：累计折旧　　　　　　　　　　　　　　　900

资料三：2×23年4月1日，甲公司从丁公司购入一项土地使用权，实际支付价款2 400万元，土地尚可使用年限为50年，按直线法摊销，无残值，甲公司购入的土地使用权用于建造厂房。2×23年10月1日，厂房开始建造，甲公司将土地使用权的账面价值转入在建工程，并停止对土地使用权摊销。至2×23年12月31日，厂房仍在建造中。甲公司相关会计处理如下：

借：管理费用　　　　　　　　　　　　　24
　　贷：累计摊销　　　　　　　　　　　　　　　24

借：在建工程　　　　　　　　　　　　2 376
　　累计摊销　　　　　　　　　　　　　24
　　贷：无形资产　　　　　　　　　　　　　　2 400

资料四：2×23年6月30日正式建造完成并交付使用的一座核电站核设施，全部成本为200 000万元，预计使用寿命为40年，预计净残值为零，采用年限平均法计提折旧。据国家法律和行政法规、国际公约等规定，企业应承担环境保护和生态恢复等义务。2×23年6月30日预计40年后该核电站核设施弃置时，将发生弃置费用20 000万元（金额较大）。在考虑货币时间价值和相关期间通货膨胀等因素后确定的折现率为5%。已知：（P/F，5%，40）=0.1420。假定计提固定资产折旧记入"制造费用"科目，2×23年下半年生产的产品均未完工。

甲公司2×23年对上述交易会计处理如下：

借：固定资产　　　　　　　　　　　　　200 000
　　贷：在建工程　　　　　　　　　　　　　　200 000
借：制造费用　　　　　　　　　　　　　2 500
　　贷：累计折旧　　　　　　　　　　　　　　2 500

资料五：甲公司2×22年12月31日某项管理用专利权原值为1 200万元，已计提摊销600万元，以前期间未计提减值准备，当日的可收回金额为500万元。甲公司预计该项专利权尚可使用5年，预计净残值为零，继续采用直线法计提摊销。2×23年度，甲公司对该专利权共摊销了120万元，相关会计处理如下：

借：管理费用　　　　　　　　　　　　　120
　　贷：累计摊销　　　　　　　　　　　　　　120

要求：

根据资料一至资料五，逐项判断甲公司会计处理是否正确；如不正确，编制有关差错更正的会计分录（不要求编制结转以前年度损益调整的会计分录）。

第46记　拼记　知识链接

138　甲公司适用的企业所得税税率为25%，预计未来期间适用的企业所得税税率不会发生变化，未来期间能够产生足够的应纳税所得额用以抵减可抵扣暂时性差异。

甲公司2×22年度财务报告批准报出日为2×23年4月10日，2×22年度企业所得税汇算清缴日为2×23年4月20日。甲公司按净利润的10%计提法定盈余公积。2×23年1月1日至2×23年4月10日，甲公司发生的相关交易或事项如下：

资料一：2×23年1月20日，甲公司发现2×22年6月15日以赊购方式购入并于当日投入行政管理用的一台设备尚未入账，该设备的购买价格为600万元，预计使用年限为5年，预计净残值为零，采用年限平均法计提折旧，该设备的初始入账金额与计税基础一致。根据税法规定，2×22年甲公司该设备准予在税前扣除的折旧费用为60万元，但甲公司在计算2×22年度应交企业所得税时未扣除该折旧费用。

资料二：2×23年1月25日，甲公司发现其将2×22年12月1日收到的用于购买研发设备的财政补贴资金300万元直接计入了其他收益，至2×23年1月25日，甲公司尚未购买该设备。根据税法规定，甲公司收到的该财政补贴资金属于不征税收入。甲公司在计算2×22年度应交企业所得税时已扣除该财政补贴资金。

资料三：2×23年2月15日，甲公司发现2×22年度漏确认一项免费质保服务。按照以往经验判断服务的成本是6万元，甲公司没有确认主营业务成本和预计负债。税法规定这个免费质保服务，不允许税前抵扣所得税，只有在实际发生时才能抵扣。

要求：

(1) 编制甲公司对其2×23年1月20日发现的会计差错进行更正的会计分录。

(2) 编制甲公司对其2×23年1月25日发现的会计差错进行更正的会计分录。

(3) 编制甲公司对其2×23年2月15日发现的会计差错进行更正的会计分录。

第46记 🏫记 知识链接

139 甲公司适用的企业所得税税率为25%，预计未来期间适用的企业所得税税率不会发生变化，未来期间能够产生足够的应纳税所得额用以抵减可抵扣暂时性差异。

2×22年度财务报告于2×23年4月15日经董事会批准对外报出。2×22年度所得税汇算清缴于2×23年3月25日完成。2×22年1月1日至2×23年4月15日发生的经济业务如下：

资料一：2×22年12月1日，甲公司向乙公司销售一批商品，该批商品成本为800万元，开具增值税专用发票注明的价款为1 000万元，增值税税额为130万元，款项已收存银行。根据合同约定，乙公司可以在3个月内无条件退货。甲公司根据以往经验预计退货率为20%，至2×23年2月28日退货期满，乙公司未进行退货。

资料二：2×22年8月20日，丙公司因合同问题对甲公司提起诉讼，要求甲公司支付违约金500万元，至2×22年12月31日人民法院尚未作出判决。甲公司因此确认了预计负债300万元。2×23年3月5日，人民法院作出判决，甲公司应支付丙公司违约金400万元，甲公司同意判决，并于当日支付了400万元违约金。

资料三：2×23年2月28日，甲公司得知丁公司在2×23年1月30日因火灾损失发生严重财务困难，预计应收货款4 000万元很难全额收回，根据预期信用损失模型计算预计无法收回比例为70%。

资料四：2×23年3月1日，甲公司发现2×21年12月31日购入的管理用办公楼一直未提取折旧。入账成本为65 000万元。甲公司预计该办公楼可以使用40年，预计净残值率为5%，采用年限平均法计提折旧。

其他资料：甲公司按净利润的10%计提法定盈余公积，会计调整影响损益的均可以调整当期应交所得税。

要求：

(1) 判断2×23年2月28日乙公司未进行任何退货处理是否属于资产负债表日后调整事项，如果属于调整事项，需编制相关会计分录。

(2) 判断2×23年3月5日甲公司同意判决并支付款项是否属于资产负债表日后调整事项，如果属于调整事项，需编制相关会计分录。

(3) 判断2×23年2月28日甲公司得知丁公司发生火灾是否属于资产负债表日后调整事项，如果属于调整事项，需编制相关会计分录；如果不属于调整事项，则说明会计处理。

（4）判断2×23年3月1日甲公司得知购入办公大楼未计提折旧是否属于资产负债表日后调整事项，如果属于调整事项，需编制相关会计分录。

第44记 记 知识链接

140 2×24年甲公司发生的相关交易或事项如下：

资料一：2×24年1月1日，甲公司将自有P办公楼以经营租赁方式对外出租，将其作为以公允价值模式计量的投资性房地产。2×24年12月31日，该投资性房地产的账面价值为1 000万元，其中成本为900万元，公允价值变动为100万元。2×24年12月31日，该投资性房地产的公允价值为1 040万元。

资料二：2×24年12月31日，甲公司以P办公楼换入乙公司的M专利技术和N生产设备，并收到乙公司以银行存款支付的补价40万元。甲公司将换入的M专利技术和N生产设备分别作为无形资产和固定资产核算，该项资产交换具有商业实质且无确凿证据表明换入资产的公允价值更加可靠。

资料三：2×24年12月31日，乙公司的M专利技术的原价为350万元，累计摊销为100万元，公允价值为300万元。N生产设备的原价为1 200万元，累计折旧为400万元，公允价值为700万元。

不考虑其他相关税费及其他因素。

（"投资性房地产"科目应写出必要的明细科目）

要求：

（1）编制甲公司2×24年12月31日确认P办公楼公允价值变动的会计分录。

（2）判断甲公司与乙公司2×24年12月31日进行资产交换是否属于非货币性资产交换，并说明理由。

（3）分别计算甲公司2×24年12月31日换入乙公司M专利技术和N生产设备的入账金额。

（4）编制甲公司2×24年12月31日换入M专利技术和N生产设备相关会计分录。

第23记 记 知识链接

141 2×23年3月，甲公司与乙公司就一项销售合同形成的债权债务关系进行协商，形成有关债务重组的资料如下：

资料一：2×23年3月，甲公司应收乙公司货款账面价值500万元，该货款原值为600万元，已计提坏账准备100万元，公允价值为550万元。

资料二：乙公司以其持有的一套办公用房产抵偿对甲公司的债务的一部分。乙公司原将该房产作为固定资产核算，该房产账面价值为350万元，其原值为500万元，已计提累计折旧100万元，已经计提减值准备50万元，该房产公允价值为350万元。双方于当月完成该房产产权转移手续。甲公司为取得该房产发生相关税费10万元。

资料三：乙公司增发20万股普通股抵偿对甲公司的剩余债务，股票面值1元，发行价5元。甲公司取得该股权后作为其他权益工具投资核算。

本题不考虑其他因素。

要求：

(1) 计算甲公司应确认的债务重组损益金额。

(2) 编制甲公司债务重组的相关会计分录。

(3) 编制乙公司债务重组的相关会计分录。

第25记 记 知识链接

第二模块　性价比很高

142 甲公司与租赁相关的交易和事项如下：

资料一：2×24年1月1日，甲公司与乙公司签订了租赁期限为10年的写字楼租赁协议，年租金为200万元，于每年1月1日支付。协议规定，甲公司于第5年年末享有终止租赁选择权。

资料二：2×24年1月1日，甲公司经评估合理确定将不会行使终止租赁选择权，并于当日支付第一年的租金，同时收到乙公司租金激励10万元，甲公司在评估是否签订协议时发生的差旅费为5万元，并支付给中介人员佣金15万元，全部以银行存款支付。假定甲公司无法确定租赁内含利率，其增量借款利率为每年6%。

资料三：甲公司租入该写字楼用于行政管理，该写字楼的剩余使用年限为30年。

已知（P/A，6%，4）=3.4651，（P/A，6%，9）=6.8017，本题不考虑相关税费及其他因素。

（"租赁负债"科目应写出必要的明细科目）

要求：

（1）确定甲公司该项租赁的租赁期，并说明理由。

（2）计算甲公司2×24年1月1日租赁负债的初始入账金额。

（3）计算甲公司2×24年1月1日使用权资产的初始入账金额，并编制相关会计分录。

（4）确定甲公司使用权资产的折旧年限，并编制2×24年末与折旧相关的会计分录

（5）计算甲公司2×24年12月31日应确认的租赁负债利息费用。

第56记、第58记　⊞记 知识链接

143 2×22年至2×24年，甲公司某债券投资业务如下：

资料一：2×22年1月1日，甲公司支付价款1 120.89万元（含交易费用10.89万元）从活跃市场购入乙公司当日发行的面值为1 000万元、5年期的不可赎回债券，甲公司根据管理模式，将其分类为以摊余成本计量的金融资产。

资料二：该债券票面年利率为10%，到期一次还本付息，同类债券的实际年利率为6%。

资料三：2×24年1月1日为筹集生产线扩建所需资金，甲公司出售了所持有的乙公司债券，将扣除手续费后的款项1 300万元存入银行。

其他资料：不考虑其他相关因素。

要求：（"债权投资"科目应写出必要的明细科目）

（1）编制2×22年1月1日甲公司购入该债券的会计分录。

（2）计算2×22年12月31日甲公司该债券投资收益、应计利息、利息调整摊销额和账面余额，并编制相关的会计分录。

（3）计算2×23年12月31日债券的账面余额，并编制相关会计分录。

（4）编制2×24年1月1日甲公司出售该债券的会计分录。

第49记、第63记　⊞记 知识链接

144 2×20年至2×23年，甲公司对乙公司股票投资业务的相关资料如下：

资料一：2×20年1月1日，甲公司从公开市场以每股22元的价格购入乙公司发行的股票200万股，占乙公司有表决权股份的5%，对乙公司无重大影响，甲公司将其指定为以公允价值计量且其变动计入其他综合收益的金融资产。另支付相关交易费用40万元，前述款项已用银行存款支付。

资料二：2×20年5月10日，乙公司宣告发放现金股利1 200万元。2×20年5月15日，甲公司收到现金股利。

资料三：2×20年12月31日，该股票的市场价格为每股19.5元。2×21年12月31日该股票的市场价格为9元。2×22年12月31日该股票的市场价格为15元。

资料四：2×23年1月31日，甲公司将该股票全部出售，每股售价为12元，款项已存入银行。

其他资料：甲公司按净利润的10%计提法定盈余公积，不计提任意盈余公积。不考虑其他因素。

要求：

（1）编制2×20年1月1日甲公司购入股票的会计分录。

（2）编制甲公司2×20年5月10日乙公司宣告发放现金股利时以及2×20年5月15日收到现金股利时的会计分录。

（3）编制2×20年12月31日至2×22年12月31日甲公司股权投资公允价值变动的会计分录。

（4）编制2×23年1月31日甲公司将该股票全部出售的会计分录。

第64记 笔记 知识链接

145 2×23年至2×24年，A公司对甲公司股权投资的相关资料如下：

资料一：2×23年4月1日，A公司支付2 320万元取得甲公司30%有表决权股份，对甲公司具有重大影响。当日甲公司可辨认净资产的账面价值为6 500万元，公允价值为7 000万元，其差额为一批存货账面价值低于公允价值300万元，一项管理用无形资产的账面价值低于公允价值200万元，该无形资产预计尚可使用5年，无残值，采用直线法摊销。A公司另以银行存款支付相关税费合计10万元。

资料二：2×23年8月1日甲公司将一批库存商品出售给A公司，该批库存商品的成本为100万元，未计提存货跌价准备，售价为150万元，至年末尚未出售。

资料三：2×23年甲公司实现净利润2 000万元（其中1月至3月实现净利润200万元），A公司取得股权投资时甲公司账面价值与公允价值存在差异的存货当年全部出售。

资料四：2×23年末，甲公司宣告并分派现金股利500万元，其他债权投资期末公允价值上升300万元。

资料五：2×24年7月1日，A公司将持有甲公司的股权对外出售50%，取得处置价款3 000万元已存入银行。剩余股权因不具有重大影响，A公司将其作为交易性金融资产核算。

本题不考虑其他因素。

要求：（"长期股权投资"应写出必要的明细科目）

(1) 编制取得甲公司股权投资的会计分录。

(2) 计算2×23年经过调整后甲公司的净利润。

(3) 编制2×23年与持有甲公司股权投资有关的会计分录。

(4) 计算出售股权投资时应确认的投资收益。

(5) 编制出售股权投资的会计分录。

第71记、第76记 册记 知识链接

146　2×23年至2×24年，甲公司发生的与股权投资相关的交易或事项如下：

资料一：2×23年1月1日，甲公司以银行存款5 950万元从非关联方取得乙公司20%有表决权的股份。另以银行存款支付手续费50万元，甲公司对该长期股权投资采用权益法核算。当日，乙公司可辨认净资产账面价值为32 000万元，各项可辨认资产、负债的公允价值与其账面价值均相同。本次投资前，甲公司未持有乙公司股份，且与乙公司不存在关联方关系，甲公司与乙公司的会计政策和会计期间均相同。

资料二：2×23年11月5日，乙公司将其成本为300万元的A商品以450万元的价格销售给甲公司，款项已收存银行。甲公司将购入的A商品作为存货核算。至2×23年12月31日，甲公司购入的该批商品尚未对外销售。

资料三：2×23年度乙公司实现净利润3 000万元。

资料四：2×24年5月10日，乙公司宣告分派2×23年度现金股利500万元。2×24年5月15日，甲公司收到乙公司派发的现金股利。

资料五：2×24年6月5日，甲公司将A商品以520万元的价格全部出售给外部独立第三方。2×24年度乙公司实现净利润1 800万元。

本题不考虑增值税等相关税费及其他因素。

要求：

(1) 计算甲公司2×23年1月1日取得对乙公司长期股权投资的初始投资成本，判断甲公司是否需要对该长期股权投资的初始投资成本进行调整，并编制相关会计分录。

(2) 计算甲公司2×23年度对乙公司股权投资应确认的投资收益，并编制相关会计分录。

(3) 分别编制甲公司2×24年5月10日确认应收现金股利和2×24年5月15日收到现金股利的相关会计分录。

(4) 计算甲公司2×24年度对乙公司股权投资应确认的投资收益，并编制相关会计分录。

第71记 册记 知识链接

147　甲公司、乙公司、丙公司均为增值税一般纳税人，交易前均不存在关联方关系，甲公司2×22年至2×23年发生的与投资相关业务如下：

（1）2×22年

①1月1日，甲公司以定向增发股票方式自乙公司取得其持有的A公司80%股权，能够对A公司实施控制。甲公司增发普通股2 000万股，每股面值1元，每股市价为8.5元。当日A公司可辨认净资产的账面价值为20 000万元（与公允价值相等）。甲公司支付发行费用100万元，另支付审计费用120万元，款项均以银行存款支付。

②7月1日，甲公司支付4 060万元取得B公司有表决权股份的20%，能够对B公司施加重大影响。当日B公司可辨认净资产的账面价值为20 000万元，公允价值为21 000万元（差额为一项管理用固定资产公允价值高于账面价值导致，该项固定资产预计尚可使用5年，预计净残值为零，采用年限平均法计提折旧）。

③A公司当年实现净利润5 000万元，无其他所有者权益变动事项；6月30日至12月31日，B公司实现净利润4 000万元，分配现金股利2 000万元，因其他债权投资增加其他综合收益1 000万元。

（2）2×23年

①1月1日，甲公司的母公司K公司以银行存款20 000万元自甲公司处取得其持有A公司80%的股权，K公司能够控制A公司。当日A公司个别报表中净资产的账面价值为25 000万元（与公允价值相等），集团合并报表中A公司净资产的账面价值为18 000万元。当日K公司资本公积为4 200万元，盈余公积为2 000万元。

②3月8日，甲公司向B公司销售一批商品，成本为2 800万元，售价为3 000万元，款项尚未收取。

③4月1日，甲公司取得丙公司15%的股权，甲公司将其作为其他权益工具投资核算，支付购买价款2 000万元，另支付交易费用10万元。

④6月30日，丙公司股权的公允价值为2 100万元。

⑤12月31日，甲公司再次购入丙公司20%股权，能够对丙公司施加重大影响。甲公司支付价款3 500万元。当日丙公司可辨认净资产的账面价值为16 000万元（公允价值为16 500万元，差额为一批库存商品Y的公允价值高于账面价值500万元），原15%股权部分的公允价值为2 625万元。

⑥B公司当年实现净利润6 000万元（自甲公司购入商品已对外出售40%），接受其他股东增资扩股增加资本公积1 500万元（假定其他股东增资后对甲公司持股比例无影响）；丙公司当年实现净利润1 200万元（库存商品Y已出售20%）。

其他资料：上述事项公司均按10%计提法定盈余公积，不考虑所得税等其他因素的影响。

要求：

(1) 计算甲公司取得A公司股权时的商誉金额。

(2) 编制甲公司取得A公司股权相关的会计分录。

(3) 计算K公司取得A公司股权的入账金额，并编制K公司取得A公司股权相关的会计分录。

(4) 编制甲公司与B公司股权相关的会计分录。

(5) 编制甲公司与丙公司股权相关的会计分录。

第71～73记、第75记　册记　知识链接

148 甲公司2×24年初递延所得税负债的余额为零，递延所得税资产的余额为30万元（系2×23年末应收账款的可抵扣暂时性差异产生）。甲公司2×24年度有关交易和事项的会计处理中，与税法规定存在差异的有：

资料一：2×24年1月1日，购入一项非专利技术并立即用于生产A产品，成本为200万元，因无法合理预计其带来经济利益的期限，作为使用寿命不确定的无形资产核算。2×24年12月31日，对该项无形资产进行减值测试后未发现减值。根据税法规定，企业在计税时，对该项无形资产按照10年的期限摊销，有关摊销额允许税前扣除。

资料二：2×24年1月1日，按面值购入当日发行的三年期国债1 000万元，甲公司根据其管理该债券的业务模式和该债券的合同现金流量特征，将其作为债权投资核算。该债券票面年利率为5%，每年年末付息一次，到期偿还面值。2×24年12月31日，甲公司确认了50万元的利息收入。根据税法规定，国债利息收入免征企业所得税。

资料三：2×24年12月31日，应收账款账面余额为10 000万元，坏账准备的余额为200万元，当年采用预期信用损失法补提坏账准备100万元。根据税法规定，提取的坏账准备不允许税前扣除。

资料四：2×24年度，甲公司实现的利润总额为10 070万元，适用的所得税税率为15%；预计从2×25年开始适用的所得税税率为25%，且未来期间保持不变。假定未来期间能够产生足够的应纳税所得额用以抵扣暂时性差异，不考虑其他因素。

要求：

（1）分别计算甲公司2×24年度应纳税所得额和应交所得税的金额。

（2）分别计算甲公司2×24年末资产负债表"递延所得税资产""递延所得税负债"项目"期末余额"栏应列示的金额。

（3）计算确定甲公司2×24年度利润表"所得税费用"项目"本年金额"栏应列示的金额。

（4）编制甲公司与确认应交所得税、递延所得税资产、递延所得税负债和所得税费用相关的会计分录。

第50~55记　知识链接

149 甲公司和乙公司均为增值税一般纳税人，销售商品适用的增值税税率为13%；年末均按实现净利润的10%提取法定盈余公积，不提取任意盈余公积。假定产品销售价格均为不含增值税的公允价格。2×23年度发生的有关交易或事项如下：

资料一：1月1日，甲公司以3 200万元取得乙公司有表决权股份的60%作为长期股权投资，采用成本法核算。当日，乙公司可辨认净资产的账面价值和公允价值均为5 000万元，其中股本2 000万元，资本公积1 800万元，盈余公积600万元，其他综合收益100万元，未分配利润500万元。在此之前，甲公司和乙公司之间不存在关联方关系。

资料二：6月30日，甲公司向乙公司销售一件A产品，销售价格为500万元，销售成本为300万元，款项已于当日收存银行。乙公司购买的A产品作为管理用固定资产，于当日投入使用，预计可使用年限为5年，预计净残值为零，采用年限平均法计提折旧。

资料三：7月1日，甲公司向乙公司销售B产品200件，单位销售价格为10万元，单位销售成本为9万元，款项尚未收取。乙公司将购入的B产品作为存货核算，至2×23年12月31日，乙公司已对外销售B产品40件，单位销售价格为10.3万元；2×23年12月31日，对尚未销售的B产品每件计提存货跌价准备1.2万元。

资料四：12月31日，甲公司尚未收到向乙公司销售200件B产品的款项；当日，甲公司根据预期信用损失法对该笔应收账款计提了20万元的坏账准备。

资料五：4月12日，乙公司对外宣告发放上年度现金股利300万元；4月20日，甲公司收到乙公司发放的现金股利。乙公司2×23年度利润表列报的净利润为400万元。

不考虑所得税及其他因素。（答案中的金额单位用"万元"表示）

要求：

（1）编制甲公司2×23年12月31日合并乙公司财务报表时按照权益法调整相关长期股权投资的会计分录。

（2）编制甲公司2×23年12月31日合并乙公司财务报表的各项相关抵销分录。

（不要求编制与合并现金流量表相关的抵销分录）

第78~83记　记　知识链接

150　2×22年至2×23年，甲公司发生的与股权投资相关交易或事项如下：

资料一：2×22年5月1日，甲公司以银行存款1 200万元自公开市场购入乙公司10%股权，甲公司将其作为以公允价值计量且其变动计入当期损益的金融资产核算。甲公司另支付手续费20万元。

资料二：2×22年6月30日，乙公司股票的公允价值为1 300万元。

资料三：2×22年7月1日，甲公司再次以定向增发股票方式自乙公司原股东A公司处，取得乙公司50%股权，从而能够控制乙公司，两次交易不属于"一揽子交易"。甲公司此次定向增发股票1 000万股，每股面值1元，公允价值6.5元/股。甲公司以银行存款支付股票发行费用100万元。当日乙公司可辨认净资产的账面价值为12 000万元（与公允价值相同），其中，股本5 000万元，资本公积500万元，盈余公积3 000万元，其他综合收益1 200万元，未分配利润2 300万元。

资料四：2×22年度，乙公司实现净利润800万元，其中1~6月实现净利润300万元，提取盈余公积80万元，未发生其他影响所有者权益的交易或事项。

资料五：2×23年3月1日，甲公司自乙公司购入一批商品，该批商品成本为450万元，售价为500万元，甲公司货款尚未支付。

资料六：2×23年度，乙公司实现净利润1 400万元，提取盈余公积140万元。甲公司将3月购入的商品对外出售30%，甲公司货款尚未支付。

其他资料：甲公司和A公司不存在关联方关系，甲公司和乙公司采用的会计政策和会计期间相同。本题不考虑相关税费及其他因素。

要求：

（1）编制甲公司2×22年5月1日购入乙公司10%股权时的会计分录。

（2）编制甲公司2×22年6月30日调整乙公司股权公允价值的会计分录。

（3）判断并说明甲公司取得乙公司控制权是同一控制下企业合并，还是非同一控制下企业合并，并编制甲公司取得乙公司控制权相关会计分录。

（4）编制甲公司2×22年12月31日合并报表中相关调整分录和抵销分录。

（5）编制甲公司2×23年12月31日合并报表中相关调整分录和抵销分录。（答案中金额单位用"万元"表示）

第78～83记 记 知识链接

151 2×24年1月1日，甲公司以银行存款5 700万元自非关联方取得乙公司80%的有表决权的股份，对乙公司进行控制，本次投资前，甲公司不持有乙公司股份且与乙公司不存在关联方关系，甲公司、乙公司的会计政策和会计期间相一致。

资料一：2×24年1月1日，乙公司所有者权益的账面价值为5 900万元，其中：股本2 000万元，资本公积1 000万元，盈余公积900万元，未分配利润2 000万元。除存货的公允价值高于账面价值100万元外，乙公司其余各项可辨认资产、负债的公允价值与其账面价值相同。

资料二：2×24年6月30日，甲公司将其生产的成本为900万元的设备以1 200万元的价格出售给乙公司，当期，乙公司以银行存款支付货款，并将该设备作为行政管理用固定资产立即投入使用，乙公司预计设备的使用年限为5年，预计净残值为零，采用年限平均法计提折旧。

资料三：2×24年12月31日乙公司将2×24年1月1日库存的存货全部对外出售。

资料四：2×24年度，乙公司实现净利润600万元，提取法定盈余公积60万元，宣告并支付现金股利200万元，不考虑增值税、企业所得税等相关因素，甲公司编制合并报表时以甲、乙公司个别财务报表为基数在合并工作底稿中将甲公司对乙公司的长期股权投资由成本法调整为权益法。

要求：

（1）分别计算甲公司在2×24年1月1日合并财务报表中应确认的商誉金额和少数股东权益的金额。

（2）编制2×24年1月1日合并工作底稿中与乙公司资产相关的调整分录。

（3）编制甲公司2×24年1月1日与合并资产负债表相关的抵销分录。

（4）编制2×24年12月31日与合并资产负债表、合并利润表相关的调整和抵销分录。

第78～83记 记 知识链接

番外篇

同学们，能够坚持到现在这个阶段，你真的很棒，辛苦了！回想一下在3月开始学习时，每个人都那么雄心壮志，而你的可贵之处在于将这份决心坚持到了今天，我真心希望你们都成为今年顺利通关的"分子"。

中级的复习过程可能是枯燥地、艰辛地，只有自己亲身经历过，才知道这其中的滋味。但是，今天回忆一下2024年备考的全程，是不是会心一笑——自己"熬"过来了！我想，在考试结束后、查询分数后，再来回顾这段属于你自己的"历史"，你会感觉无比宝贵，更会感谢今天努力的自己。

我们现在所做的一切准备，都是希望在考场上能够诸事顺利。但我也需要提醒同学们，即使你复习得再全面，也有可能在考场上遇到盲点，而这个时候就是在比拼"谁能稳得住"。你始终要记得你的目标是顺利通过考试，即使个别题目不会做，也不要紧，更不要打乱你的答题思路，保证绝大多数题目的准确率才最关键的。

最后，我想和大家说，努力过就无怨无悔，千言万语，尽在不言中。同学们，加油！

等待你们好消息的老师：

2024年6月

中级会计实务

会计专业技术中级资格考试辅导用书·冲刺飞越（全2册·下册）

斯尔教育　组编

答案与解析

北京理工大学出版社
BEIJING INSTITUTE OF TECHNOLOGY PRESS

·北京·

图书在版编目（CIP）数据

冲刺飞越. 中级会计实务：全2册 / 斯尔教育组编.
北京：北京理工大学出版社, 2024. 6.
(会计专业技术中级资格考试辅导用书).
ISBN 978-7-5763-4247-5

Ⅰ.F23

中国国家版本馆CIP数据核字第20243AN662号

责任编辑：多海鹏　　　　**文案编辑：**多海鹏
责任校对：周瑞红　　　　**责任印制：**边心超

出版发行 / 北京理工大学出版社有限责任公司

社　　　址 / 北京市丰台区四合庄路6号

邮　　　编 / 100070

电　　　话 / （010）68944451（大众售后服务热线）
　　　　　　（010）68912824（大众售后服务热线）

网　　　址 / http://www.bitpress.com.cn

版 印 次 / 2024年6月第1版第1次印刷

印　　　刷 / 三河市中晟雅豪印务有限公司

开　　　本 / 787 mm×1092 mm　1/16

印　　　张 / 18.75

字　　　数 / 280千字

定　　　价 / 41.30元（全2册）

目录

第一模块　性价比极高

一、单项选择题

1	D	2	C	3	B	4	A	5	C
6	A	7	B	8	D	9	B	10	C
11	C	12	C	13	A	14	A	15	B
16	C	17	B	18	B	19	D	20	B
21	B	22	A	23	D	24	D	25	B
26	D	27	C	28	B	29	B	30	A
31	A	32	B	33	C	34	A		

二、多项选择题

35	BCD	36	ABC	37	BD	38	ACD	39	BD
40	ABD	41	ACD	42	ABD	43	ACD	44	AC
45	ABC	46	BC	47	ABCD	48	AD	49	ABD
50	AB	51	AB	52	ABCD	53	CD	54	ABCD
55	ABC	56	ACD	57	ACD	58	BC	59	ABD
60	AD	61	ABC	62	AC	63	BC	64	ABD

| 65 | BCD | 66 | BCD | 67 | ABD | 68 | ABC |

三、判断题

| 69 | × | 70 | √ | 71 | × | 72 | √ | 73 | × |

| 74 | √ | 75 | √ | 76 | √ |

一、单项选择题

1 (斯尔解析▶) **D** 本题考查的是会计要素计量属性。企业盘盈固定资产应按重置成本入账，选项A不当选；资产负债表日存货应当按成本与可变现净值孰低计量，选项B不当选；交易性金融资产属于以公允价值计量且其变动计入当期损益的金融资产，期末按公允价值计量，选项C不当选；债权投资属于以摊余成本计量的金融资产，期末按摊余成本计量，选项D当选。

应试攻略

盘盈的固定资产也需要按重置成本入账；可变现净值只有存货期末计量时才会采用，而存货初始取得成本仍然按历史成本计量；其他权益工具投资期末也是按公允价值计量。

2 (斯尔解析▶) **C** 本题考查的是所有者权益的会计核算。其他权益工具投资期末公允价值上升计入其他综合收益，属于直接计入所有者权益的利得，选项A不当选；销售原材料成本计入其他业务成本，不属于损失，属于营业成本，选项B不当选；因自然灾害报废固定资产产生的净损失计入营业外支出，属于计入当期损益的损失，选项C当选；自用资产转换为采用公允价值模式进行后续计量的投资性房地产，转换日公允价值大于自用资产的账面价值的差额计入其他综合收益，属于直接计入所有者权益的利得，选项D不当选。

应试攻略

同学们还需要掌握按公允价值进行后续计量的资产（或负债）包括：交易性金融资产（公允价值变动损益）、其他债权投资（其他综合收益）、其他权益工具投资（其他综合收益）、公允价值模式计量的投资性房地产（公允价值变动损益）、交易性金融负债（公允价值变动损益）。

3 (斯尔解析▶) **B** 本题考查的是存货入账成本的确定。外购存货的入账成本=买价+相关税费+运费+装卸费+保险费+运输途中合理损耗+入库前挑选整理费等，另外，对于增值税一般纳税人，取得增值税专用发票时，发票上注明的税额一般不构成外购存货成本。本题中，原材料的成本总额=200（买价）+2（运费）+1（装卸费）=203（万元），其单位成本=原材料的成本总额÷实际入库数量=203÷99.5=2.04（万元），选项B当选，选项ACD不当选。

应试攻略

存货采购成本中包括合理损耗，所以题目中如果告知合理损耗是多少，在计算总成本时无须考虑，但在计算单位成本时需要按实际验收入库的数量计算。同学们遇到"合理损耗"时，可采用以下口诀辅助解题"总价不管单价管"，即考查原材料的入账总成本时，合理损耗"视而不见"，考查原材料的入账单位成本时，合理损耗对实际入库数量的影响需要予以考虑。

4　斯尔解析▶　**A**　本题考查存货减值的会计处理。2×24年年末M产品的成本为600万元，可变现净值为598万元，可变现净值低于成本，则存货跌价准备的余额为2万元（600-598），2×24年初存货跌价准备余额为6万元，因此需要转回4万元。2×24年年末N产品的成本为500万元，可变现净值为608万元，可变现净值高于成本，不需要计提减值，已计提的存货跌价准备8万元需全额转回。该公司2×24年年末应转回资产减值损失的金额=4+8=12（万元），选项A当选，选项BCD不当选。

5　斯尔解析▶　**C**　本题考查自营方式建造固定资产入账成本的确定。企业通过自营方式建造的固定资产，其入账价值应当按照该项资产达到预定可使用状态前所发生的必要支出确定，包括工程物资成本、人工成本、交纳的相关税费、应予资本化的借款费用以及应分摊的间接费用等，如建造过程中领用本公司自产产品或外购原材料，应按自产产品或外购原材料的成本价入账。本题中，该仓库入账成本=100（工程物资）+30（领用本公司自产产品）+10（领用外购原材料）+112（工程人员薪酬）=252（万元），选项C当选，选项ABD不当选。

甲公司应编制的会计分录如下：

借：工程物资　　　　　　　　　　　　　　100
　　应交税费——应交增值税（进项税额）　13
　　贷：银行存款等　　　　　　　　　　　　　　113
借：在建工程　　　　　　　　　　　　　　252
　　贷：工程物资　　　　　　　　　　　　　　　100
　　　　库存商品　　　　　　　　　　　　　　　30
　　　　原材料　　　　　　　　　　　　　　　　10
　　　　应付职工薪酬　　　　　　　　　　　　　112
借：应付职工薪酬　　　　　　　　　　　　112
　　贷：银行存款　　　　　　　　　　　　　　　112
借：固定资产　　　　　　　　　　　　　　252
　　贷：在建工程　　　　　　　　　　　　　　　252

6 斯尔解析▶ **A** 本题考查的是固定资产折旧范围。被划分为持有待售的固定资产无须计提折旧，选项A当选；尚未投入使用的固定资产、大修理停工期间的固定资产和已经完工投入使用但尚未办理竣工决算的自建厂房都需要计提折旧，选项BCD不当选。

📧 应试攻略

同学们需要注意，未使用和尚未投入使用的固定资产仍然需要按规定计提折旧，这也是考试时常见的"坑"。

7 斯尔解析▶ **B** 本题考查外购无形资产的入账价值。外购无形资产成本=购买价款+相关税费+直接归属于使该项资产达到预定用途所发生的其他支出，其中为引入新产品进行宣传发生的广告费、管理费用及其他间接费用不包括在无形资产的初始成本。本题中，该专利技术的入账价值=200（购买价款）+1（相关税费）+2（专业服务费）=203（万元），选项B当选，选项ACD不当选。

📧 应试攻略

关于专业人员服务费与培训费，前者一般属于使相关资产达到预定状态或用途的必要支出，故一般应计入相关资产的入账成本；后者一般于发生时计入当期损益。此结论对固定资产及无形资产均成立。

8 斯尔解析▶ **D** 本题考查投资性房地产的后续计量。投资性房地产后续计量可以选择成本模式或公允价值模式，同一企业只能采用一种模式对其所有的投资性房地产进行后续计量，选项A不当选；采用成本模式进行后续计量的投资性房地产需要计提折旧（摊销）以及减值准备，其账务处理同固定资产和无形资产类似，选项BC不当选；公允价值模式进行后续计量的投资性房地产期末公允价值变动应计入公允价值变动损益，而非其他业务成本，选项D当选。

📧 应试攻略

采用公允价值计量模式的投资性房地产后续持有期间不计提折旧（摊销）、不计提减值准备。

9 斯尔解析▶ **B** 本题考查《企业会计准则第8号——资产减值》所规范的资产范围。当资产的账面价值高于可收回金额时，表明该资产发生减值，在《企业会计准则第8号——资产减值》所规范的资产（含单项资产和资产组）一经计提减值准备，在相关资产持有期间不得转回。具体包括：
（1）长期股权投资（选项D不当选）；

（2）采用成本模式进行后续计量的投资性房地产；

（3）固定资产（选项C不当选）；

（4）生产性生物资产；

（5）无形资产（选项A不当选）；

（6）商誉；

（7）探明石油天然气矿区权益和井及相关设施；

（8）使用权资产。

合同资产减值准备不属于《企业会计准则第8号——资产减值》准则规范的资产，计提减值准备后可以转回，选项B当选。

应试攻略

此类题目需要作出归纳和总结，不属于《企业会计准则第8号——资产减值》准则规范的资产包括哪些。常考项目主要包括：存货（具体可能包括库存商品、原材料）、合同资产、合同履约成本、合同取得成本、债权投资、其他债权投资以及递延所得税资产，上述资产计提减值准备后满足相关条件时可以转回。

10　斯尔解析 ▶　C　本题考查辞退福利的会计处理。辞退福利确认时无须根据受益对象进行分配，直接计入管理费用，选项C当选；与生产车间管理人员有关的职工薪酬（除辞退福利外）均计入制造费用，选项ABD不当选。

11　斯尔解析 ▶　C　本题考查非货币性职工福利的计量。本题会计分录为：

借：应付职工薪酬　　　　　　　　　　　　　33.9

　　贷：主营业务收入　　　　　　　　　（0.6×50）30

　　　　应交税费——应交增值税（销项税额）（0.6×50×13%）3.9

借：主营业务成本　　　　　　　　　　　　　20

　　贷：库存商品　　　　　　　　　　　（0.4×50）20

借：管理费用　　　　　　　　　　　　　　　33.9

　　贷：应付职工薪酬　　　　　　　　　　　　　33.9

该项业务影响营业利润的金额=30-20-33.9=-23.9（万元），选项C当选，选项ABD不当选。

应试攻略

做此类题目时，首先，需要清楚影响损益的事项包括哪些，本题是将外购的商品作为福利发放给本企业职工，所以影响损益的金额是根据受益对象计入管理费用的金额；其次，如果是将自产产品发放给本企业职工，需要确认收入并结转成本，所以，在前者的基础上还需要考虑营业收入和营业成本对当期损益的影响。

12 斯尔解析 ▶ C 本题考查辞退福利的确认时点。企业向职工提供辞退福利的，应当在以下两者孰早的时点确认辞退福利产生的职工薪酬负债，并计入当期损益：（1）企业不能单方面撤回因解除劳动关系计划或裁减建议所提供的辞退福利时（本题不涉及）；（2）企业确认涉及支付辞退福利的重组相关的成本或费用时（2×24年6月15日该公司董事会批准并对外公告），选项C当选，选项ABD不当选。

13 斯尔解析 ▶ A 本题考查的是借款费用的范围。借款利息费用（包括借款折价、溢价及相关辅助费用的摊销）以及因外币借款而发生的汇兑差额等。承租人租赁使用权资产发生的融资费用属于借款费用；企业发生的权益工具的融资费用（发行股票支付券商的佣金等），不属于借款费用。选项A当选，选项BCD不当选。

🖊 **应试攻略**

　　需要提醒各位同学的是，债券折价和溢价本身不属于借款费用，后续摊销金额才属于借款费用。考试时类似的考点一定会将权益工具融资（发股票）的手续费作为备选项，记住这个不属于借款费用。

14 斯尔解析 ▶ A 本题考查的是借款费用的计算。专门借款资本化金额应当以专门借款当期实际发生的利息费用减去将尚未动用的借款资金存入银行取得的利息收入或进行暂时性投资取得的投资收益后的金额确定。本题计算2×23年专门借款利息应予资本化的金额，可按以下步骤计算：

（1）确定2×23年资本化期间。甲公司借入该笔专门借款期限从2×23年1月1日开始，于当日支出工程款并开始建造写字楼，满足资本化条件，故专门借款利息开始资本化的时点为2×23年1月1日。2×24年5月31日，该写字楼建设完毕并达到预定可使用状态，借款费用停止资本化，2×23年整年均为资本化期间。

（2）计算专门借款当期实际发生的利息费用。实际发生的利息费用=4 000×7%=280（万元）。

（3）计算闲置资金的投资收益。2×23年1月1日支付工程进度款2 500万元，2×23年10月1日支付工程进度款1 600万元，闲置资金取得投资收益期间为2×23年1月1日至2×23年9月30日，共9个月，闲置资金取得投资收益金额=（4 000-2 500）×0.25%×9=33.75（万元）。

综上，2×23年专门借款利息应予资本化的金额=280-33.75=246.25（万元），选项A当选，选项BCD不当选。

🖊 **应试攻略**

　　做借款费用的题目一定要画图，不然很容易出错。同时需要关注的是题目中给定的资料是否满足暂停资本化的条件（非正常中断且时间连续超过3个月）。需要注意的是，专门借款无须考虑使用多少，在资本化期间全部的利息扣除闲置资金收益的金额就是需要资本化的金额。

15　(斯尔解析▶)　**B**　本题考查或有事项的确认和计量。与未决诉讼的相关支出应在企业很可能承担赔偿义务且其金额能够可靠计量时确认，选项A不当选；存在标的资产的亏损合同，预计亏损总额大于标的资产减值损失的部分应计入主营业务成本同时确认为预计负债，选项B当选；与产品质量保证相关的负债满足条件的情况下，应在收入实现时确认，选项C不当选；债务担保义务应在企业很可能承担担保义务且其金额能够可靠计量时确认，选项D不当选。

16　(斯尔解析▶)　**C**　本题考查预计负债的计量。甲公司目前尚未投入生产，如果继续履行合同，预计发生的亏损=（0.9+0.3+0.1-1）×100=30（万元）；如果不履行合同，需要支付违约金1×100×10%=10（万元），因此甲公司应当选择不履行合同，应确认的预计负债金额为10万元，选项C当选，选项ABD不当选。

17　(斯尔解析▶)　**B**　本题考查政府补助的范围以及与政府补助的相关会计处理。与资产相关的政府补助，是指企业取得的、用于构建或以其他方式形成长期资产的政府补助；与收益相关的政府补助，是指除与资产相关的政府补助之外的政府补助，主要用于补偿已发生或即将发生的相关成本费用或损失。企业收到即征即退的增值税，属于与收益相关的政府补助，选项B当选；政府补助是指企业从政府无偿取得货币性资产或非货币性资产，选项AD不属于政府补助，选项AD不当选；获得政府无偿划拨的公允价值为9 000万元的土地使用权，属于与资产相关的政府补助，选项C不当选。

📣 应试攻略

源于政府的经济资源在以下情形中，不属于政府补助（考频极高）：

（1）与企业销售商品或提供劳务等活动密切相关，且来源于政府的经济资源是企业商品或服务的对价或者是对价的组成部分。

（2）政府以企业所有者身份向企业投入资本，享有相应的所有者权益。

18　(斯尔解析▶)　**B**　本题考查外币财务报表折算的一般原则。资产负债表中资产和负债项目采用资产负债表日的即期汇率折算，选项B当选；所有者权益项目除"未分配利润"项目外，其他项目采用发生时的即期汇率折算，外币财务报表折算差额计入其他综合收益，选项CD不当选；利润表中采用交易发生日的即期汇率折算，也可以采用按照系统合理的方法确定的、与交易发生日即期汇率近似的汇率折算，选项A不当选。

19　(斯尔解析▶)　**D**　本题考查的是外表非货币性项目资产负债表日的会计处理。交易性金融资产（股票）属于外币非货币性项目，折算后的记账本位币金额与原记账本位币金额之间的差额全部计入公允价值变动损益，不影响财务费用，选项D当选，选项ABC不当选。

📣 应试攻略

需要注意的是，此题目并不是对外币非货币性项目进行调整，而是因为交易性金融资产的属性，期末按公允价值计量，而该资产又是以外币计价的，所以需要根据即期汇率计算公允价值进而对账面价值进行调整。

20 斯尔解析▶ **B** 本题考查涉及补价的非货币性资产交换换入资产入账成本的计算。该项交换具有商业实质，换出或换入资产的公允价值能够可靠计量，应采用公允价值计量该项非货币性资产交换。涉及补价的非货币性资产交换，计算补价比例时不含增值税，补价5.65万元中，涉及甲、乙公司资产公允价值差额的补价，即5万元（25–20），涉及增值税的补价0.65万元（3.25–2.6），所以，补价比例=5/25×100%=20%，小于25%，属于非货币性资产交换，换入资产入账价值=换出资产的公允价值+增值税销项税额–增值税进项税额+支付补价的公允价值=20+2.6–3.25+5.65=25（万元），选项B当选，选项ACD不当选。

🚀 **应试攻略**

以公允价值为基础计量的非货币性资产交换，换入资产的价值与该资产自身公允价值相等，本题中可根据相关信息直接"秒杀"，即直接按大货车公允价值25万元作为其入账价值。

21 斯尔解析▶ **B** 本题考查债务重组中债务人债务重组收益的计算，具体情形为债务人以金融资产清偿债务。乙公司因债务重组确认的收益应作为投资收益核算，抵债资产为其他权益工具投资，其在持有期间确认的公允价值变动在终止确认时应转入留存收益，因此乙公司应确认的债务重组收益=（债务的账面价值–抵偿债务金融资产账面价值）=1 000–（500+100）=400（万元），选项B当选，选项ACD不当选。

22 斯尔解析▶ **A** 本题考查债务重组中债权人的会计处理。放弃债权公允价值140万元与账面价值160万元之间的差额，计入投资收益，选项C不当选；金融资产入账价值应以债务重组日资产公允价值入账，交易性金融资产入账价值40万元，选项B不当选；放弃债权的公允价值扣除受让金融资产当日公允价值后的净额，按其他资产在债务重组合同生效日的公允价值比例分别确定其他资产的成本，原材料入账价值=（140–40）×30/（30+45）=40（万元），选项A当选；长期股权投资入账价值=（140–40）×45/（30+45）=60（万元），选项D不当选。

23 斯尔解析▶ **D** 本题考查债务重组中债务人的会计处理，具体情形为以资产进行债务重组。需要注意的是，本题中甲公司为债务人，乙公司为债权人。甲公司应确认的债务重组收益=清偿债务账面价值–转让资产账面价值=450–（300–50–30）=230（万元），选项D当选；选项A不当选，误按转让资产的公允价值为基础计算甲公司应确认的债务重组收益；选项B不当选，误按转让资产的账面原值为基础计算甲公司应确认的债务重组收益；选项C不当选，误按转让资产的公允价值和账面价值的差额作为甲公司应确认的债务重组收益。

🚀 应试攻略

对于债务人重组收益的计算，常考情形为"以资产偿还债务"和"以自身权益工具偿还债务"，具体可依据以下公式计算：

（1）债务人以资产（包括金融资产及非金融资产）偿还债务：

债务人应确认的债务重组收益=清偿债务账面价值−存货等相关资产的账面价值需要注意的是，债务人以存货清偿债务进行债务重组的，不应作为销售存货进行账务处理，而仍按存货的账面价值为基础计算应确认的债务重组收益。

（2）债务人以自身权益工具偿还债务（债务转换为权益工具）：

债务人应确认的债务重组收益=清偿债务账面价值−权益工具应确认的公允价值需要注意的是，债务人初始确认权益工具时应当按照权益工具的公允价值计量，权益工具的公允价值不能可靠计量的，应当按照所清偿债务的公允价值计量。

---

24 〔斯尔解析〕▶ **D** 本题考查的是终止经营的范围，本题为否定式提问。终止经营是指企业满足下列条件之一的、能够单独区分的组成部分，且该组成部分已经处置或划分为持有待售类别：

（1）该组成部分代表一项独立的主要业务或一个单独的主要经营地区，选项A属于，不当选；

（2）该组成部分是拟对一项独立的主要业务或一个单独的主要经营地区进行处置的一项相关联计划的一部分，选项BC属于，不当选；

（3）该组成部分是专为转售而取得的子公司。

该组成部分是转为转售取得的联营企业，且不符合条件（1）和（2）的，不构成终止经营，选项D不属于，当选。

25 〔斯尔解析〕▶ **B** 本题考查的是收入准则核算范围。企业对外出租资产收取的租金、进行债权投资收取的利息、进行股权投资取得的现金股利、保险合同取得的保费收入等，不执行收入准则，选项AD不当选；以存货换取客户的存货、固定资产、无形资产以及长期股权投资等执行收入准则，选项B当选；企业以固定资产换取客户的投资性房地产，执行非货币性资产交换准则，选项C不当选。

26 〔斯尔解析〕▶ **D** 本题考查的是合同变更的会计处理。在合同开始日，因1 000件A商品是可明确区分的，因此将交付1 000件A商品作为单项履约义务。在合同变更日，追加A商品200件，能够反映该项商品的单独售价，属于合同变更情形一（合同变更增加了可明确区分的商品及合同价款，且新增合同价款反映了新增商品单独售价），所以，应将追加的200件A商品作为单独合同进行会计处理，选项D当选，选项ABC不当选。

提示：判断新增合同价款是否反映了新增商品的单独售价时，应当考虑为反映该特定合同的具体情况而对新增商品价格所作的适当调整。单独售价是企业向客户单独销售商品的价格，其与公允价值不是完全相同的，例如，甲公司向所有客户销售A商品的价格是11万元，但因与丁公司有长期业务往来，此时销售给丁公司A商品的价格为9万元，9万元为公允价值，但并不是单独售价。考试时，一般会明确告知销售价格是否为单独售价，如果直接告知是公允价值也可以简化处理，将题目中的公允价值理解为此合同的单独售价，不要纠结。

27 斯尔解析▶ **C** 本题考查的是识别合同中单项履约义务。销售设备和安装服务属于商品可明确区分，需要在合同层面上继续分析，如果其他供应商也可以提供此项安装服务，且甲公司也单独提供此项安装服务，则合同中存在两项履约义务，即销售专用设备和提供安装服务，选项A不当选；如果其他供应商不能提供此项安装服务，且甲公司从未单独提供此项安装服务，销售设备和安装服务在合同层面不可明确区分，应作为一项履约义务，即销售专用设备并安装，选项B不当选；如果安装服务只能由甲公司专业人员提供，且甲公司从未单独提供此项安装服务，合同也未明确区分安装服务价格的，则甲公司识别合同中包括一项履约义务，即销售专用设备并安装，选项C当选，选项D不当选。

28 斯尔解析▶ **B** 本题考查的是确定交易价格涉及非现金对价的会计处理。客户支付非现金对价的，企业应当按照非现金对价在合同开始日的公允价值确定交易价格，即合同开始日（2×24年1月1日）A公司股票的公允价值12元/股确定。合同开始日后，非现金对价的公允价值因对价形式而发生变动的（股票公允价值变动），该变动金额不应计入交易价格，此项合同的交易价格=1 000×12×4（4个季度）=48 000（元），选项B当选；选项A不当选，未考虑其他三个季度的交易价格；选项C不当选，误按2月29日股票的公允价值确定交易价格，且未考虑其他三个季度的交易价格；选项D不当选，误按3月31日股票的公允价值确定交易价格，且未考虑其他三个季度的交易价格。本题会计分录为：

假设甲公司取得A公司股票作为以公允价值计量且其变动计入当期损益的金融资产核算，3月31日收取A公司股票时：

借：交易性金融资产   15 000
  贷：主营业务收入   12 000
    公允价值变动损益   3 000

29 斯尔解析▶ **B** 本题考查将交易价格分摊至各单项履约义务。当合同中包含两项或多项履约义务时，为了使企业分摊至每一单项履约义务的交易价格能够反映其因向客户转让已承诺的相关商品（或服务）而预期有权收取的对价金额，企业应当在合同开始日，按照各单项履约义务所承诺商品的单独售价的相对比例，将交易价格分摊至各单项履约义务。本题中，商场授予奖励积分的单独售价=60×1×90%=54（万元），商品的单独售价为6 000万元，因销售商品应分摊的交易价格=6 000×6 000/（6 000+54）=5 946.48（万元），选项B当选，选项ACD不当选。

🚀 **应试攻略**

在计算奖励积分应分摊的交易价格时，应关注题目中积分的预计使用百分比，不能简单地使用奖励积分的公允价值直接计算。

30　斯尔解析▶　**A**　本题考查资产负债表中合同资产项目列报。2×23年合同资产项目金额=12 000–11 000+11 000–11 800=200（万元），选项A当选，选项BCD不当选。本题会计分录如下：

借：合同资产　　　　　　　　　　　　12 000
　　贷：主营业务收入　　　　　　　　　　　　　　12 000
借：应收账款　　　　　　　　　　　　11 000
　　贷：合同资产　　　　　　　　　　　　　　　　11 000
借：合同资产　　　　　　　　　　　　11 000
　　贷：主营业务收入　　　　　　　　　　　　　　11 000
借：应收账款　　　　　　　　　　　　11 800
　　贷：合同资产　　　　　　　　　　　　　　　　11 800

31　斯尔解析▶　**A**　本题考查合同取得成本的核算内容。企业为取得合同发生的增量成本预期能够收回的，应当作为合同取得成本确认为一项资产，考试中一般为销售提成或销售佣金，选项A当选。无论是否取得合同均会发生的差旅费，投标费、为准备投标资料发生的相关费用等，应当在发生时计入当期损益，除非这些支出明确由客户承担，选项BCD不当选。

✈ 应试攻略

此类题目请牢记合同取得成本在考试大概率只有销售佣金（提成），剩余的均不属于。
另外，企业因现有合同续约或发生合同变更需要支付的额外佣金，也属于合同取得成本。

32　斯尔解析▶　**B**　本题考查的是售后回购的会计处理。交易属于售后回购，销售方具有回购权利的，且回购价低于原售价的应作为租赁交易进行会计处理，选项B当选，选项ACD不当选。

33　斯尔解析▶　**C**　本题考查资产负债表日后调整事项的账务处理。本题中，与诉讼案件有关的情形在资产负债表日已经存在，属于日后调整事项。资产负债表日后调整事项中涉及损益类会计科目应通过"以前年度损益调整"科目核算，本题会计分录为：

借：以前年度损益调整——营业外支出　　　　300
　　贷：其他应付款——乙公司　　　（1 500–1 200）300
借：预计负债——未决诉讼　　　　　　　1 200
　　贷：其他应付款——乙公司　　　　　　　　　1 200
借：以前年度损益调整——所得税费用（1 200×25%）300
　　贷：递延所得税资产　　　　　　　　　　　　　300
借：应交税费——应交所得税　　　　　　375
　　贷：以前年度损益调整——所得税费用　　　　　375
借：盈余公积　　　　　　　　（225×10%）22.5
　　利润分配——未分配利润　　（225×90%）202.5
　　贷：以前年度损益调整　　　　　　　　　　　　225

选项C当选，选项ABD不当选。

> ✈ **应试攻略**
>
> 　　此类题目可采用简便方法计算，即"盈余公积"项目期末应调整的金额=（需要确认金额－原已确认金额）×（1－所得税税率）×盈余公积计提比例，本题如考查"未分配利润"应调整的金额，仅需将上式中"盈余公积计提比例"替换为"1－盈余公积计提比例"即可求得。

34 〔斯尔解析 ▶〕　A　会计政策变更，是指企业对相同的交易或事项由原来采用的会计政策改用另一会计政策的行为，存货的计价方法由先进先出法改为移动加权平均法属于会计政策变更，选项A当选；会计估计变更，是指由于资产和负债的当前状况及预期经济利益和义务发生了变化，从而对资产或负债的账面价值或者资产的定期消耗金额进行调整。将成本模式计量的投资性房地产的净残值率由5%变为3%属于会计估计变更，选项B不当选；固定资产的折旧方法由年限平均法改为年数总和法属于会计估计变更，选项C不当选；将无形资产的预计使用年限由10年变更为6年属于会计估计变更，选项D不当选。

> ✈ **应试攻略**
>
> 　　此类题目需要准确把握会计政策变更和会计估计变更的定义，然后作出准确的选择。建议同学们将上述表格中列举的会计政策变更情形记住，剩余的即为会计估计变更。同时，会计估计变更的案例大概率会出现"数字"，例如，使用年限、百分率、净额、净值等。

二、多项选择题

35 〔斯尔解析 ▶〕　BCD　本题考查会计人员职业道德规范。会计人员职业道德规范包括：（1）坚持诚信，守法奉公，选项B当选；（2）坚持准则，守责敬业，选项C当选；（3）坚持学习，守正创新，选项D当选，选项A不当选。

36 〔斯尔解析 ▶〕　ABC　本题考查委托加工物资成本的相关会计处理。委托加工物资成本=发出存货成本（选项B当选）+加工费（选项A当选）+运输费（选项C当选）+相关税费，增值税一般纳税人支付的增值税不构成委托加工物资成本，选项D不当选。

> ✈ **应试攻略**
>
> 　　关于增值税，如果是增值税一般纳税人，且取得合规抵扣凭证，增值税进项税额不构成外购资产成本；增值税小规模纳税人执行简易计税，增值税进项税额不得抵扣，构成外购资产成本。

37　斯尔解析▶　BD　本题考查的是存货的期末计量。资产负债表日，存货应当按照成本与可变现净值孰低计量，选项A不当选；可变现净值低于存货账面余额的金额是存货跌价准备的期末余额，确定当期应计提或转回的存货跌价准备时，还需要结合存货跌价准备的期初余额分析，选项B当选；企业以前减记存货价值的影响因素已经消失，减记的金额应当予以恢复，并在原已计提的存货跌价准备金额内转回，转回的金额计入当期损益（资产减值损失），选项C不当选，选项D当选。

📄 应试攻略

　　存货可变现净值低于其账面余额的差额是当期存货跌价准备的余额，需要同学们关注题干的表述方式。如果存货账面价值（已扣除期初存货跌价准备账面余额）高于其可变现净值，差额即为当期应计提的存货跌价准备；但如果是存货的账面余额高于其可变现净值，此时的差额为期末余额，而非当期应确认的金额。

　　此外，存货跌价准备的转回一定基于原减记该项存货价值的因素，但从应试角度出发，计算类题目如果没有特殊说明则无须考虑此因素，一般均可转回。

38　斯尔解析▶　ACD　本题考查外购需要安装的固定资产入账成本。使固定资产达到预定可使用状态前发生的一切合理必要支出均构成固定资产入账成本，包括买价、相关税费（进口关税）、装卸费、运输费、安装费、专业人员服务费（设备调试人员工资费用）等，选项ACD当选；增值税一般纳税人领用外购原材料用于生产的，进项税额可以抵扣销项税额，不计入相关资产的初始成本中，选项B不当选。

39　斯尔解析▶　BD　本题考查固定资产折旧、减值的会计处理。2×23年12月31日，公允价值减处置费用后的净额为800万元，未来现金流量现值为810万元（税前），可收回金额为二者孰高者810万元，选项B当选；计提减值准备前账面价值=1 000−100−20−50=830（万元），当日应计提固定资产减值准备=830−810=20（万元），选项D当选；2×23年12月31日，固定资产减值准备余额=20+20=40（万元），选项A不当选；2×24年计提折旧金额=810/5=162（万元），选项C不当选。

40　斯尔解析▶　ABD　本题考查自行研发的无形资产的会计处理。当月增加的无形资产，当月开始计提摊销，选项A当选；企业内部研究开发项目开发阶段的支出，满足资本化条件时计入无形资产成本，符合资本化条件的48万元，所以，费用化研发支出的金额=110−48=62（万元），选项B当选；摊销期限按照法律保护期和预计经济收益期两者中较短者，即8年，选项C不当选；2×24年12月31日该项无形资产的账面价值=48−48/8×3/12=46.5（万元），选项D当选。

应试攻略

自行研发无形资产过程中可能产生的费用化支出主要来源于以下三方面：

(1) 研究阶段的所有支出；

(2) 开发阶段不满足资本化条件的支出；

(3) 无法区分属于研究阶段还是开发阶段的支出。

41 斯尔解析▶ **ACD** 本题考查的是土地使用权的核算及无形资产的摊销。房地产开发企业用于建造对外出售房屋建筑物的土地使用权，应作为存货核算，选项A当选；企业将土地使用权部分自用部分对外出租的，应将用于出租且能够单独计量和出售部分作为投资性房地产核算，选项B不当选；企业外购房屋建筑物所支付的价款中包括土地使用权和地上建筑物价值的，建筑物和土地使用权价值可以合理分配的，分别作为固定资产和无形资产核算；建筑物和土地使用权价值无法合理分配的，全部作为固定资产核算，选项C当选；企业外购土地使用权用于自行建造建筑物，建造期间应将符合资本化条件的土地使用权的摊销额计入在建工程，对其予以资本化，选项D当选。

应试攻略

土地使用权的核算首先需要确定会计主体的身份，然后再看持有的用途和目的。外购房产属于高频考点及易错易混点，其中既包括房屋还包括土地使用权，原则上需要分别确认固定资产和无形资产，如果无法区分，则统一作为固定资产核算。

42 斯尔解析▶ **ABD** 本题综合考查无形资产的会计核算。使用寿命不确定的无形资产无须计提摊销，选项A当选，选项C不当选；使用寿命不确定的无形资产至少应于每期期末进行减值测试，选项B当选；2×24年应计提减值准备=3 000-2 900=100（万元），2×24年12月31日无形资产的账面价值=3 000-100=2 900（万元），选项D当选。

应试攻略

对于考查无形资产摊销的问题，首先，需要确定该无形资产是否需要摊销；其次，再去判断无形资产开始或者结束摊销的时间点。

43 斯尔解析▶ **ACD** 本题考查的是投资性房地产的核算范围。已出租的土地使用权属于投资性房地产，计划用于出租但尚未出租的土地使用权不属于投资性房地产，选项A当选；以租赁方式租入再转租的建筑物不属于投资性房地产，选项B不当选；持有并准备增值后转让的土地使用权属于投资性房地产，但按照国家有关规定认定的闲置土地，不属于投资性房地产，选项C当选；企业将建筑物出租，按租赁协议向承租人提供的相关辅助服务在整个协议中不重大的，应当将该建筑物确认为投资性房地产，选项D当选。

📣 **应试攻略**

　　因转租的房地产企业不拥有所有权，所以不能作为投资性房地产核算，闲置土地按规定国家需要无偿收回，因此不符合资产定义，也不能作为投资性房地产核算。需要说明的是，计划出租房地产项目原则上不属于投资性房地产，但有例外，如果公司董事会作出正式的书面决议将空置建筑物对外出租，且意图短期内不会发生改变，即使尚未签订租赁协议，也应视为投资性房地产。

44　**斯尔解析▶　AC**　本题考查的是投资性房地产的转换。采用成本模式后续计量的投资性房地产转为存货，应按原投资性房地产的账面价值计量转换后存货的入账价值，选项A当选；采用成本模式后续计量的投资性房地产转为固定资产，应将该房地产转换前的账面价值作为转换后固定资产的入账金额，而不考虑转换日的公允价值，选项B不当选；存货转换为以公允价值模式后续计量的投资性房地产，投资性房地产应按转换日的公允价值计量，公允价值小于存货账面价值的差额确认为当期损益（公允价值变动损益），选项C当选；采用公允价值模式后续计量的投资性房地产转换为自用房地产时，应当以其转换当日的公允价值作为自用房地产的入账价值，公允价值与原账面价值的差额计入当期损益（公允价值变动损益），选项D不当选。

📣 **应试攻略**

　　对于投资性房地产的转换，同学们需要分层次进行判断：

　　第一，判断是成本模式下的投资性房地产转换还是公允价值模式下的投资性房地产的转换。

　　第二，如为成本模式下的投资性房地产转换，无论是非投资性房地产转为投资性房地产，还是投资性房地产转为非投资性房地产，转换后的资产均按转换前资产的账面价值入账，且不产生转换差额。

　　第三，如为公允价值模式下的投资性房地产的转换，还需再进一步区分是"自用房地产或存货转换为以公允价值计量的投资性房地产"还是"以公允价值计量的投资性房地产转换为自用房地产或存货"。

　　第四，如为前者，借贷方差额存在差异，具体而言，转换产生的借方差额计入公允价值变动损益，贷方差额计入其他综合收益；如为后者，差额均计入公允价值变动损益。

45　**斯尔解析▶　ABC**　本题考查的是投资性房地产的处置。无论是成本模式还是公允价值模式下的投资性房地产，出售时取得的收入均应通过"其他业务收入"科目核算，列示于利润表的"营业收入"项目，应结转的投资性房地产账面价值应通过"其他业务成本"科目核算，列示于利润表的"营业成本"项目，选项AB当选；对于公允价值模式下的投资性房地产，处置时应将持有期间原计入公允价值变动损益以及其他综合收益科目的金额结转至"其他业务成本"科目，列示于利润表的"营业成本"项目，选项C当选，选项D不当选。

📣 **应试攻略**

出售投资性房地产属于日常活动，所以将取得的处置价款作为营业收入核算。同时，采用公允价值计量模式的投资性房地产处置时，原计入公允价值变动损益结转至营业成本，因均属于损益类会计科目，所以对当期损益不会产生影响，但其他综合收益冲减营业成本，会增加当期损益，因为其他综合收益不属于损益类会计科目。

46 斯尔解析▶ **BC** 本题考查的是总部资产减值的会计处理。总部资产的显著特征是难以脱离其他资产或者资产组产生独立的现金流入，而且其账面价值难以完全归属于某一资产组，因此，总部资产通常难以单独进行减值测试，需要结合其他相关资产组或资产组组合进行，选项A不当选；总部资产需要与和其相关的资产组结或资产组组合结合进行减值测试，选项B当选；若总部资产能够按合理和一致的基础分摊至各个相关资产组的，应将总部资产分摊至各个资产组，将各个资产组含总部资产在内的账面价值与可收回金额进行比较，选项C当选；若总部资产不能按合理和一致的基础分摊至各个相关资产组的，应在不考虑相关总部资产的情况下，估计和比较资产组的账面价值和可收回金额，计算资产组的账面价值，然后再将减值测试完后的资产组组合与总部资产合并确定资产组组合是否减值，若减值，将减值损失分摊至总部资产和资产组，再计算资产组中各单项资产的减值损失，选项D不当选。

47 斯尔解析▶ **ABCD** 本题考查的是职工薪酬的核算范围。职工薪酬，是指企业为获得职工提供的服务或解除劳动关系而给予的各种形式的报酬或补偿，包括短期薪酬、离职后福利、辞退福利和其他长期职工福利。本题选项ABCD均当选。

📣 **应试攻略**

对于职工薪酬的考核方式，一般包括两种：

（1）考核职工薪酬的内容，该种考核方式范围更大，同学们需要注意的是职工薪酬不仅包括因职工提供服务而给予的报酬，还应包括因解除劳动关系而给予的补偿。

（2）考核短期薪酬的内容，该种考核方式可采用排除法解题，即排除离职后福利、辞退福利以及其他长期职工福利，其余职工薪酬一般属于短期薪酬的范畴。

48 斯尔解析▶ **AD** 本题综合考查职工薪酬的会计处理。辞退福利确认时无须根据受益对象进行分配，直接计入管理费用，选项A当选；企业以自产的产品作为非货币性福利发放给职工，应当按照该产品的公允价值确定职工薪酬金额，如果为增值税一般纳税人，增值税销项税额也应计入职工薪酬金额，选项B不当选；因利润分享计划应支付给员工的薪酬支出不作为利润分配处理，应于确认相关的应付职工薪酬时直接计入当期损益或相关资产成本，选项C不当选；以外购商品向员工提供非货币性福利的，无须确认收入，选项D当选。

应试攻略

以自产产品作为非货币性福利发放给职工，应当按照该产品的公允价值以及按照公允价值确认的销项税额的合计数确认为职工薪酬的金额；而以外购产品作为非货币性福利发放给职工，应当按照该产品的购入价以及购入时取得的增值税进项税额的合计数确认为职工薪酬的金额。

49 斯尔解析▶ ABD 本题考查借款费用暂停资本化的条件。借款费用暂停资本化的条件包括两项：第一，发生非正常中断；第二，时间连续超过3个月。因可预见的冰冻季节造成建造中断连续超过3个月，不符合非正常中断的条件，选项A当选；因工程质量纠纷造成建造多次中断累计3个月，不符合连续超过3个月的条件，选项B当选；因发生安全事故造成建造中断连续超过3个月，同时符合上述两个条件，应暂停借款利息资本化，选项C不当选；因劳务纠纷成建造中断2个月，不符合连续超过3个月的条件，选项D当选。

50 斯尔解析▶ AB 本题考查的是同时占用一般借款和专门借款时的账务处理原则。当企业既有专门借款又占用一般借款时，应先使用专门借款，专门借款使用完毕后再使用一般借款，选项AB当选；如果存在多笔一般借款时，无须区分占用的是哪笔一般借款，而是计算一般借款资本化率与一般借款支出加权平均数，从而计算应资本化的金额，选项C不当选；占用多笔一般借款时才需要计算一般借款资本化率，选项D不当选。

51 斯尔解析▶ AB 本题考查的是政府补助的特征及内容。政府补助具有如下特征：
（1）政府补助是来源于政府的经济资源。
（2）政府补助具有无偿性。（选项AB当选）政府补助一般需要限定资金的使用用途，但这并不影响相关经济资源被确认为政府补助，选项C不当选；政府与企业间的债务豁免不涉及资产的直接转移，不属于政府补助，选项D不当选。

52 斯尔解析▶ ABCD 本题考查的是与收益相关政府补助的会计处理。企业在收到政府补助资金时应当先判断能否满足政府补助所附条件，选项A当选；如收到时暂时无法确定，则应当先将其计入其他应付款，选项B当选；待客观情况表明企业能够满足政府补助所附条件后，再确认递延收益，选项C当选；企业用于补偿企业已发生的相关成本费用或损失的，应当按照实际收到的金额计入当期损益（总额法）或冲减相关成本（净额法），选项D当选。

53 斯尔解析▶ CD 本题考查的是外币报表的折算。当期计提的盈余公积采用当期平均汇率折算，期初盈余公积为以前年度计提的盈余公积按相应年度平均汇率折算后累计计算的金额，选项A不当选；资产负债表中的"未分配利润"项目是企业自经营以来累计结存的净利润（或净损失），选项B不当选；资产负债表中的资产和负债项目，采用资产负债表日的即期汇率折算，所有者权益项目除"未分配利润"项目外，其他项目采用发生时的即期汇率折算，选项CD当选。

54 斯尔解析▶ ABCD 本题考查的是非货币性资产交换准则的核算范围，本题为否定式提问。商业汇票（包括银行承兑汇票和商业承兑汇票）不属于非货币性资产，不执行非货币性资产交换准则，选项A当选；企业以非货币性资产向职工发放非货币性福利不属于非货币性资产交换，如企业以自产产品发放非货币性职工福利则应确认收入并同时结转相关成本，不执行非货币性资产交换准则，选项B当选；债务不属于非货币性资产，不执行非货币性资产交换准则，选项C当选；本公司股票属于权益工具，不属于非货币性资产，不执行非货币性资产交换准则，选项D当选。

应试攻略

请同学们注意，"属于非货币性资产"和"执行非货币性资产交换准则"并非等同概念。属于非货币性资产交换，且执行非货币性资产交换准则的交易，其范围较窄，具体包括：

(1)以固定资产换取其他企业存货、固定资产、无形资产、投资性房地产和长期股权投资（权益法）。

(2)以无形资产换取其他企业存货、固定资产、无形资产、投资性房地产和长期股权投资（权益法）。

(3)以投资性房地产换取其他企业存货、固定资产、无形资产、投资性房地产和长期股权投资（权益法）。

(4)以长期股权投资（权益法）换取其他企业存货、固定资产、无形资产、投资性房地产和长期股权投资（权益法）等。

综上，在考查相关事项是否执行非货币性资产交换准则时，交易双方如有一方涉及预收账款、应付账款（均属于负债）、金融资产以及以成本法核算的长期股权投资，可直接排除；另外，如考查的对象以存货换取客户的非货币性资产，也可直接排除。

55 〔斯尔解析▶〕 **ABC** 本题考查的是以账面价值计量的非货币性资产交换的会计处理。以账面价值计量的非货币性资产交换，换入资产成本=换出资产的账面价值+增值税销项税额−增值税进项税额+支付补价的账面价值（或−收到补价的公允价值），选项A当选；以账面价值计量的非货币性资产交换无论是否涉及补价，均不确认交换损益，选项B当选；涉及增值税计算时，应以换出资产的公允价值（或计税基础）计算增值税销项税额，选项C当选；涉及多项资产交换的，应以各项换入资产的公允价值或原账面价值（公允价值不能可靠计量）占换入资产公允价值或原账面价值总额的比例进行分配，选项D不当选。

56 〔斯尔解析▶〕 **ACD** 本题综合考查非货币性资产交换的账务处理。以公允价值计量的非货币性资产交换，换出资产的公允价值与账面价值的差额根据换出资产的不同确认不同类型的损益：换出资产为固定资产、无形资产的，其差额计入资产处置损益，选项A当选；换出资产一般涉及固定资产、无形资产、投资性房地产以及权益法核算的长期股权投资，此类资产终止确认时视同处置，均不涉及营业外收入科目，选项B不当选；换出资产为长期股权投资、以公允价值计量且其变动计入当期损益的金融资产的，其差额计入投资收益，选项C当选；换出资产为以公允价值计量且其变动计入其他综合收益的非交易性权益工具投资的，其差额计入留存收益，选项D当选。

📡 **应试攻略**

对于不同的换出资产，应确认的交易损益如下：

换出资产为固定资产或无形资产：换出资产的公允价值与其账面价值的差额计入资产处置损益。

换出资产为长期股权投资（权益法）：换出资产公允价值与其账面价值的差额，计入投资收益，同时将原计入其他综合收益以及资本公积科目的金额（如有）进行结转。

换出资产为存货：确认销售收入，同时结转销售成本。

换出资产为投资性房地产：换出资产公允价值或换入资产公允价值确认其他业务收入，按换出资产账面价值结转其他业务成本，同时将原计入公允价值变动损益、其他综合收益科目的金额（如有）进行结转。

57 斯尔解析▶ **ACD** 本题考查的是债务重组的核算范围。债务重组，是指在不改变交易对手方的情况下，经债权人和债务人协定或法院裁定，就清偿债务的时间、金额或方式等重新达成协议的交易，甲公司与A公司就清偿方式达成协议，属于债务重组，选项A当选；甲公司的母公司与债权人B公司达成债务重组协议，因改变交易对手方，故不属于甲公司的债务重组协议，选项B不当选；甲公司与H公司就清偿债务时间重新达成协议，属于债务重组，选项C当选；甲公司与D公司就清偿方式重新达成协议，属于债务重组，选项D当选。

58 斯尔解析▶ **BC** 本题考查的是债权人因债务重组协议取得权益性投资时的账务处理。债权人取得对联营企业和合营企业的权益性投资应作为长期股权投资入账，其入账价值为放弃债权的公允价值及相关税费的合计数，选项A不当选；债权人取得的股权为交易性金融资产时，发生的交易费用应确认为投资收益，选项B当选；债权人取得的对非同一控制下子公司的投资，其入账成本按放弃债权的公允价值计量，选项C当选；如债权人取得的权益性投资为对联营企业和合营企业的投资、非同一控制下对子公司的投资或者交易性金融资产，其他权益工具投资，均应将放弃债权的公允价值与其账面价值的差额确认为投资收益，选项D不当选。

59 斯尔解析▶ **ABD** 本题考查的是债权人通过受让多项资产抵债的会计处理。甲公司受让资产中包括金融资产，应按债务重组日的公允价值入账，即100万元，放弃债权的公允价值为750万元，扣除受让金融资产在合同生效日公允价值（100万元）的差额作为固定资产入账金额，即750-100=650（万元），选项BD当选；甲公司应确认的投资收益=放弃债权公允价值-放弃债权账面价值=750-（1 000-200）=-50（万元），选项A当选；债权人账务处理不涉及其他收益，选项C不当选。本题会计分录为：

借：其他债权投资	100	
固定资产	650	
坏账准备	200	
投资收益	50	
贷：应收账款		1 000

60 斯尔解析▶ **AD** 本题考查的是持有待售非流动资产的会计处理。2×23年12月31日满足持有待售条件，即可立即出售、出售极可能发生，划分持有待售资产后不再计提折旧，所以，从2×23年1月起对拟处置生产线停止计提折旧，选项A当选；当合同取消时，表明固定资产不再满足持有待售固定资产条件，企业应当停止将其划分为持有待售类别，应从2×24年1月恢复计提的折旧，选项B不当选；如果持有待售的非流动资产账面价值高于其公允价值减去出售费用后的净额，企业应当将账面价值减记至公允价值减去出售费用后的净额，减记的金额确认为资产减值损失，同时计提持有待售资产减值准备，2×23年资产负债表中该生产线列报的金额=2 600−120=2 480（万元），选项C不当选；2×24年将取消合同取得的乙公司赔偿确认为营业外收入，选项D当选。

61 斯尔解析▶ **ABC** 本题考查划分为持有待售类别时的计量。合同签订时，固定资产的账面价值为=600−385=215（万元），该资产的公允价值减去出售费用后的净额为190万元（200−10），账面价值大于公允价值减去出售费用后的净额，需计提减值，减值金额=215−190=25（万元），选项C当选；固定资产划分为持有待售资产后，不再计提折旧，所以2×24年应计提11个月折旧，即2×24年全年计提折旧额为=11×5=55（万元），选项B当选；2×24年末，该资产尚未出售，应作为持有待售资产进行列报，列报金额为190万元，选项A当选，选项D不当选。

62 斯尔解析▶ **AC** 本题考查的是合同履约成本的核算内容。合同履约成本与一份当前或预期取得的合同直接相关，包括直接人工（选项C当选）、直接材料、制造费用或类似费用，例如，组织和管理生产、施工、服务等活动发生的费用等；明确由客户承担的成本以及仅因该合同而发生的其他成本，例如，支付给分包商的成本（选项A当选）、机械使用费、设计和技术援助费用、施工现场二次搬运费、生产工具和用具使用费、检验试验费、工程定位复测费、工程点交费用、场地清理费等。

下列支出不属于合同履约成本，企业应当在下列支出发生时，将其计入当期损益：

（1）管理费用，除非这些费用明确由客户承担。

（2）非正常消耗的直接材料、直接人工和制造费用（或类似费用），这些支出为履行合同发生，但未反映在合同价格中。（选项D不当选）

（3）与履约义务中已履行（包括已全部履行或部分履行）部分相关的支出，即该支出与企业过去的履约活动相关。（选项B不当选）

（4）无法在尚未履行的与已履行（或已部分履行）的履约义务之间区分的相关支出。

📢 **应试攻略**

　　"合同履约成本"的判断可采用排除法，记住应计入当期损益的相关支出，其关键词为"管理费用""非正常消耗""与已履行部分相关""无法在尚未履行的与已履行的履约义务之间区分"，排除掉这些内容有助于快速解题。

63　斯尔解析▶　**BC**　本题考查的是附有销售退回条款的销售。对于附有销售退回条款的销售，企业应当在客户取得相关商品控制权时，按照因向客户转让商品而预期有权收取的对价金额（即，不包含预期因销售退回将退还的金额）确认收入，按照预期因销售退回将退还的金额确认负债；同时，按预期将退回商品转让时的账面价值，扣除收回该商品预计发生的成本（包括退回商品的价值减损）后的余额，确认为一项资产，按照所转让商品转让时的账面价值，扣除上述资产成本的净额结转成本。本题中，应将预期将退还的金额（1 000×10%）确认为预计负债，按预期将退回的商品账面价值（900×10%）确认为应收退货成本。甲公司应编制的会计分录为如下：

借：银行存款　　　　　　　　　　　　　　　　　1 130
　　贷：主营业务收入　　　　（选项A不当选）（1 000×90%）900
　　　　应交税费——应交增值税（销项税额）
　　　　　　　　　　　　　　（选项D不当选）（1 000×13%）130
　　　　预计负债　　　　　　（选项C当选）（1 000×10%）100
借：主营业务成本　　　　（选项B当选）（900×90%）810
　　应收退货成本　　　　　　　　　　（900×10%）90
　　贷：库存商品　　　　　　　　　　　　　　　　　900

64　斯尔解析▶　**ABD**　本题考查的是主要责任人和代理人的账务处理。企业应当根据其在向客户转让商品前是否拥有对该商品的控制权，来判断其从事交易时的身份是主要责任人还是代理人。如为主要责任人，其特征是企业在向客户转让商品前能够控制该商品，选项A当选；企业应当按照已收或应收对价总额确认收入，即采用总额法确认收入，选项B当选；代理人应按照预期有权收取的佣金或手续费的金额确认收入，该金额应当按照已收或应收对价总额扣除应支付给其他相关方的价款后的净额，或者按照既定的佣金金额或比例等方式确定，即按净额法确认收入，选项C不当选；代理人的特征是企业在向客户转让商品前不能控制该商品，也就不承担商品转让前的风险，选项D当选。

65　斯尔解析▶　**BCD**　本题考查的是售后回购的会计处理。本题属于客户拥有回售权利，企业负有应客户要求回购商品义务的，应当在合同开始日评估客户是否具有行使该要求权的重大经济动因，客户具有行使该要求权重大经济动因的，企业应当将售后回购作为租赁交易或融资交易，否则，企业应当将其作为附有销售退回条款的销售交易进行会计处理。本题中，因回购价格高于回购时设备的公允价值，乙公司具有重大经济动因，故应视为融资交易进行处理，选项B当选；在收到客户款项时确认金融负债，即将收到客户3 000万元确认为其他应付款，选项C当选，选项A不当选；该款项和回购价格的差额200万元（3 200-3 000）应按照融资交易，在2年的回购期间内分摊确认为利息费用，选项D当选。

应试攻略

在判断是否有重大经济动因时主要关注回购时预计的市场公允价值和回购价格的差异。题目中表述2年后该设备的公允价值大大低于回购价格，说明客户存在重大经济动因，进而判断回购价格与售价的关系，如果售价大于回售价格的，作为租赁处理；如果售价小于回售价格的，作为融资交易处理。

66 〔斯尔解析▶〕 **BCD** 本题考查的是日后调整事项与非调整事项的辨别。发现报告年度重要差错，相关事项在资产负债表日已经存在，属于调整事项，需要说明的是，该事项也同时属于前期差错，选项A不当选；资产负债表日后非调整事项，是指表明资产负债表日后发生的情况的事项，选项BCD当选。

应试攻略

资产负债表日后调整事项的判断可遵循以下步骤：

第一步，是否发生在资产负债表日后期间，不是，不属于资产负债表日后事项；是，进入第二步；

第二步，是否对财务报表产生有利或不利影响，不是，属于当年正常事项；

是，进入第三步；

第三步，是否在报告期或资产负债表日已经存在，不是，属于资产负债日后非调整事项；是，属于资产负债日后调整事项。

67 〔斯尔解析▶〕 **ABD** 本题考查的是资产负债表日后调整事项的会计处理。资产负债表日后发生的调整事项，应当做出相关账务处理，并对资产负债表日已经编制的财务报表进行调整，调整的财务报表包括资产负债表、利润表及所有者权益变动表等内容，选项ABD当选；资产负债表日后调整事项涉及现金收付的，无须调整现金流量表正表（现金流量表补充资料相关项目可以进行调整），原因在于资产负债表货币资金项目和现金流量表均以收付实现制为基础编制，所以，现金流量表正表不得调整，选项C不当选。

68 〔斯尔解析▶〕 **ABC** 本题考查的是会计政策变更、会计估计变更以及差错更正会计处理方法的辨别。不重要的前期差错、会计估计变更以及无法确定以前各期累积影响数的会计政策变更均应采用未来适用法进行会计核算，选项ABC当选；重要的前期差错，如果确定前期差错累积影响数不切实可行，可以从可追溯重述的最早期间开始调整留存收益的期初余额，财务报表其他相关项目的期初余额也应当一并调整，也可以采用未来适用法，而非"应当采用未来适用法进行会计核算"，选项D不当选。

◢ 应试攻略

追溯调整法、追溯重述法以及未来适用法的适用范围通过表格对比记忆效果更好：

类型	追溯调整法	追溯重述法	未来适用法
会计政策变更	√	×	√（无法追溯调整的）
会计估计变更	×	×	√
前期差错	×	√	√（不重要的差错）

三、判断题

69 〔斯尔解析 ▶〕　×　本题考查的是固定资产的定义。固定资产，是指同时具有下列特征的有形资产：

（1）为生产商品、提供劳务、出租或经营管理而持有的；

（2）使用寿命超过一个会计年度。

企业由于安全或环保的要求购入设备等，虽然不能直接给企业带来未来经济利益，但有助企业从其他相关资产的使用中获得未来经济利益或者获得更多的未来经济利益，也应确认为固定资产，本题表述错误。

70 〔斯尔解析 ▶〕　√

71 〔斯尔解析 ▶〕　×　本题考查的是附有质量保证条款销售的会计处理。对于附有质量保证条款的销售，企业应当评估该质量保证是否在向客户保证所销售商品符合既定标准之外提供了一项单独的服务。企业提供额外服务的，应当作为单项履约义务，按照收入准则进行会计处理。否则，质量保证责任应当按照或有事项的要求进行会计处理，因此，本题表述错误。

72 〔斯尔解析 ▶〕　√

73 〔斯尔解析 ▶〕　×　本题考查的是授予知识产权许可的会计处理。企业向客户授予知识产权许可，并约定按客户实际销售或使用情况收取特许权使用费的，应当在客户后续销售或使用行为实际发生与企业履行相关履约义务两项孰晚的时点确认收入，因此，本题表述错误。

74 〔斯尔解析 ▶〕　√

75 〔斯尔解析 ▶〕　√

76 〔斯尔解析 ▶〕　√

第二模块　性价比很高

一、单项选择题

77	A	78	C	79	A	80	D	81	C
82	D	83	C	84	D	85	D	86	B
87	A	88	B	89	D	90	D	91	C
92	C	93	B	94	A	95	B	96	D
97	D	98	C						

二、多项选择题

99	BCD	100	BCD	101	ABD	102	ABC	103	ABC
104	BCD	105	ABC	106	ACD	107	AD	108	AD
109	ACD	110	ABC	111	AB				

三、判断题

112	√	113	×	114	×	115	×	116	×
117	×	118	√	119	×				

一、单项选择题

77 〔斯尔解析▶〕 **A** 本题考查的是各类负债的计税基础。甲公司被处罚270万元，2×24年12月31日甲公司已经支付了200万元，故"其他应付款"账面价值=270-200=70（万元）。负债的计税基础为账面价值减除未来期间按照税法规定可予以税前扣除的金额，根据税法规定，行政罚款支出不得税前扣除，其他应付账款的计税基础=账面价值（70）–未来期间税法允许扣除的金额（0）=70（万元），选项A当选；选项B不当选，误将3月1日其他应付款账面余额作为计税基础；选项C不当选，误将支付罚款金额作为计税基础；选项D不当选，将该行政罚款按未来可税前扣除计算。

应试攻略

资产的计税基础是未来期间按照税法规定可予税前抵扣的金额；而负债的计税基础是负债的账面价值减去未来期间计算应纳税所得额时按照税法规定可予税前抵扣的金额。请同学们注意辨析。

78　斯尔解析▶　C　本题考查的是暂时性差异的判断。计提坏账准备会导致资产的账面价值小于其计税基础，产生可抵扣暂时性差异，选项A不当选；支付销货方违约金一般可全额税前扣除，不产生暂时性差异，选项B不当选；企业持有的交易性金融资产期末公允价值上升会导致资产的账面价值大于其计税基础，资产账面价值大于计税基础产生应纳税暂时性差异，选项C当选；因未决诉讼确认的预计负债且税法不允许抵扣，属于永久性差异，不产生暂时性差异，选项D不当选。

79　斯尔解析▶　A　本题考查的是附有销售退回条款的销售业务的会计处理及所得税相关处理。本题中，可能产生递延所得税的项目分别包括应收退货成本及预计负债，甲公司应确认应收退货成本=4 000×10%=400（万元），其计税基础为0，资产的账面价值大于计税基础，产生应纳税暂时性差异，应确认递延所得税负债=400×15%=60（万元）；

甲公司还应确认预计负债5 000×10%=500（万元），其计税基础为0，会产生可抵扣暂时性差异，满足相关条件时应确认递延所得税资产，而非递延所得税负债，综上，选项A当选，选项BCD不当选。

80　斯尔解析▶　D　本题考查的是影响所得税费用的递延所得税。本题中，投资性房地产和交易性金融资产公允价值变动均通过"公允价值变动损益"科目核算，影响损益，故其产生的暂时性差异确认的递延所得税对应所得税费用；而其他债权投资公允价值变动计入其他综合收益，不影响损益，确认的递延所得税对应其他综合收益，综上，本题中应确认对应所得税费用的递延所得税负债=（1 000+2 000）×25%=750（万元），所得税费用=应交所得税+递延所得税费用=1 500+750=2 250（万元），选项D当选，选项ABC不当选。

应试攻略

所得税费用的确认包括当期所得税费用和递延所得税费用，而某些交易不会产生计入损益的递延所得税费用，所以在做题时需要关注不影响损益的暂时性差异，具体包括：其他权益工具投资产生的暂时性差异（其他综合收益），合并报表中因资产或负债账面价值与公允价值不同的调整产生的暂时性差异（资本公积），因非同一控制下企业合并资产、负债的账面价值与公允价值不同产生的暂时性差异（商誉）等。

81 斯尔解析▶　**C**　本题考查的是租赁期的确定。租赁期自租赁期开始日起计算，租赁期开始日，是指出租人提供租赁资产使其可供承租人使用的起始日期，如果承租人在租赁协议约定的起租日或租金起付日之前，已获得对租赁资产使用权的控制，则表明租赁期已经开始（合同中存在免租期）。租赁协议中对起租日或租金支付时间的约定，并不影响租赁期开始日的判断，本题中该日期为2×23年1月1日，因该日生产设备已运抵至乙公司且乙公司当日起即可安排该设备与其他生产商设备的对接及调试工作，是实际可供承租人使用的日期，虽然存在免租期，但不影响对租赁开始日的判断，据此应排除选项BD；在租赁期开始日，企业应当评估承租人是否合理确定将行使续租或购买标的资产的选择权，或者将不行使终止租赁选择权，本题中三年租期结束后乙公司可选择按低于市场价格的租赁价格继续租赁该设备两年，且经合理评估乙公司将行使该续租选择权，租赁期结束日应为2×28年5月1日，选项C当选，选项ABD不当选。

✈ 应试攻略

请同学们仔细辨析清楚两个概念，租赁合同开始日是租赁合同上约定的开始日期，而会计核算以"实质重于形式"为基础，我们要找到的是租赁期开始日，即出租人提供租赁资产使其可供承租人使用的起始日期。租赁期开始日和租赁合同上注明的日期可能重合，但也可能不重合，比如本题中的情形。

82 斯尔解析▶　**D**　本题考查的是使用权资产入账金额的计算。使用权资产的入账金额=租赁负债的初始计量金额+在租赁之前支付的租赁付款额+初始直接费用–租赁激励相关款项=1 200+10+6–3=1 213（万元），选项D当选，选项ABC不当选。

✈ 应试攻略

租赁负债的初始计量金额实际上是租赁付款额的现值，本题中题目直接作为已知条件给出，如果给出的是每期的租赁付款额，则需要自行计算租赁负债的初始计量金额。另外，不可退还的保证金构成使用权资产的入账金额，其属于承租人发生的初始直接费用。

83 斯尔解析▶　**C**　本题考查的是使用权资产的减值。承租人应当按照扣除减值损失之后的使用权资产的账面价值，进行后续折旧。在第3年年末，该使用权资产计提减值损失之后的账面价值=100–100×3/6–20=30（万元），计提减值准备后每年的折旧费=30/3=10（万元），选项C当选，选项ABD不当选。

✈ 应试攻略

使用权资产属于《企业会计准则第8号——资产减值》规范的资产，发生的减值损失应计入资产减值损失，使用权资产减值准备一旦计提，不得转回。

84　斯尔解析▶　D　本题考查的是经营租赁的会计处理。出租人提供免租期的，出租人应将租金总额在不扣除免租期的整个租赁期间内，按直线法或其他合理的方法进行分配，免租期内应当确认租金收入。本题中，甲公司应收取的租金总额=360+480×3=1 800（万元），2×24年租期为6个月，甲公司2×24年应确认的租金收入=1 800/（4×12）×6=225（万元），选项D当选，选项ABC不当选。

85　斯尔解析▶　D　本题考查的是金融资产的分类。应分类为"以摊余成本计量的金融资产"同时符合下列条件：

（1）企业管理该金融资产的业务模式是以收取合同现金流量为目标。

（2）该金融资产的合同条款规定，在特定日期产生的现金流量，仅为对本金和以未偿付本金金额为基础的利息的支付。

选项D当选；选项AB不当选，通过出售或通过短期获利（实际上也是通过出售）收回现金流量，不满足上述条件，不得分类为以摊余成本计量的金融资产；选项C不当选，"以摊余成本计量的金融资产"仅可能为债权投资，因权益工具投资的合同现金流量不满足仅为对本金和以未偿付本金金额为基础的利息的支付，不可能分类为以摊余成本计量的金融资产。

86　斯尔解析▶　B　本题考查的是债权投资入账金额的确定。企业取得债权投资应当按照公允价值计量，取得债权投资所发生的交易费用计入债权投资的初始确认金额，企业取得债权投资支付的价款中包含已到付息期但尚未领取的债券利息，应当单独确认为应收项目（应收利息），不构成债权投资的初始确认金额，本题甲公司购买该债券日期为2×23年1月1日，乙公司的付息日为每年1月10日，甲公司支付的购买价款中包含乙公司债券2×22年产生的利息，需要单独确认应收利息，甲公司该债券的入账金额=9 800–（100×100×5%）+100（交易费用）=9 400（万元），选项B当选；选项A不当选，未扣除已到付息期但尚未领取的债券利息，且未将交易费用计入初始确认金额；

选项C不当选，未将交易费用计入初始投资成本；选项D不当选，误按债券面值作为初始确认金额。本题会计分录为：

借：债权投资——成本　　　　　　　　　　　　　10 000

　　应收利息　　　　　　　　　　　　　　　　　　500

　贷：银行存款　　　　　　　　　　　　　　　　　　　　　9 900

　　债权投资——利息调整　　　　　　　　　　　　　　　　600

87　斯尔解析▶　A　本题考查的是其他权益工具投资的初始入账金额。企业取得其他权益工具投资应当按照公允价值计量，取得其他权益工具投资所发生的交易费用计入其初始入账金额，价款中包含已宣告但尚未发放的现金股利应当单独确认为应收项目，不构成其他权益工具投资的初始入账金额，其他权益工具投资的初始入账金额=235（购买价款）–15（支付价款中包含的已宣告但尚未发放的现金股利）+5（交易费用）=225（万元），选项A当选，选项BCD不当选。甲公司会计分录如下：

借：其他权益工具投资——成本　　　　　　　225

　　应收股利　　　　　　　　　　　（1×15）15

　贷：银行存款　　　　　　　　　　　（235+5）240

88 斯尔解析▶ **B** 本题考查的是交易性金融资产的会计核算，具体考查会计核算中哪些事项涉及损益类科目。本题中交易性金融资产能够对营业利润产生影响的交易或事项主要包括：

（1）初始取得时支付的交易费用：本题中为10万元，因计入投资收益借方，故导致营业利润减少10万元；

（2）持有期间被投资单位宣告分派现金股利：如有则确认投资收益进而影响营业利润，本题中不涉及；

（3）期末公允价值变动：本题中公允价值变动损益金额=1 100-（1 000-80-10）=190（万元），导致营业利润增加190万元；

（4）出售时实际收到的价款与其账面价值之间的差额：本题中因出售确认的投资收益金额=1 080-1 100=-20（万元），导致营业利润减少20万元；

综上，甲公司该项交易对当年营业利润的影响金额=-10+190-20=160（万元），选项B当选，选项ACD不当选。

应试攻略

交易性金融资产影响损益的事项包括：购入时支付的交易费用（投资收益-）、期末公允价值变动（公允价值变动损益±）、持有期间收取的现金股利（或利息）（投资收益+）、处置（投资收益±）。以上损益类会计科目发生额在贷方为"+"，借方为"-"。

89 斯尔解析▶ **D** 本题考查的是一般公司债券发行价格的计算。一般公司债券的实际发行价格为未来现金流量采用实际利率计算的现值，未来现金流量包括到期支付的本金和利息，所以，债券的发行价格=5 000×（1+6%×5）×（P/F，5%，5）=5 092.75（万元），选项D当选；选项A不当选，未考虑到期支付利息的现值且使用6%折现率计算债券发行价格；选项B不当选，未考虑到期支付利息的现值对发行价格的影响；选项C不当选，误按6%利率计算债券发行价格。

90 斯尔解析▶ **D** 本题考查的是现金结算股份支付的范围。以现金结算的股份支付，是指企业为获取服务而承担的以股份或其他权益工具为基础计算的交付现金或其他资产的义务的交易。以低于市价向员工出售限制性股票的计划，属于权益结算的股份支付（限制性股票），选项A不当选；授予高管人员低于市价购买公司股票的期权计划，属于权益结算的股份支付（股票期权），选项B不当选；公司承诺达到业绩条件时向员工无对价定向发行股票的计划，属于权益结算的股份支付，选项C不当选；授予研发人员以预期股价相对于基准日股价的上涨幅度为基础支付奖励款的计划，属于现金结算的股份支付（现金股票增值权），选项D当选。

91 斯尔解析▶ **C** 本题考查的是权益结算股份支付的计量。甲公司授予高管人员的股票期权应当作为权益结算的股份支付，权益结算的股份支付在等待期内应确认的费用金额=（授予的职工人数-等待期内预计离开的总人数）×授予每人的期权份数×期权在授予日的公允价值×本期占等待期的时间权重=（50-5）×1×15×1/3=225（万元），选项C当选。选项A不当选，误以2×24年12月31日股票期权的公允价值为基础计算应确认费用金额；选项B不当选，未扣除等待期内预计离开总人数，且误以2×24年12月31日股票期权的公允价值为基础计算应确认费用金额；选项D不当选，在计算行权人数最佳估计数时，未扣除等待期内预计离开的总人数。

🚀 应试攻略

股份支付在等待期内应确认的成本费用金额属于热门考点，同学们在进行计算时，请参照以下步骤。

第一步，根据题干分析属于权益结算股份支付还是现金结算股份支付；

第二步，若为权益结算的股份支付，在等待期内应确认的成本费用金额=授予日权益工具的公允价值×预计行权人数最佳估计数×时间权重−上期余额。

需要说明的是：

（1）上述公式实际代表的是职工提供服务折算成授予权益工具的价值。由于以权益结算的股份支付对于企业而言属于权益工具，故无须考虑后续权益工具公允价值变动对成本费用确认金额的影响，因此，在计算时采用授予日权益工具的公允价值。

（2）关于权益工具公允价值的确定，若题目直接给出，则作为已知条件直接应用；若未直接给出，则需要用内在价值进行计算。

权益工具的内在价值=授予日股票的公允价值−行权时员工需要支付的金额

第三步，若为现金结算的股份支付，在等待期内应确认成本费用的金额=等待期内每个资产负债表日权益工具的公允价值×预计行权人数最佳估计数×时间权重−上期余额

需要说明的是，由于以现金结算的股份支付对于企业而言属于金融负债，需要考虑后续权益工具公允价值变动对成本费用确认金额的影响，因此，在计算时需要根据等待期内每个资产负债表日权益工具的公允价值确定本期应确认成本费用金额。

92 斯尔解析▶ **C** 本题考查的是非企业合并方式长期股权投资入账金额的计算。甲公司对A公司具有重大影响，其长期股权投资的初始投资成本=付出对价的公允价值+支付的相关交易费用=12×1 000+20=12 020（万元），为发行股票支付券商的发行费用不属于取得长期股权投资的相关交易费用，在发生时冲减资本公积（股本溢价）。因本题考查并非是初始投资成本，而是入账金额，所以，权益法核算长期股权投资时，需要"比一比"。当日甲公司初始投资成本小于投资时被投资单位可辨认净资产公允价值的份额，其差额部分增加长期股权投资=42 000×30%−12 020=580（万元），长期股权投资的入账金额=12 020+580=12 600（万元），选项C当选；选项A不当选，误按A公司净资产账面价值份额确定长期股权投资入账金额；选项B不当选，未考虑初始投资成本小于投资时被投资单位可辨认净资产公允价值的份额部分对长期股权投资入账金额的调整；选项D不当选，误将支付的审计费和评估费重复计入长期股权投资入账金额。本题会计分录为：

借：长期股权投资——投资成本　12 020
　　贷：股本　1 000
　　　　资本公积——股本溢价　11 000
　　　　银行存款　20
借：长期股权投资——投资成本（42 000×30%-12 020）580
　　贷：营业外收入　580
借：资本公积——股本溢价　（1 000×12×2%）240
　　贷：银行存款　240

93 （斯尔解析）▶ **B** 本题考查的是非同一控制下企业合并商誉的计算。甲公司自集团外部取得乙公司控制权，属于非同一控制下企业合并，其合并商誉=合并成本-被购买方可辨认净资产公允价值份额=2.5×3 000-10 000×60%=1 500（万元），股票发行费用冲减资本公积，不影响合并成本，也不影响合并商誉，选项B当选；选项A不当选，商誉金额不是零；选项C不当选，误将发行股票的手续费冲减合并商誉；选项D不当选，误按乙公司净资产账面价值计算合并商誉。

94 （斯尔解析）▶ **A** 本题考查的是同一控制下企业合并形成长期股权投资的会计处理。甲公司取得乙公司控制权时属于同一控制下企业合并，长期股权投资的初始投资成本=被合并方在最终控制方合并财务报表中净资产的账面价值份额+最终控制方收购被合并方时形成的商誉=4 800×60%+800=3 680（万元），为企业合并支付的审计费用计入管理费用，选项A当选；选项B不当选，误按乙公司个别报表中净资产账面价值份额确认长期股权投资；选项C不当选，误按乙公司个别报表中净资产账面价值份额与审计费用之和确认长期股权投资；选项D不当选，未将原合并报表中商誉计入长期股权投资初始投资成本。

95 （斯尔解析）▶ **B** 本题考查的是非同一控制下企业合并形成的长期股权投资入账成本的计量。原投资为权益法核算的长期股权投资，通过多次交易分步实现非同一控制下控股合并时，其购买日长期股权投资初始投资成本=购买日之前所持被购买方的股权投资的账面价值+购买日新增投资成本=原投资账面价值+新投资公允价值="原账+新公"=（3 200+200+500-100）+5 200=9 000（万元），选项B当选，选项ACD不当选。

应试攻略

　　如果原投资是公允价值计量的金融资产，追加投资后改为长期股权投资需要重新计量（同一控制企业合并除外），即以原投资的公允价值与新增投资成本之和作为长期股权投资的入账成本。

96 （斯尔解析）▶ **D** 本题考查的是长期股权投资成本法下的账务处理。长期股权投资属于《企业会计准则第8号——资产减值》中适用的资产，当其可收回金额低于其账面价值，应当计提减值准备，会计分录为：
借：资产减值损失
　　贷：长期股权投资减值准备

97　斯尔解析▶　**D**　本题考查的是成本法核算的长期股权投资转为公允价值计量金融资产的会计处理。甲公司出售乙公司部分股权后，剩余5%股权不能再对乙公司控制、共同控制或重大影响，应按照《金融工具确认和计量》准则进行分类和计量，选项D当选；剩余股权应按照丧失控制权时点的公允价值计量，选项A不当选；剩余股权公允价值与账面价值的差额计入投资收益，选项B不当选；该交易不涉及追溯调整，选项C不当选。

98　斯尔解析▶　**C**　本题考查的是同一控制下企业合并的判断。同受国家控制的企业之间发生的合并不属于同一控制下企业合并，选项A不当选；B公司受乙公司控制，C公司受丙公司控制，乙公司和丙公司不存在关联方关系，B公司将C公司合并属于非同一控制下企业合并，选项B不当选；G公司受D公司控制，D公司受丁公司控制，E公司受戊公司控制，丁公司和戊公司同受张某、李某、王某和赵某控制（投资者群体），所以，E公司合并G公司属于同一控制下企业合并，选项C当选；H公司的最终控制方并未说明，即不是题目中的任何一家公司，K公司受J公司控制，K公司合并H公司属于非同一控制下企业合并，选项D不当选。

二、多项选择题

99　斯尔解析▶　**BCD**　本题考查的是其他权益工具投资涉及递延所得税的会计处理。2×23年12月31日，其他权益工具投资的账面价值为800万元，计税基础为1 000万元，形成可抵扣暂时性差异200万元，应确认递延所得税资产=200×25%=50（万元），2×24年12月31日，其他权益工具投资的账面价值为1 200万元，计税基础为1 000万元，形成应纳税暂时性差异200万元，应确认递延所得税负债=200×25%=50（万元），原在2×23年12月31日确认的递延所得税资产应转回，其他权益工具投资公允价值变动计入其他综合收益，确认的递延所得税资产或递延所得税负债对应科目为其他综合收益，选项BCD当选，选项A不当选。本题会计分录为：

（1）2×23年12月31日的会计分录为：

借：其他综合收益　　　　　　　　　　　　　200
　　贷：其他权益工具投资　　　　　　　　　　　　　　200
借：递延所得税资产　　　　　　　　　　　　50
　　贷：其他综合收益　　　　　　　　　　　　　　　　50

（2）2×24年12月31日的会计分录为：

借：其他权益工具投资　　　　　　　　　　　400
　　贷：其他综合收益　　　　　　　　　　　　　　　400
借：其他综合收益　　　　　　　　　　　　　100
　　贷：递延所得税负债　　　　　　　　　　　　　　　50
　　　　递延所得税资产　　　　　　　　　　　　　　　50

100　斯尔解析▶　**BCD**　本题考查的是固定资产涉及所得税的会计处理。该设备于2×23年12月31日达到预定可使用状态，从2×24年1月开始计提折旧，2×24年度该设备应计提折旧额=5 100×2/20=510（万元），需要说明的是，设备折旧年限为25年，不能作为计提折旧的期限，应按预计使用年限作为计提折旧的期限。2×24年年末该设备账面价值=5 100−

510=4 590（万元），选项A不当选，选项D当选；2×24年年末该设备计税基础=5 100-
（5 100-100）/20=4 850（万元），资产账面价值小于计税基础，形成可抵扣暂时性差
异=4 850-4 590=260（万元），应确认的递延所得税资产=260×25%=65（万元），因以前
年度未涉及递延所得税资产，所以，当期形成可抵扣暂时性差异金额既是当期发生额，也是
期末余额，选项C当选；新增可抵扣暂时性差异调增应纳税所得额，甲公司当期应交所得税=
（3 000+260）×25%=815（万元），选项B当选。

101 斯尔解析▶ **ABD** 本题考查的是短期租赁和低价值资产租赁的会计处理。对于短期租赁，
承租人可以按照租赁资产的类别做出简化会计处理的选择，如果承租人对某类租赁资产作出
了简化会计处理的选择，未来该类资产下所有的短期租赁都应采用简化会计处理，选项A当
选；按照简化会计处理的短期租赁发生租赁变更或其他原因导致租赁期发生变化的，承租人
应当将其视为一项新租赁，重新按照相关规定判断该项租赁是否可以进行简化处理，选项B
当选；承租人在判断是否属于低价值资产租赁时，应基于租赁资产的全新状态下的价值进行
评估，不应考虑资产已被使用的年限，选项C不当选；如果承租人已经或者预期要把相关资
产进行转租赁，则不能将原租赁按照低价值资产租赁进行简化会计处理，选项D当选。

102 斯尔解析▶ **ABC** 本题考查的是出租人融资租赁的判断标准。一项租赁存在下列一种或多
种情形的，通常分类为融资租赁：

（1）在租赁期届满时，租赁资产的所有权转移给承租人，选项A当选；

（2）承租人有购买租赁资产的选择权，所订立的购买价款预计将远低于行使选择权时租赁
资产的公允价值，因而在租赁开始日就可以合理确定承租人将行使该选择权；

（3）资产的所有权虽然不转移，但租赁期占租赁资产使用寿命的大部分。实务中，这里的
"大部分"一般指租赁期占租赁开始日租赁资产使用寿命的75%以上（含75%），如果租赁
资产是旧资产，在租赁前已使用年限超过资产自全新时起算可使用年限的75%以上的，则这
条判断标准不适用，不能使用这条标准确定租赁的分类，选项D不当选；

（4）在租赁开始日，租赁收款额的现值几乎相当于租赁资产的公允价值，这里的"几乎相
当于"，通常指在90%以上，选项B当选；

（5）租赁资产性质特殊，如果不作较大改造，则只有承租人才能使用，选项C当选。

103 斯尔解析▶ **ABC** 本题考查的是金融资产和金融负债的重分类。如果企业管理金融资产的
业务模式没有发生变更，而金融资产的条款发生变更但未导致终止确认的，不允许重分类，
选项A当选；金融资产中的权益工具投资不得重分类，所谓金融资产重分类是指债务工具投
资在满足条件时可以重分类，以摊余成本计量的金融资产和以公允价值计量且其变动计入当
期损益的金融资产可以作为债务工具投资进行重分类，选项BC当选；金融负债的分类一经确
定不得变更，而非不得随意变更，选项D不当选。

104 斯尔解析▶ **BCD** 本题考查的是现金结算股份支付的会计处理。企业以现金结算的股份支
付初始确认时借记相关的成本费用，贷记应付职工薪酬，选项A不当选；初始确认时以企
业所承担负债的公允价值计量，选项B当选；等待期内按照所确认负债的金额计入成本或费
用，选项C当选；可行权日后相关负债的公允价值变动计入公允价值变动损益，选项D当选。

105 斯尔解析▶ **ABC** 本题考查的是股份支付的会计处理。股份支付的确认和计量，应以符合相关法规要求、完整有效的股份支付协议为基础，选项A当选；对以权益结算的股份支付换取职工提供服务的，应按所授予权益工具在授予日的公允价值计量，选项B当选；对以现金结算的股份支付，在可行权日之后应将相关权益的公允价值变动计入公允价值变动损益，选项C当选；对以权益结算的股份支付，应当以该权益工具在授予日的公允价值计量，在可行权日之后不需要将相关的所有者权益按公允价值进行调整，选项D不当选。

106 斯尔解析▶ **ACD** 本题考查的是权益法核算长期股权投资相关会计处理。
本题相关会计分录为：
借：长期股权投资——投资成本　　　（14 000×30%）4 200
　　贷：银行存款　　　　　　　　　　　　　（3 950+50）4 000
　　　　营业外收入　　　　　　　　　　　　　　　　　　200
借：长期股权投资——损益调整　　　（2 000×30%）600
　　贷：投资收益　　　　　　　　　　　　　　　　　　　600
借：长期股权投资——其他综合收益　　（100×30%）30
　　贷：其他综合收益　　　　　　　　　　　　　　　　　30
本题选项ACD当选；长期股权投资采用权益法核算不涉及财务费用，选项B不当选。

📢 应试攻略

　　采用权益法核算的长期股权投资，其初始计量及后续计量主要包含以下会计处理要点：
　　（1）初始投资时，按照初始投资成本作为长期股权投资账面价值（以非企业合并方式形成长期股权投资的，为取得长期股权投资支付的交易费用计入长期股权投资入账金额）。
　　（2）比较初始投资成本与投资时应享有的被投资单位可辨认净资产公允价值的份额，前者大于后者，不调整长期股权投资账面价值；前者小于后者，则按照两者之间的差额调增长期股权投资账面价值，同时计入营业外收入。
　　（3）持有投资期间，投资方对于被投资方的所有者权益的变动应相应调整长期股权投资的账面价值。
　　（4）长期股权投资可收回金额小于其账面价值，需要按《企业会计准则第8号——资产减值》中的相关规定计提减值，调整长期股权投资的账面价值。

107 斯尔解析▶ **AD** 本题考查的是权益法核算长期股权投资相关会计处理。权益法核算的基本原理为被投资单位净资产发生增减变动，投资方的长期股权投资应按持股比例相应调整，被投资单位其他综合收益变动以及实现净利润均影响净资产，选项AD当选；被投资单位发行一般公司债券和以盈余公积转增资本，其所有者权益总额不发生变动，投资方无须调整长期股权投资账面价值，选项BC不当选。

108 斯尔解析▶ **AD** 本题综合考查长期股权投资的初始计量及后续计量。同一控制下企业合并取得股权投资时，发生的审计费、评估费应计入管理费用，选项A当选；发行权益性证券的发行费用应从发行溢价收入中扣除，溢价收入不足冲减的，应依次冲减盈余公积和未分配利润，不影响当期损益，选项B不当选；长期股权投资采用成本法核算，被投资单位实现净利润时，投资方不进行账务处理，不影响当期损益，选项C不当选；长期股权投资采用权益法核算，投资企业应享有的被投资单位实现的净损益的份额应确认为投资收益，选项D当选。

109 〔斯尔解析▶〕 **ACD** 本题考查的是企业合并方式形成长期股权投资的会计处理。为控股合并支付的审计费等中介费用在发生时计入管理费用，选项A当选；非同一控制下企业合并形成的长期股权投资，其入账金额在个别报表中应以付出资产、承担负债或发行权益性证券的公允价值为基础确定，选项B不当选；同一控制下企业合并形成的长期股权投资，其入账金额在个别报表中应按被合并方在最终控制方合并财务报表中的净资产账面价值份额与最终控制方收购被合并方时所形成的商誉为基础确定，选项C当选；非企业合并方式形成的长期股权投资可能执行非货币性资产交换准则，其入账成本可能不以自身公允价值计量，而是以放弃债权的公允价值为基础进行计量，选项D当选。

110 〔斯尔解析▶〕 **ABC** 本题考查的是内部商品交易的抵销。乙公司向甲公司出售存货，属于逆流交易，应当按照母公司对该子公司的分配比例在"归属于母公司所有者的净利润"和"少数股东损益"之间分配抵销，会计分录如下：

借：营业收入　　　　　　　　　　　　　　　1 000
　贷：营业成本　　　　　　　　　　　　　　　　　　　1 000
借：营业成本　　　　〔（1 000-750）×（1-20%）〕200
　贷：存货　　　　　　　　　　　　　　　　　　　　200
借：少数股东权益　　　　　　　　（200×20%）40
　贷：少数股东损益　　　　　　　　　　　　　　　　40

选项ABC当选，选项D不当选。

✈ **应试攻略**

　　请注意抵销存货无论是顺流交易还是逆流交易，存货留存在集团内部的均需要抵销，但如果是逆流交易，还需要考虑少数股东损益和少数股东权益的抵销。

111 〔斯尔解析▶〕 **AB** 本题考查的是内部无形资产交易的抵销。甲公司应抵销无形资产的金额=未实现内部交易损益-本年度计提无形资产摊销实现损益=〔500（售价）-（800-500-50）（账面价值）〕-〔500-（800-500-50）〕/5×6/12（内部交易损益部分摊销金额）=225（万元），本式计算过程可借助下述抵销分录进行理解，选项C不当选；交易双方一方确认进项税额，一方确认销项税额，在合并报表中应交税费的影响会自动抵销，不需要编制抵销应交税费的分录，选项D不当选。

抵销分录为：

借：资产处置收益

（选项A当选）〔500-（800-500-50）〕250

　　贷：无形资产 250

借：无形资产 （250/5×6/12）25

　　贷：管理费用 （选项B当选）25

三、判断题

112 斯尔解析▶ √

113 斯尔解析▶ × 本题考查的是金融资产减值的会计核算。分类为以公允价值计量且其变动计入其他综合收益的金融资产（其他债权投资）发生信用减值应确认减值损失；指定为以公允价值计量且其变动计入其他综合收益的金融资产（其他权益工具投资）无须计提减值准备，因此，本题表述错误。

114 斯尔解析▶ × 本题考查的是非交易性权益工具投资的处置。以公允价值计量且其变动计入其他综合收益的非交易性权益工具投资，其公允价值变动应计入其他综合收益，未来处置时应转入留存收益。本题表述错误。

115 斯尔解析▶ × 本题考查的是适用所得税税率变化对递延所得税的影响。除直接计入所有者权益的交易或事项产生的递延所得税资产和递延所得税负债，相关的调整金额应计入所有者权益以外，其他情况下因税率变化产生的递延所得税资产和递延所得税负债的调整金额应确认为变化当期的所得税费用（或收益），因此，本题表述错误。

116 斯尔解析▶ × 本题考查的是股份支付的会计处理。除了立即可行权的股份支付外，无论权益结算的股份支付还是现金结算的股份支付，企业在授予日均不做会计处理。立即可行权的股份支付在授予日进行会计处理，本题表述错误。

117 斯尔解析▶ × 本题考查的是同一控制吸收合并的会计处理。同一控制吸收合并取得的资产和负债按被合并方原资产、负债的账面价值计量，支付对价账面价值与合并取得资产、负债之间的差额确认为资本公积、资本公积不足冲减的，冲减留存收益，本题表述错误。

118 斯尔解析▶ √

119 斯尔解析▶ × 本题考查的是合并财务报表的编制原则及前期准备事项。母公司应当统一子公司所采用的会计政策，使子公司采用的会计政策与母公司保持一致；应收账款坏账准备的计提比例属于会计估计而非会计政策，无须与母公司保持一致，因此，本题表述错误。

第三模块 性价比不高

一、单项选择题

120	C		121	D		122	C		123	D

二、多项选择题

124	ABCD

三、判断题

125	√

一、单项选择题

120 斯尔解析 ▶ C 本题考查的是商誉的计算，且需考虑所得税影响。合并商誉=合并成本−购买日被购买方可辨认净资产公允价值×投资方持股比例=8 000−[8 000+1 000×（1−25%）]×70%=1 875（万元），选项C当选，选项ABD不当选。

应试攻略

合并商誉=合并成本−被购买方可辨认净资产公允价值的份额，合并产生的商誉只有在非同一控制下企业合并中才会存在，同一控制下企业合并不会产生新的商誉。

121 斯尔解析 ▶ D 本题考查的是逆流交易中存在未实现内部交易损益时对少数股东损益的抵销。对于未实现内部交易损益，无论是顺流交易还是逆流交易，均需在编制合并资产负债表时，将存货价值中包含的未实现内部交易损益予以抵销；如该交易为逆流交易，还需按照少数股东在未实现内部交易损益中所占份额（金额）并考虑所得税影响（本题不涉及），抵销少数股东损益。本题中，未实现内部交易损益的金额=（100−80）×（1−60%）=8（万元），应抵销少数股东损益的部分=8×20%=1.6（万元），选项D当选，选项ABC不当选。

📣 *应试攻略*

先分析题目是否为逆流交易，如果不是，则不调整少数股东权益和少数股东损益；本题属于逆流交易，其影响少数股东损益的金额是存货未出售部分少数股东应承担的金额。

122　斯尔解析▶　C　本题考查的是售后租回的会计处理。售后租回应分析是否属于销售，选项A不当选；售后租回对于租回部分满足条件应确认为使用权资产，选项B不当选；售后租回交易中的资产转让属于销售的，承租人应按照租赁期开始日尚未支付的租赁付款额的现值加上承租人发生的初始直接费用计量使用权资产，选项C当选，选项D不当选。

123　斯尔解析▶　D　本题考查的是金融资产重分类。以摊余成本计量的金融资产重分类为以公允价值计量且其变动计入其他综合收益的金融资产，按照该金融资产在重分类日的公允价值进行计量，原账面价值与公允价值之间的差额计入其他综合收益，选项D当选，选项ABC不当选。

二、多项选择题

124　斯尔解析▶　ABCD　本题考查的是合并报表中应收款项的抵销分录。甲公司应编制的抵销分录为：

借：应付账款　　　　　　　　　　　　　　　　　400

　　贷：应收账款　　　　　　　　　　　　　　　　　　　400

借：应收账款　　　　　　　　　　　　　　　40

　　贷：信用减值损失　　　　　　　　　　　（选项B当选）40

借：所得税费用　　　　　　　（选项D当选）（40×25%）10

　　贷：递延所得税资产　　　　　　　　　　（选项C当选）10

综上，应抵销应收账款金额=400-40=360（万元），选项A当选。

三、判断题

125　斯尔解析▶　√

第一模块　性价比极高

126　斯尔解析▶

（1）

借：固定资产　　　　　　　　　　　　　　　600

　　贷：银行存款　　　　　　　　　　　　　　　　　　600

（1分）

（2）

2×20年应计提的折旧额=600×2/5=240（万元）（1分）

2×21年应计提的折旧额=（600-240）×2/5=144（万元）（1分）

（3）

①2×21年12月31日将固定资产转入在建工程时：

借：在建工程　　　　　　　　　　　　　　　216

　　累计折旧　　　　　　　　　　　　　　　384

　　贷：固定资产　　　　　　　　　　　　　　　　　　600

（1分）

②改造中发生工程费用、职工薪酬相关支出时：

借：在建工程　　　　　　　　　　　　　　　84

　　贷：原材料　　　　　　　　　　　　　　　　　　　70

　　　　应付职工薪酬　　　　　　　　　　　　　　　　14

（1.5分）

③2×22年3月31日达到预定可使用状态时：

借：固定资产　　　　　　　　　　　　　　　300

　　贷：在建工程　　　　　　　　　　　　　　　　　　300

（1分）

（4）

①出售前累计计提的折旧额=300×2/4+（300-300×2/4）×2/4=225（万元）

出售环保设备影响损益的金额=120-（300-225）-5=40（万元）（1.5分）

②出售时的会计分录：

借：固定资产清理　　　　　　　　　　　　　75

　　累计折旧　　　　　　　　　　　　　　　225

　　贷：固定资产　　　　　　　　　　　　　　　　　　300

（2分）

借：银行存款	115	
贷：固定资产清理		115

（1分）

借：固定资产清理	40	
贷：资产处置损益		40

（1分）

提示：结转处置损益的会计分录合并编制可直接得2分，合并书写的会计分录为：

借：银行存款	115	
贷：固定资产清理		75
资产处置损益		40

应试攻略

　　此题目有一处易错点，即固定资产发生减值后需重新预计使用寿命、净残值和折旧方法，并依此计算折旧。同学们可以简单理解为，减值后的固定资产视同于新固定资产的出现，所以无须考虑之前计提折旧的情况，按最新的账面价值计提折旧即可。同时，同学们需要关注固定资产处置的原因，是非正常报废还是出售，如果是非正常报废，最后的净损益通过营业外收入或营业外支出进行核算。

127 斯尔解析▶

（1）（1分）

借：研发支出——费用化支出	950	
贷：原材料		300
应付职工薪酬		400
累计折旧		250

（2）（1分）

借：管理费用	950	
贷：研发支出——费用化支出		950

（3）（1分+1分）

借：研发支出——资本化支出	900	
贷：应付职工薪酬		300
原材料		420
累计折旧		180
借：无形资产——A专有技术	900	
贷：研发支出——资本化支出		900

（4）2×23年12月31日无形资产的账面价值=900-900/5×1.5=630（万元），可收回金额为510万元，无形资产发生减值金额=630-510=120（万元）。（2分+1分）

借：资产减值损失　　　　　　　　　　　　　　　　　120
　　贷：无形资产减值准备　　　　　　　　　　　　　　　　　　120

（5）2×24年7月31日无形资产的账面价值＝510－510/3×（6/12）＝425（万元）。

（1分+2分）

借：原材料　　　　　　　　　　　　　　　　　　　500
　　累计摊销　　　　　　［270+510/3×（6/12）］355
　　无形资产减值准备　　　　　　　　　　　　　　120
　　资产处置损益　　　　　　　　　　　　　　　　5
　　贷：无形资产——A专有技术　　　　　　　　　　　　　　900
　　　　银行存款　　　　　　　　　　　　　　　　　　　　80

✈ **应试攻略**

(1) 内部研发形成的无形资产需要重点关注是研究阶段的支出，还是开发阶段的支出，如果是研究阶段支出，则期末需要将其转入管理费用；如果是开发阶段支出，则需要注意题目条件，即其是否满足资本化条件，如果不满足仍需费用化。

(2) 无形资产计提减值准备后应以最新的账面价值为基础计提摊销。

(3) 无形资产出售时应将其账面价值与处置价款的差额记入"资产处置损益"科目中。

128 斯尔解析▶

（1）2×19年12月31日：（2分）

借：投资性房地产　　　　　　　　　　　　　　　1 970
　　累计折旧　　　　　　［（1 970－20）/50×4］156
　　贷：固定资产　　　　　　　　　　　　　　　　　　　1 970
　　　　投资性房地产累计折旧　　　　　　　　　　　　　156

（2）该投资性房地产应计提的折旧额＝（1 970－20）/50＝39（万元）（1分+1分+1分）

确认租金收入时：

借：银行存款　　　　　　　　　　　　　　　　　240
　　贷：其他业务收入　　　　　　　　　　　　　　　　　　240

计提折旧时：

借：其他业务成本　　　　　　　　　　　　　　　39
　　贷：投资性房地产累计折旧　　　　　　　　　　　　　　39

（3）2×21年12月31日：（2分）

借：投资性房地产——成本　　　　　　　　　　　2 000
　　投资性房地产累计折旧　　［（1 970－20）/50×6］234
　　贷：投资性房地产　　　　　　　　　　　　　　　　　1 970
　　　　利润分配——未分配利润　　　　　　　　　　　　237.6
　　　　盈余公积　　　　　　　　　　　　　　　　　　　26.4

（4）2×22年12月31日：（2分）

借：投资性房地产——公允价值变动　（2 150-2 000）150

　　贷：公允价值变动损益　　　　　　　　　　　　　　　150

（5）2×23年1月1日：（1分+1分+1分）

借：银行存款　　　　　　　　　　　　2 100

　　贷：其他业务收入　　　　　　　　　　　　　　　　2 100

借：其他业务成本　　　　　　　　　　2 150

　　贷：投资性房地产——成本　　　　　　　　　　　　2 000

　　　　　　　　　　——公允价值变动　　　　　　　　　150

借：公允价值变动损益　　　　　　　　　150

　　贷：其他业务成本　　　　　　　　　　　　　　　　　150

应试攻略

本题有以下两点需要注意：

投资性房地产由成本模式变更为公允价值模式计量，属于投资性房地产的政策变更，变更前后核算科目均为"投资性房地产"，请同学们注意与投资性房地产的转换进行区分，转换前后核算科目并非均为"投资性房地产"，而是由固定资产（或无形资产、开发产品）转换为投资性房地产（或反向转换）。对于前者其差额应结转至留存收益，对于后者其差额视转换方向以及投资性房地产计量模式的不同，差额可能会涉及"公允价值变动损益"及"其他综合收益"科目。

以公允价值模式计量的投资性房地产处置时，其持有期间产生的"公允价值变动损益"及"其他综合收益"科目存续的金额，需结转至"其他业务成本"科目，此步骤的目的在于完整核算投资性房地产的处置损益，请同学们切勿遗漏。

129 斯尔解析▶　（1）

①将办公楼账面价值分摊到M生产线后账面价值=80+40=120（万元），其可收回金额为140万元，账面价值小于可收回金额，没有发生减值。所以，分摊办公楼账面价值后的M生产线应确认减值损失为0万元。（1分）

②将办公楼账面价值分摊到P生产线后账面价值=120+60=180（万元），其可收回金额为150万元，账面价值大于可收回金额，发生减值30万元（180-150）。所以，分摊办公楼账面价值后的P生产线应确认减值损失为30万元。（1分）

③将办公楼账面价值分摊到V生产线后账面价值=150+100=250（万元），其可收回金额为200万元，账面价值大于可收回金额，发生减值50万元（250-200）。所以，分摊办公楼账面价值后的V生产线应确认减值损失为50万元。（1分）

（2）将各资产组的减值金额在办公楼和各资产组之间分配：

P资产组减值金额分摊给办公楼的金额=30×60/180=10（万元）（1分）

P资产组减值金额分摊给P生产线的金额=30×120/180=20（万元）（1分）

V资产组减值金额分摊给办公楼的金额=50×100/250=20（万元）（1分）

V资产组减值金额分摊给V生产线的金额=50×150/250=30（万元）（1分）

所以，M生产线没有发生减值损失，P生产线发生减值损失20万元，V生产线发生减值损失30万元，办公楼发生减值损失为30万元（10+20）（2分）。

会计分录为：

借：资产减值损失　　　　　　　　　　　　　　　　30

　　贷：固定资产减值准备　　　　　　　　　　　　　　　　30

（1分）

（3）P生产线中E设备应分摊的减值损失的金额=20×48/（48+72）=8（万元），E设备可收回金额为44万元（45-1），E设备应确认减值损失金额=48-44=4（万元）；（1分）

F设备应确认的减值损失的金额=20-4=16（万元）。（1分）

应试攻略

做资产组减值题目时，首先查看题目已知条件中是否给定了资产组中某些单项资产的可收回金额（资产预计未来现金流量现值、资产公允价值减处置费用的净额），如果给定了，那么在第一次分配时分配后该资产的账面价值不得低于给定的可收回金额（大概率第一次分配会低于），如果低于则差额部分需要进行第二次的分配，再根据剩余资产的账面价值比例对第一次分配尚未分配的金额进行分配。

130　斯尔解析▶

（1）计算累计资产支出加权平均数：（1分+1分）

2×22年累计资产支出加权平均数=Σ（每笔资产支出金额×每笔资产支出在当期所占用的天数/当期天数）=1 500+2 500×180/360=2 750（万元）

2×23年累计资产支出加权平均数=Σ（每笔资产支出金额×每笔资产支出在当期所占用的天数/当期天数）=1 500+2 500+1 500=5 500（万元）

（2）计算所占用一般借款资本化率：（2分）

一般借款资本化率（年）=所占用一般借款加权平均利率=所占用一般借款当期实际发生的利息之和÷所占用一般借款本金加权平均数=（2 000×6%+10 000×8%）/（2 000+10 000）=7.67%

提示：考试时公式不需要写。

（3）计算每期应资本化利息的金额：（2分+2分）

2×22年为建造办公楼的利息资本化金额=2 750×7.67%=210.93（万元）；

2×23年为建造办公楼的利息资本化金额=5 500×7.67%=421.85（万元）；

（4）2×23年一般借款利息费用的会计分录：（2分）

借：在建工程　　　　　　　　　　　　　421.85

　　财务费用　　　　　　　　　　　　　498.15

　　贷：长期借款——应计利息　　　　　　　　　　　120

　　　　应付债券——应计利息　　　　　　　　　　　800

提示：2×23年实际发生的一般借款利息费用=2 000×6%+10 000×8%=920（万元）。

应试攻略

在专门借款和一般借款同时存在时按以下步骤计算：

第一步：首先确定专门借款和一般借款的金额，先使用专门借款，专门借款不足部分使用一般借款（建议画图）。

第二步：计算专门借款利息费用资本化金额，为从开始资本化时点至停止资本化时点（需要扣除暂停资本化期间）期间的利息（无须考虑未使用部分资金的利息支出）扣除专门借款闲置资金收益后的余额。闲置资金收益单独确认为应收利息（或银行存款）。

第三步：计算一般借款利息资本化金额，需要说明的是，一般借款需要计算累计资产支出加权平均数，如果存在两笔以上一般借款的还需要计算资本化率（资本化率的计算原理为资本化期间的利息除以资本化期间的本金），特别强调的是一般借款无须考虑闲置资金收益的问题。

第四步：将专门借款利息资本化金额加上一般借款利息资本化金额，合计计入在建工程等。

第五步：计算费用化利息金额。

131 斯尔解析 ▶

（1）

①资料一不满足预计负债的确认条件。（1分）

②资料二会计分录：（2分）

借：营业外支出 2 400

　　管理费用 100

　　贷：预计负债 ［（2 000＋3 000）/2］2 500

提示：该事项属于支出存在一个连续范围且该范围内各种结果发生的可能性相同时，则最佳估计数应按此范围的上下限金额的平均数确定。

③资料三会计分录：（2分）

借：主营业务成本 100

　　贷：预计负债 100

提示：企业拥有合同标的资产的，应当先对标的资产进行减值测试并按规定确认减值损失，如预计亏损超过该减值损失，应将超过部分确认为预计负债；企业没有合同标的资产的，亏损合同相关义务满足规定条件时，应当全部确认为预计负债。确认预计负债时，应当反映退出该合同的最低净成本，即履行该合同的成本与未能履行该合同而发生的补偿或处罚两者之中的较低者。

④资料四会计分录：（2分）

借：营业外支出 500

　　管理费用 1 200

　　贷：预计负债 500

　　　　应付职工薪酬 1 200

提示：重组义务中涉及的员工遣散费满足预计负债的定义，但因与企业员工相关，应通过"应付职工薪酬"科目核算。

⑤资料五：

质量较大问题的维修费＝3 200×10％＝320（万元）；质量较小问题的维修费＝3 200×2％＝64（万元）；应确认预计负债金额＝80％×0＋15％×64＋5％×320＝25.6（万元）。（2分+1分）

会计分录：

借：主营业务成本　　　　　　　　　　　　　　25.6

　　贷：预计负债　　　　　　　　　　　　　　　　　　　　25.6

提示：所需支出不存在一个连续范围或虽存在一个连续范围，但范围内各种结果发生的可能性不同时且涉及多个项目，则最佳估计数按各种可能发生额及发生概率加权计算确定。

（2）2×24年12月31日"预计负债"科目期末余额＝2 500＋100＋500＋25.6＝3 125.6（万元）。（2分）

🚩 应试攻略

对于预计负债的计量，其最佳估计数的确定存在以下三种情形，同学们根据以下举例"照猫画虎"即可：

（1）存在连续区间范围，按此范围的上下限金额的平均数确定。例如，某一项诉讼赔偿，预计赔偿额为20万元至50万元，而该区间内每个金额发生的可能性大致相同，此时预计负债的最佳估计数为（20+50）/2=35（万元）。

（2）不存在连续区间范围且涉及单个项目，则最佳估计数按最可能发生金额确定。

例如，某一诉讼赔偿胜诉的可能性为40％，败诉的可能性为60％。如果败诉，需要赔偿100万元，此时预计负债的最佳估计数为100万元。注意，此处的概率仅应于判断可能性，在实际计量金额时，不需要再乘概率，直接按100万元计量。

（3）不存在连续区间范围且涉及多个项目，则最佳估计数按各种可能发生额及发生概率加权计算确定。例如，某一诉讼赔偿有60％的概率赔偿10万元；30％的概率赔偿20万元，10％的概率赔偿100万元，此时预计负债的最佳估计数＝60％×10＋30％×20＋10％×100＝22（万元）。

132 斯尔解析▶ （1）甲公司对乙公司销售设备时的身份是主要责任人。（2分）

理由：本题中甲公司从丙公司购入设备，取得了设备的控制权，且甲公司对设备质量承担责任，然后转让给乙公司。所以本题中甲公司为主要责任人。（2分）

（2）设备销售分摊的交易价格＝270×200/（200+100）=180（万元）（1分）

设备安装分摊的交易价格＝270×100/（200+100）=90（万元）（1分）

（3）（1分+1分）

借：合同资产　　　　　　　　　　　　　　　180

　　贷：主营业务收入　　　　　　　　　　　　　　　　180

借：主营业务成本　　　　　　　　　　　　　170

　　贷：库存商品　　　　　　　　　　　　　　　　　170

（4）（1分）

借：合同履约成本	48	
贷：应付职工薪酬		48

（5）2×23年12月31日设备安装的履约进度=48/（48+32）×100%=60%；（1分）

应确认设备安装收入的金额=90×60%=54（万元）。（1分+1分+1分）

借：合同资产	54	
贷：主营业务收入		54
借：主营业务成本	48	
贷：合同履约成本		48

✈ 应试攻略

（1）在阐述主要责任人判断依据时，请抓住采分点，即控制权在转让前已属于企业。

（2）考试时遇到"款项尚未收到"，应马上判断是否属于无条件收款权。如果是，即仅是随着时间的流逝即可收取，则使用"应收账款"科目；如果不是，则使用"合同资产"科目。

（3）注意使用的会计科目，如果是超过一年的销售佣金则需要使用"合同取得成本"，后续摊销时记入"销售费用"科目。

（4）履约进度的计算主要关注分母中的预计总成本，已发生的成本应包含于预计总成本中，切勿遗漏。

133 斯尔解析▶ （1）已完工50台A产品应计提存货跌价准备金额=（21-20）×50=50（万元）；（1分）

未完工30台A产品应确认预计负债金额=（22-20）×30=60（万元）。（1分）

提示：执行合同发生的损失=（21×50+22×30）-20×80=110（万元）。

会计分录为：（1分+2分）

借：资产减值损失	50	
贷：存货跌价准备		50
借：主营业务成本	60	
贷：预计负债		60

（2）2×21年12月31日：（2分）

借：银行存款	300	
未确认融资费用	30.75	
贷：合同负债		330.75

2×22年12月31日：（2分）

借：财务费用	15	
贷：未确认融资费用		（300×5%）15

（3）2×23年12月31日：（1.5分+1.5）

借：财务费用　　　　　　　　　　　　　　15.75

　　贷：未确认融资费用　　　　　　（30.75−15）15.75

借：合同负债　　　　　　　　　　　　　　330.75

　　贷：主营业务收入　　　　　　　　　　　　330.75

应试攻略

（1）对于亏损合同，企业如拥有合同标的资产，应当先对标的资产进行减值测试并按规定确认减值损失，如预计亏损超过该减值损失，应将超过部分确认为预计负债。同学们切不可直接将相关损失确认为"主营业务成本"。

（2）对于存在重大融资成分的业务，应首先找到"现销价格"，再找到交易当时已经收取的对价或未来期间将收到的对价，将"现销价格"与其之间的差额分情况进行确认，具体见以下两种常见交易结构：

①交易当时控制权已转移至客户，但企业将于未来以分期形式收回款项，此时企业应按照"现销价格"在当时确认收入，将分期付款将收取的总款项与"现销价格"之间的差额确认为"未实现融资收益"并逐期摊销。

②交易当时控制权未转移至客户，但企业已预收款项，此时企业应按照"现销价格"确认合同负债，将交易当时收到的款项与"现销价格"之间的差额确认为"未确认融资费用"并逐期摊销。

134 斯尔解析▶　（1）甲公司资料一的处理不正确。（1分）

理由：甲公司按照乙公司的要求采购指定的M建筑材料，在向乙公司转让材料前不能控制该商品的，为代理人，应按按净额法确认收入。（2分）

（2）甲公司资料二的处理不正确。（1分）

理由：合同交易价格存在可变对价，企业应当按照期望值或最可能发生金额确定可变对价的最佳估计数。（2分）

（3）甲公司资料三的处理正确。（1分）

理由：按照产出法确定履约进度，甲公司当年应确认收入=8 000×40%=3 200（万元），结转的成本=7 400×40%=2 960（万元），2022年实际发生合同履约成本3 100万元，剩余合同履约成本140万元（3 100−2 960）在期末资产负债表中作为存货列示。（2分）

（4）甲公司资料四的处理不正确。（1分）

理由：企业向客户预收销售商品款项的，应当首先将该款项确认为负债，待履行了相关履约义务时再转为收入。（2分+1分+1分）

借：以前年度损益调整　　　　　　　　　　445

　　未确认融资费用　　　　　　　　　　　55

　　贷：合同负债　　　　　　　　　　　　　　500

借：盈余公积　　　　　　　　　　　　　　44.5

　　利润分配——未分配利润　　　　　　400.5

　　贷：以前年度损益调整　　　　　　　　　　445

（5）

应计入营业收入的金额=2 000×5%（资料一）+5 500×（1-3%）（资料二）+8 000×40%（资料三）+0（资料四）=8 635（万元）（1分）

应试攻略

从本题中同学们应清楚考试时会有非分录的文字性题目，即需要同学们写明理由，此部分需要同学们多掌握原理，把关键采分点答出就可以得分。目前这部分题目偶尔会出现在考题中，请同学们要重视，将本题重要采分点记住。

135 斯尔解析▶　（1）A商品初始入账金额=95+5=100（万元）（1分）

A商品单位成本=100÷2 000=0.05（万元/件）（1分+1分）

借：库存商品　　　　　　　　　　　　　　100

　　应交税费——应交增值税（进项税额）（12.35+0.45）12.8

　　贷：银行存款　　　　　　　　　　　　　　　　112.8

（2）（1分）

借：发出商品　　　　　　（500×0.05）25

　　贷：库存商品　　　　　　　　　　　　　25

（3）2×21年4月30日收到代销清单时确认收入编制的会计分录为：（1分+1分）

借：银行存款　　　　　　（22+2.56）24.56

　　贷：主营业务收入　　　　　　　　　　22

　　　　应交税费——应交增值税（销项税额）　2.56

结转成本编制的会计分录为：

借：主营业务成本　　　　（400×0.05）20

　　贷：发出商品　　　　　　　　　　　　20

（4）2×21年6月10日销售A商品时确认收入编制的会计分录为：（1分+1分）

借：固定资产　　　　　　　　　　　　　11

　　应交税费——应交增值税（进项税额）　1.43

　　贷：主营业务收入　　　　　　　　　　11

　　　　应交税费——应交增值税（销项税额）　1.43

结转成本编制的会计分录为：

借：主营业务成本　　　　（200×0.05）10

　　贷：库存商品　　　　　　　　　　　　10

（5）甲公司2×21年8月25日应确认的债务重组损益=40-600×0.05-4.29=5.71（万元）

（2分+2分）

借：应付账款	40	
贷：库存商品	（600×0.05）30	
应交税费——应交增值税（销项税额）	4.29	
其他收益	5.71	

（6）A商品可变现净值=38-2=36（万元）<库存商品的成本40万元，应计提存货跌价准备金额=40-36=4（万元）。（2分+1分）

借：资产减值损失	4	
贷：存货跌价准备	4	

📡 应试攻略

本题属于基础类型题目，将收入与债务重组和存货结合考核。其中，收入重点掌握收入的确认，即满足条件时控制权转移确认收入，涉及委托代销业务的，发出商品时控制权尚未转移，因此，不能确认收入，受托方转交代销清单时控制权转移，委托方可以确认收入。一方以金融资产进行债务重组的，切记不能确认收入，应将抵债资产的账面价值与债务账面价值的差额确认为其他收益（或投资收益）。存货跌价准备属于简单计算，切记要查看题目已知条件中是否有存货跌价准备的期初余额，这点非常重要。

136（2分+2分）（1）2×22年5月20日收到政府补贴款：（2分）

借：银行存款	12	
贷：递延收益		12

（2）2×22年6月20日，购入A环保设备：（1分）

借：固定资产	60	
贷：银行存款		60

（3）2×22年7月该环保设备应计提的折旧金额=60/5/12=1（万元）。（1分+1分）

借：制造费用	1	
贷：累计折旧		1

（4）2×22年7月政府补贴款分摊计入当期损益的金额=12/5/12=0.2（万元）。（2分+1分）

借：递延收益	0.2	
贷：其他收益		0.2

（5）2×23年6月30日A环保设备报废：（1分+1分）

借：固定资产清理	48	
累计折旧	（60/5）12	
贷：固定资产		60
借：营业外支出	38.4	
递延收益	（12-12/5）9.6	
贷：固定资产清理		48

✈ **应试攻略**

解答政府补助题目时需要按以下步骤进行分析：

（1）是总额法核算，还是净额法核算；

（2）是与资产相关的政府补助，还是与收益相关的政府补助；

（3）如果是与收益相关的政府补助，是否满足所附条件，如果没有满足不能确认递延收益，而是其他应付款，如果满足所附条件，是补偿已经发生的费用或损失，还是补偿未来的成本费用，如果是后者则需要确认递延收益；

答题时请根据以上步骤进行分析。同时，有些考题会比较友好，根据问题的顺序也可以作答（本题属于友好型），但如果题目是根据上述业务编制相关会计分录，则需要按以上步骤进行作答。

137 斯尔解析▶ （1）资料一会计处理不正确。（1分）

更正分录如下：（1分）

借：以前年度损益调整　　　　　　　　　　　　100

　　贷：无形资产　　　　　　　　　　　　　　　　　　100

专利权Y在2×22年应摊销金额=（860-200）/5×11/12=121（万元）。（1分+1分）

借：制造费用　　　　　　　　（121-88）33

　　贷：累计摊销　　　　　　　　　　　　　　　33

提示：甲公司为新产品进行宣传发生的广告费应计入销售费用，不应计入无形资产成本，则该无形资产的入账价值=800+60=860（万元）；无形资产应按5年摊销，无形资产摊销时应考虑预计净残值200万元，无形资产自取得当月开始摊销。

（2）资料二会计处理不正确。（1分）

更正分录如下：（1分+1分+1分）

借：未确认融资费用　　　　（6 000-4 973.8）1 026.2

　　贷：固定资产　　　　　　　　　　　　　　1 026.2

借：累计折旧　　　　　　（900-746.07）153.93

　　贷：以前年度损益调整　　　　　　　　　　153.93

借：以前年度损益调整　　　　　　　　373.04

　　贷：未确认融资费用　　　　　　　　　　　373.04

提示：购买固定资产的价款超过正常信用条件延期支付，实质上具有融资性质，固定资产的成本以购买价款的现值为基础确定，购买价款与其现值的差额在信用期间内采用实际利率法进行摊销。

本题中，固定资产入账价值=2 000×2.4869=4 973.8（万元）；

2×23年固定资产折旧金额=4 973.8/5×9/12=746.07（万元）；

2×23年未确认融资费用摊销额=4 973.8×10%×9/12=373.04（万元）。

（3）资料三会计处理不正确。（1分）

更正分录如下：（1分）

借：无形资产　　　　　　　　　　　　　　2 400

　　贷：在建工程　　　　　　　　　　　　　　　　2 376

　　　　累计摊销　　　　　　　　　　　　　　　　　24

土地使用权2×22年应摊销金额=2 400/50×9/12=36（万元）。（1分+1分）

借：在建工程　　　　　　　　　　（36-24）12

　　贷：累计摊销　　　　　　　　　　　　　　　　 12

提示：土地使用权用于自行开发建造厂房等地上建筑物时，相关的土地使用权账面价值不转入在建工程成本。有关的土地使用权与地上建筑物分别进行摊销和计提折旧，且用于建造厂房的土地使用权的摊销金额应在厂房建造资本化期间计入在建工程成本。

（4）资料四会计处理不正确。（1分）

更正分录如下：（1分+1分+1分）

借：固定资产　　　　　　　　　　　　　　2 840

　　贷：预计负债　　　　　　　（20 000×0.142 0）2 840

借：制造费用　　　　　　　　（2 840/40×6/12）35.5

　　贷：累计折旧　　　　　　　　　　　　　　　 35.5

借：以前年度损益调整　　　（2 840×5%×6/12）71

　　贷：预计负债　　　　　　　　　　　　　　　　 71

提示：弃置费用的现值应计入固定资产成本，并计提折旧；弃置费用终值与现值的差额应按实际利率法分期确认财务费用。

（5）资料五会计处理不正确。（1分+1分）

更正分录如下：

借：累计摊销　　　　　　　　　　（120-100）20

　　贷：以前年度损益调整　　　　　　　　　　　　20

提示：2×21年计提减值前该项专利权的账面价值=1 200-600=600（万元），其可收回金额为500万元，应计提100万元的减值准备。计提减值准备后的账面价值为500万元。2×22年应按500万元计提摊销，2×22年度应计提摊销的金额=500/5=100（万元）。

应试攻略

请同学们注意审题，首先需要作出正误判断，其次说明理由，然后再编制调整分录。

(1) 企业使用资产预期的期限短于合同性权利或其他法定权利规定期限的，应当按照企业预期使用的期限确定使用寿命，本题该项专利权应按使用期限5年作为使用寿命。

(2) 固定资产折旧请牢记当月增加，次月开始计提折旧。

(3) 自用土地使用权一般属于无形资产，一定记住其成本不计入固定资产成本中，但在建设期间符合资本化条件的摊销构成在建工程成本。

(4) 请认真审题，该业务发生在6月30日，所以当期预计负债的利息费用需要按6个月计算。

(5) 无形资产计提减值准备后需要重新预计净残值、摊销方法和摊销年限，如果发生变更，作为会计估计变更处理，采用未来适用法，可以理解为新的无形资产，按最新账面价值计提摊销。

138 斯尔解析▶ （1）（1分+1分+2分+2分）

借：固定资产	600	
贷：应付账款		600
借：以前年度损益调整	（600/5/2）60	
贷：累计折旧		60
借：应交税费——应交所得税	（60×25%）15	
贷：以前年度损益调整		15
借：盈余公积	（45×10%）4.5	
利润分配——未分配利润	40.5	
贷：以前年度损益调整		45

（2）（2分+2分）

借：以前年度损益调整	300	
贷：递延收益		300
借：盈余公积	（300×10%）30	
利润分配——未分配利润	270	
贷：以前年度损益调整		300

（3）（1分+2分+2分）

借：以前年度损益调整——主营业务成本	6	
贷：预计负债		6
借：递延所得税资产	（6×25%）1.5	
贷：以前年度损益调整——所得税费用		1.5
借：盈余公积	0.45	
利润分配——未分配利润	4.05	
贷：以前年度损益调整		4.5

✈ **应试攻略**

此类型题目的答题技巧是，把正确的会计处理写出来，然后对照错误的会计处理，多了冲，少了补，涉及损益类会计科目替换成"以前年度损益调整"即可。最后需要将"以前年度损益调整"科目的余额从反方向结转至留存收益，此时需要关注题目是否提示盈余公积计提的比例。

139 斯尔解析▶ （1）资料一中的相关事项属于资产负债表日后调整事项。（1分）

会计分录：（1分+1分+1分+1分+1分）

借：预计负债　　　　　　　　　　（1 000×20%）200

　　贷：以前年度损益调整——主营业务收入　　　　200

借：以前年度损益调整——主营业务成本（800×20%）160

　　贷：应收退货成本　　　　　　　　　　　　　　160

借：以前年度损益调整　　　　　　（200×25%）50

　　贷：递延所得税资产　　　　　　　　　　　　　50

借：递延所得税负债　　　　　　　（160×25%）40

　　贷：以前年度损益调整　　　　　　　　　　　　40

借：以前年度损益调整　　　　　　30

　　贷：盈余公积　　　　　　　　　　　　　　　　3

　　　利润分配——未分配利润　　　　　　　　　27

提示：2×22年12月1日销售商品时，因确认预计负债和应收退货成本，同时确认了递延所得税资产和递延所得税负债。当时确认的预计负债金额为200万元，对应确认了递延所得税资产50万元，此时由于预计负债已冲销，故对应递延所得税资产也应转回；转回的40万元递延所得税负债也是同理。

资料二中的相关事项属于资产负债表日后调整事项。（1分）

会计分录：（1分+1分+1分+1分+1分+1分）

借：以前年度损益调整——营业外支出　　（400−300）100

　　预计负债　　　　　　　　　　　　　　300

　　贷：其他应付款　　　　　　　　　　　　　　　400

借：以前年度损益调整　　　　　　（300×25%）75

　　贷：递延所得税资产　　　　　　　　　　　　　75

借：应交税费——应交所得税　　　（400×25%）100

　　贷：以前年度损益调整　　　　　　　　　　　　100

借：盈余公积　　　　　　　　　　7.5

　　利润分配——未分配利润　　　　67.5

　　贷：以前年度损益调整　　　　　　　　　　　　75

借：其他应付款　　　　　　　　　400

　　贷：银行存款　　　　　　　　　　　　　　　　400

提示：由于日后事项已经判决，该损失已成为实际损失，且该事项发生在所得税汇算清缴之前，应对报告年度当期所得税进行调整。

资料三中的相关事项属于非调整事项。（1分）

会计处理：在财务报表附注中进行披露。（1分）

（4）资料四中的相关事项属于调整事项。（1分）

调整分录为：（1分+1分+1分）

借：以前年度损益调整　[65 000×（1-5%）/40] 1 543.75

　　贷：累计折旧　　　　　　　　　　　　　　　　1 543.75

借：应交税费——应交所得税　（1 543.75×25%）385.94

　　贷：以前年度损益调整　　　　　　　　　　　　385.94

借：盈余公积　　　[（1 543.75-385.94）×10%] 115.78

　　利润分配——未分配利润

　　　　　[（1 543.75-385.94）×90%] 1 042.03

　　贷：以前年度损益调整　　　　　　　　　　　1 157.81

应试攻略

对于未决诉讼，在报告年度确认时，因当时损失尚未实际发生，企业在当时将相应确认递延所得税，故日后期间未决诉讼已判决且双方决定不再上诉，应首先转回报告年度确认的递延所得税，原因在于税法认可实际损失，此时由于诉讼已有确切结果，实际损失已经发生，税会已无差异，故应将此前确认的递延所得税资产或负债予以转回。然后，由于该损失已实际形成，故如判决结果发生于所得税汇算清缴之前，应调整的是报告年度应交所得税；如判决结果发生于所得税汇算清缴之后，应调整的是当年应交所得税。

140 斯尔解析▶　（1）（1分）

借：投资性房地产——公允价值变动　（1 040-1 000）40

　　贷：公允价值变动损益　　　　　　　　　　　　40

（2）属于非货币性资产交换。（1分）

理由：①交换双方持有的办公楼、专利技术和生产设备均属于非货币性资产；②补价占整个资产交换金额的比重=40/1 040=3.85%，低于25%。（2分）

（3）（1分+1分）

M专利技术的入账金额=（1 040-40）×300/（300+700）=300（万元）

N生产设备的入账金额=（1 040-40）×700/（300+700）=700（万元）

（4）（2分+1分+1分）

借：无形资产　　　　　　　　　　　300

　　固定资产　　　　　　　　　　　700

　　银行存款　　　　　　　　　　　40

　　贷：其他业务收入　　　　　　　　　　　1 040

借：其他业务成本　　　　　　　　　1 040

　　贷：投资性房地产——成本　　　　　　　　900

　　　　　　　　——公允价值变动　　　　　　140

借：公允价值变动损益　　　　　　　　　　　140
　　贷：其他业务成本　　　　　　　　　　　　　　　140

📣 **应试攻略**

对于以公允价值为基础计量的非货币性资产交换，其账务处理应注意以下几个要点：

如换出资产为固定资产，需要先遵循投资性房地产处置的账务处理原则，即按照出售投资性房地产进行会计处理。

对于以公允价值为基础计量的非货币性资产交换，换入资产以其公允价值入账，本题中同学们可借此规律用于验算分录是否正确。

141 斯尔解析▶ （1）甲公司应确认的债务重组损益=放弃债权的公允价值−放弃债权的账面价值=550−（600−100）=50（万元）。（2分）

（2）（2分）

借：其他权益工具投资　　　　　　　　　100
　　固定资产　　　　　　　（550−100+10）460
　　坏账准备　　　　　　　　　　　　　100
　　贷：应收账款　　　　　　　　　　　　　　　600
　　　　银行存款　　　　　　　　　　　　　　　10
　　　　投资收益　　　　　　　　　　　　　　　50

（3）（2分+2分）

借：固定资产清理　　　　　　　　　　　350
　　累计折旧　　　　　　　　　　　　　100
　　固定资产减值准备　　　　　　　　　　50
　　贷：固定资产　　　　　　　　　　　　　　　500
借：应付账款　　　　　　　　　　　　　600
　　贷：固定资产清理　　　　　　　　　　　　　350
　　　　股本　　　　　　　　　　　　　　　　　20
　　　　资本公积——股本溢价　　　　　　　　　80
　　　　其他收益——债务重组收益　　　　　　150

📣 **应试攻略**

债务人以金融资产清偿债务，债务人债务的账面价值与偿债金融资产账面价值的差额计入投资收益；债务人以单项或多项非金融资产清偿债务，将所清偿债务账面价值与转让资产账面价值之间的差额计入其他收益。换言之，当且仅当债务人以"纯粹的金融资产"偿还债务时，债务人债务的账面价值与偿债金融资产账面价值的差额才能计入投资收益，否则，应计入其他收益。

第二模块　性价比很高

142 斯尔解析▶ （1）租赁期为10年。（1分）

理由：承租人享有终止租赁选择权，但经评估合理确定将不会行使终止租赁选择权，租赁期应当包含终止租赁选择权涵盖的期间。（2分）

（2）租赁负债的初始入账金额=200×（P/A，6%，9）=200×6.8017=1 360.34（万元）。（2分）

（3）使用权资产的初始入账金额=200+1 360.34−10+15=1 565.34（万元）。（2分）

会计分录为：（1分+1分+1分+1分）

借：使用权资产　　　　　　　　（200+1 360.34）1 560.34

　　租赁负债——未确认融资费用（200×9−1 360.34）439.66

　　贷：租赁负债——租赁付款额　　　　　　　　（200×9）1 800

　　　　银行存款　　　　　　　　　　　　　　　　　　200

借：银行存款　　　　　　　　　　10

　　贷：使用权资产　　　　　　　　　　　　　　　10

借：管理费用　　　　　　　　　　5

　　贷：银行存款　　　　　　　　　　　　　　　　5

借：使用权资产　　　　　　　　　15

　　贷：银行存款　　　　　　　　　　　　　　　15

甲公司使用权资产的折旧年限为10年。（1分）

会计分录为：（1分）

借：管理费用　　　　　　　（1 565.34/10）156.53

　　贷：使用权资产累计折旧　　　　　　　　156.53

（5）2×24年12月31日应确认的租赁负债利息费用=1 360.34×6%=81.62（万元）。（1分）

🚀 **应试攻略**

本题考核租赁的会计处理。其中，针对租赁期的判断要结合题干给定的已知条件进行判断，即合同存在终止租赁选择权时，如果承租人评估合理确定将不会行使终止租赁选择权，租赁期应当包含终止租赁选择权涵盖的期间。使用权资产入账金额包括支付给中介机构的佣金和手续费。存在租赁激励的要将租赁激励从使用权资产中扣除。

143 [斯尔解析▶] （1）（1分）

借：债权投资——成本　　　　　　　　　　　　　1 000

　　　　——利息调整　　　　　　　　　　　　120.89

　　贷：银行存款　　　　　　　　　　　　　　　　　　　　1 120.89

（2）（1分+1分+1分+1分+1分）

2×22年12月31日甲公司该债券投资收益=1 120.89×6%=67.25（万元）

2×22年12月31日甲公司该债券应计利息=1 000×10%=100（万元）

2×22年12月31日甲公司该债券利息调整摊销额=100-67.25=32.75（万元）

2×22年12月31日甲公司该债券的账面余额=1 120.89-32.75+100=1 188.14（万元）

会计分录：

借：债权投资——应计利息　　　　　　　　　　　100

　　贷：投资收益　　　　　　　　　　　　　　　　　　　　67.25

　　　　债权投资——利息调整　　　　　　　　　　　　　32.75

（3）2×23年12月31日甲公司该债券的账面余额=1 188.14+100-（100-1 188.14×6%）=
1 259.43（万元）。（2分）

会计分录：（1分）

借：债权投资——应计利息　　　　　　　　　　　100

　　贷：投资收益　　　　　　　　　　　　　　　　　　　　71.29

　　　　债权投资——利息调整　　　　　　　　　　　　　28.71

（4）（2分）

借：银行存款　　　　　　　　　　　　　　　　　1 300

　　贷：债权投资——成本　　　　　　　　　　　　　　　1 000

　　　　　　　——应计利息　　　　　　　　　　　　　　　200

　　　　　　　——利息调整　　（120.89-32.75-28.71）59.43

　　　　投资收益　　　　　　　　　　　　　　　　　　　40.57

应试攻略

以摊余成本计量的金融资产需注意以下要点：

（1）以摊余成本计量的金融资产取得时支付的交易费用计入其初始取得成本。

（2）实际利息收入（也就是投资收益）按期初摊余成本（也就是期初本金）×实际利率
计算。

（3）债权投资的账面余额可以通过编制会计分录的方式进行计算。

（4）考试时请关注题目的要求，是否需要写出二级明细科目，如果不要求，则可以直接使用
一级科目。

144　斯尔解析▶　（1）2×20年1月1日甲公司购入股票时：（1分）

借：其他权益工具投资——成本　　　（200×22+40）4 440

　　贷：银行存款　　　　　　　　　　　　　　　　　　　4 440

（2）2×20年5月10日乙公司宣告发放现金股利时：（1分）

借：应收股利　　　　　　　　　　　（1 200×5%）60

　　贷：投资收益　　　　　　　　　　　　　　　　　　　　60

2×20年5月15日收到现金股利时：（1分）

借：银行存款　　　　　　　　　　　　　60

　　贷：应收股利　　　　　　　　　　　　　　　　　　　　60

（3）2×20年12月31日股票的市场价格为每股19.5元时：（1分）

借：其他综合收益　　　　　　　　　　540

　　贷：其他权益工具投资——公允价值变动　（4 440-200×19.5）540

2×21年12月31日股票的市场价格为每股9元时：（1分）

借：其他综合收益　　　　　　　　　2 100

　　贷：其他权益工具投资——公允价值变动　（200×19.5-200×9）2 100

2×22年12月31日股票的市场价格为每股15元时：（1分）

借：其他权益工具投资——公允价值变动

　　　　　　　　　　　　　　　（200×15-200×9）1 200

　　贷：其他综合收益　　　　　　　　　　　　　　　　1 200

（4）2×23年1月31日甲公司将该股票全部出售时：（2分+2分）

借：银行存款　　　　　　　　　　（200×12）2 400

　　其他权益工具投资——公允价值变动　1 440

　　盈余公积　　　　　　　　　　　　60

　　利润分配——未分配利润　　　　　540

　　贷：其他权益工具投资——成本　　　　　　　　　4 440

借：盈余公积　　　　　　　　（1 440×10%）144

　　利润分配——未分配利润　　　　1 296

　　贷：其他综合收益　　　　　　　　　　　　　　　1 440

📣 **应试攻略**

对于"债权投资""其他债权投资""其他权益工具投资"以及"交易性金融资产"，其账务处理要点见下表：

经济业务	债权投资	其他债权投资	其他权益工具投资	交易性金融资产
交易费用	入账成本	入账成本	入账成本	投资收益（借方）
尚未发放的利息或股利	债券投资——应计利息	其他债权投资——应计利息	应收股利	应收股利（交易性金融资产——应计利息）

续表

经济业务	债权投资	其他债权投资	其他权益工具投资	交易性金融资产
期末计量	摊余成本计量	公允价值计量	公允价值计量	公允价值计量
公允价值变动	—	其他综合收益	其他综合收益	公允价值变动损益
利息计算	摊余成本×实际利率	摊余成本×实际利率	—	面值×票面利率
是否计提减值	√（债权投资减值准备）	√（其他综合收益）	—	—
处置损益	是	是	否	是
处置损益会计科目归属	投资收益	投资收益/其他综合收益转投资收益	留存收益/其他综合收益转留存收益	投资收益

145 斯尔解析▶　（1）（1分）

借：长期股权投资——投资成本　　　　　　　　　　　2 330

　　贷：银行存款　　　　　　　　　　　　　　　　　　　　　2 330

提示：初始投资成本（2 330万元）高于享有的被投资方可辨认净资产公允价值份额（7 000×30%=2 100万元），无须调整初始投资成本。

（2）调整后甲公司的净利润=（2 000−200）−[300+（200/5×9/12）]−（150−100）=1 420（万元）。（2分）

提示：

上式中各项目详细分析如下：

①（2 000−200）：因2×22年4月1日取得对甲公司投资，故2×22年A公司按比例享有的甲公司净利润仅为2×22年4月1至2×22年年末实现的净利润。

②[300+（200/5×9/12）]：调整的是投资时点被投资方可辨认净资产的账面价值和公允价值不同（即投资时点的"评估增值或减值"）对净利润的影响，需要对已经对外出售的存货、已经实现的折旧和摊销进行调整，由于取得股权投资时的存货在2×22年已全部出售，故需要调整，无形资产已实现的摊销为9个月（投资时该无形资产已经存在，故应调整的摊销期间为9个月），故需要对其进行调整。

③（150−100）：调整的是内部未实现交易损益对净利润的影响，需要将未出售的存货、未实现的折旧和摊销予以调整，本题中内部交易产生的存货均未对外出售，故将其虚增的利润全额予以抵销。

（3）（1分+1分+1分+1分）

借：长期股权投资——损益调整　　　　　　　　426
　　贷：投资收益　　　　　　　　　　　（1 420×30%）426
借：应收股利　　　　　　　　　　　（500×30%）150
　　贷：长期股权投资——损益调整　　　　　　　　150
借：银行存款　　　　　　　　　　　　　　　150
　　贷：应收股利　　　　　　　　　　　　　　　　150
借：长期股权投资——其他综合收益　　　　　　　90
　　贷：其他综合收益　　　　　　　　　（300×30%）90

（4）出售股权投资时应确认的投资收益=3 000×2-（2 330+426-150+90）+90=3 394（万元）。（3分）

提示：上式中各项目详细分析如下，

由于出售部分股权后，剩余股权因不具有重大影响，此处视同将全部股权进行出售。

①3 000×2：此处视同将全部股权进行出售。

②（2 330+426-150+90）：此为持有的100%长期股权投资账面价值，仍视同出售全部股权。

③90：原持有期间确认的其他综合收益由于产生于被投资方其他债权投资期末公允价值变动，长期股权投资处置时，应重分类计入投资收益。

此问可参考下问中的相关分录理解。

（5）（2分+2分+1分）

借：银行存款　　　　　　　　　　　　　　　3 000
　　贷：长期股权投资——投资成本　　　　（2 330÷2）1 165
　　　　　　　　　　　——损益调整　　　　（276÷2）138
　　　　　　　　　　　——其他综合收益　　　（90÷2）45
　　　　投资收益　　　　　　　　　　　　　　　1 652
借：交易性金融资产——成本　　　　　　　　3 000
　　贷：长期股权投资——投资成本　　　　（2 330÷2）1 165
　　　　　　　　　　　——损益调整　　　　（276÷2）138
　　　　　　　　　　　——其他综合收益　　　（90÷2）45
　　　　投资收益　　　　　　　　　　　　　　　1 652
借：其他综合收益　　　　　　　　　　　　　90
　　贷：投资收益　　　　　　　　　　　　　　　　90

应试攻略

　　此题目考核的是长期股权投资权益法转公允价值计量的金融资产，首先，权益法核算确认投资收益要注意区分，初始取得投资时因被投资单位某项资产（例如存货、固定资产等）的账面价值与公允价值不同，当年投资单位根据被投资单位实现的净利润确认投资收益时，需要对出售部分存货（或资产折旧额、摊销额等）因账面价值与公允价值不同对净利润进行调整；而对于内部交易（包括顺流交易和逆流交易），则是针对未实现（未出售）部分对被投资单位的净利润进行调整。需要提示同学们的是前者是出售部分（折旧额、摊销额）对净利润进行调整，而后者是未出售（或未消耗）部分对净利润进行调整。

　　其次，是权益法转公允价值计量的金融资产，总体思路是"先卖再买"，视同将权益法核算的长期股权投资出售，再按公允价值购入剩余股权，所以，原计入资本公积——其他资本公积、其他综合收益的金额需要转入投资收益（或留存收益）。

146 斯尔解析▶　　（1）长期股权投资的初始投资成本=5 950+50=6 000（万元）（2分）

　　长期股权投资的初始投资成本（6 000万元）小于投资时应享有被投资单位可辨认净资产公允价值份额（32 000×20%），应调整长期股权投资的初始投资成本。（2分）

　　应编制的会计分录为：（1分+1分）

　　借：长期股权投资——投资成本　　　　　　　　6 000
　　　　贷：银行存款　　　　　　　　　　　　　　　　　　　6 000
　　借：长期股权投资——投资成本　　　（6 400-6 000）400
　　　　贷：营业外收入　　　　　　　　　　　　　　　　　　400

　　提示：两个分录合并写也可以。本题未要求写出"长期股权投资"二级明细科目，不写不扣分，练习时建议写全，但考场中若题目未要求写出"长期股权投资"二级明细科目，则不建议书写。

　　（2）甲公司2×23年度对乙公司股权投资应确认的投资收益=［3 000-（450-300）］×20%=570（万元）。（2分+1分）

　　借：长期股权投资——损益调整　　　　　　　　570
　　　　贷：投资收益　　　　　　　　　　　　　　　　　　570

　　提示：甲、乙公司之间存在内部交易，应将未实现内部交易损益调整乙公司净利润，3 000-（450-300）为乙公司经调整后的净利润。

　　（3）2×24年5月10日确认应收现金股利时：（1分）

　　借：应收股利　　　　　　　　　　　（500×20%）100
　　　　贷：长期股权投资——损益调整　　　　　　　　　　100

　　2×24年5月15日收到现金股利时：（1分）

　　借：银行存款　　　　　　　　　　　　　　　　100
　　　　贷：应收股利　　　　　　　　　　　　　　　　　　100

　　（4）甲公司2×24年度对乙公司股权投资应确认的投资收益=［1 800+（450-300）］×20%=390（万元）（2分+1分）

借：长期股权投资——损益调整　　　　　　　　　　390

　　贷：投资收益　　　　　　　　　　　　　　　　　　　　390

提示：2×23年发生的内部交易在本年度已对外出售，需将以前年度抵减的未实现内部交易损益金额恢复在当年的净损益中，因此，1 800+（450-300）为2×24年度乙公司调整后的净利润。

📍 应试攻略

根据此题目，总结长期股权投资入账金额计算如下：

非企业合并方式取得长期股权投资入账金额=付出对价公允价值+交易费用

同一控制下企业合并取得长期股权投资入账金额=被合并方在最终控制方合并财务报表中净资产账面价值的份额+最终控制方收购被合并方时形成的商誉

非同一控制下企业合并取得长期股权投资入账金额=付出对价公允价值

总结权益法核算长期股权投资各期投资收益计算如下：

投资收益=（被投资方账面净利润±被投资方在投资时点净资产账面价值与公允价值不同对净利润的影响±内部交易损益）×投资方持股比例

147 斯尔解析▶　（1）甲公司取得A公司股权时的合并商誉=8.5×2 000-20 000×80%=1 000（万元）。（1分）

提示：合并商誉=合并成本-购买日被购买方可辨认净资产公允价值×投资方持股比例

（2）（1分+1分）

借：长期股权投资　　　　　（8.5×2 000）17 000

　　贷：股本　　　　　　　　　　　　　　　　　　　2 000

　　　　资本公积——股本溢价　　　　　　　　　　　15 000

借：资本公积——股本溢价　　　　　　　　100

　　管理费用　　　　　　　　　　　　　　120

　　贷：银行存款　　　　　　　　　　　　　　　　　　220

提示：购买方为进行企业合并发生的各项直接相关费用（如购买方为企业合并发生的审计费、法律服务、评估咨询等）应当计入当期损益。发行权益性证券发生的手续费、佣金等冲减资本公积（股本溢价），资本公积（股本溢价）不足冲减的，冲减留存收益。

（3）K公司取得A公司股权的入账金额=18 000×80%+1 000=15 400（万元）。

（1分+1分）

借：长期股权投资　　　　　　　　　　15 400

　　资本公积　　　　　　　　　　　　　4 200

　　盈余公积　　　（20 000-15 400-4 200）400

　　贷：银行存款　　　　　　　　　　　　　　　　20 000

（4）（2分）

借：长期股权投资——投资成本　　（21 000×20%）4 200

　　贷：银行存款　　　　　　　　　　　　　　　　　4 060

　　　　营业外收入　　　　　　　　　　　　　　　　　140

2×22年B公司调整后净利润=4 000-1 000/5/12×6=3 900（万元），甲公司应确认投资收益=3 900×20%=780（万元）。（1分+1分+1分+1分）

　　借：长期股权投资——损益调整　　　　　　　　780

　　　　贷：投资收益　　　　　　　　　　　　　　　　　　780

　　借：应收股利　　　　　　　（2 000×20%）400

　　　　贷：长期股权投资——损益调整　　　　　　　　400

　　借：长期股权投资——其他综合收益　（1 000×20%）200

　　　　贷：其他综合收益　　　　　　　　　　　　　　200

2×23年B公司调整后净利润=6 000-1 000/5-（3 000-2 800）×（1-40%）=5 680（万元），甲公司应确认投资收益=5 680×20%=1 136（万元）。（1分+1分+1分）

　　借：长期股权投资——损益调整　　　　　　　　1 136

　　　　贷：投资收益　　　　　　　　　　　　　　　　1 136

　　借：长期股权投资——其他权益变动　（1 500×20%）300

　　　　贷：资本公积——其他资本公积　　　　　　　　300

（5）（1分+1分+1分+1分）

　　借：其他权益工具投资——成本　　　　　　　2 010

　　　　贷：银行存款　　　　　　　　　　　　　　　2 010

　　借：其他权益工具投资——公允价值变动（2 100-2 010）90

　　　　贷：其他综合收益　　　　　　　　　　　　　　90

　　借：长期股权投资——投资成本　　（2 625+3 500）6 125

　　　　贷：其他权益工具投资——成本　　　　　　　2 010

　　　　　　　　　　　　　　——公允价值变动　　　　90

　　　　　　银行存款　　　　　　　　　　　　　　3 500

　　　　　　盈余公积　　　　　　［（2 625-2 100）×10%］52.5

　　　　　　利润分配——未分配利润　［（2 625-2 100）×90%］472.5

　　借：其他综合收益　　　　　　　　　　　　　　90

　　　　贷：盈余公积　　　　　　　　　　　　　　　　9

　　　　　　利润分配——未分配利润　　　　　　　　81

✈ 应试攻略

　　（1）如果题目中要求计算合并商誉，应先判断是同控还是非同控（大概率是非同控），如果是非同控，按合并成本（付出对价的公允价值）-被购买方可辨认净资产公允价值的份额计算。

　　（2）需要注意的是此业务中有两笔交易费用，发行股票的交易费用冲减溢价收入，而因企业合并发生的交易费用计入管理费用，无须区分是同控还是非同控。

（3）集团内部发生的企业合并属于同一控制下企业合并，所以，长期股权投资的入账金额与付出对价的账面价值和公允价值均无关，按被合并方在最终控制方合并报表中净资产账面价值的份额＋最终控制方收购被合并方所形成的商誉金额确认。

（4）同控首先确定长期股权投资入账金额，贷方付出对价的账面价值，差额调整资本公积，资本公积不足冲减的，冲减留存收益。

（5）非企业合并方式形成长期股权投资后续采用权益法核算，而权益法核算第一步需要比较长期股权投资的初始投资成本与所享有的被投资单位可辨认净资产公允价值份额，如果前者小于后者，差额增加长期股权投资，同时确认营业外收入。

（6）为取得其他权益工具投资发生的交易费用计入其初始投资成本中。经过追加投资后能够对被投资单位施加重大影响的，其长期股权投资入账金额＝原投资的公允价值＋新增投资的公允价值，原投资账面价值与公允价值的差额计入留存收益，同时，原计入其他综合收益的金额也转入留存收益。

（7）权益法下计算对被投资方净利润的调整时，同学们需要首先区分对净利润进行调整的情形：如果调整的是投资时点被投资方可辨认净资产的账面价值和公允价值不同（即投资时点的"评估增值或减值"）对净利润的影响，则需要对已经对外出售的存货、已经实现的折旧和摊销进行调整，因为已出售或已实现的部分才会影响净利润；如果调整的是内部未实现交易损益对净利润的影响，则需要将未出售的存货、未实现的折旧和摊销予以调整，因为未实现的内部交易损益导致了净利润的虚增，虚增的部分不予认可。

148 斯尔解析▶　（1）甲公司2×24年度应纳税所得额＝10 070－200/10（税法上无形资产摊销金额）－50（国债免税利息收入）＋100（补提的坏账准备）＝10 100（万元）；（1分）

甲公司2×24年度应交所得税＝10 100×15%＝1 515（万元）。（1分）

（2）

资料一：

该无形资产的使用寿命不确定，且2×24年年末未发现减值，未计提减值准备，所以该无形资产的账面价值为200万元，税法上按照10年进行摊销，因而计税基础＝200－200/10＝180（万元），产生应纳税暂时性差异＝200－180＝20（万元），期末递延所得税负债的余额＝20×25%＝5（万元）。（2分）

资料二：

该债权投资的账面价值与计税基础相等，均为1 000万元，不产生暂时性差异，不确认递延所得税。（1分）

资料三：

该应收账款账面价值＝10 000－200－100＝9 700（万元），由于提取的坏账准备不允许税前扣除，所以计税基础为10 000万元，产生可抵扣暂时性差异，期末递延所得税资产余额＝（10 000－9 700）×25%＝75（万元）。（1分）

根据上述分析，"递延所得税资产"项目期末余额=（10 000－9 700）×25%=75（万元）；（1分）

"递延所得税负债"项目期末余额=20×25%=5（万元）。（2分）

（3）本期确认的递延所得税负债=20×25%=5（万元），本期确认的递延所得税资产=75－30=45（万元）；（1分+1分）

本期发生的递延所得税费用=本期确认的递延所得税负债－本期确认的递延所得税资产=5－45=－40（万元）；（1分）

所得税费用本期发生额=1 515－40=1 475（万元）。（1分）

（4）会计分录：（2分）

借：所得税费用　　　　　　　　　　　1 475
　　递延所得税资产　　　　　　　　　　45
　贷：应交税费——应交所得税　　　　　　　　　1 515
　　递延所得税负债　　　　　　　　　　　　　　5

应试攻略

（1）所得税的题目首先需要准确将资产或负债的账面价值与计税基础计算出来，然后再进行比较，确定暂时性差异的类型，进行分析是否满足确认递延所得税资产（负债）的条件。

（2）需要注意的是，比较出暂时性差异后，需要清楚该差异是当期余额而非发生额，因为这决定了确认的递延所得税资产（负债）当期的发生额。

（3）确定好递延所得税资产（负债）当期发生额后需要关注此业务是否影响损益，如果不影响损益，则递延所得税资产（负债）的对应科目不是所得税费用，可能是所有者权益。

（4）计算利润表中的所得税费用建议大家通过编制会计分录的方式进行，一般考试先让计算所得税费用，然后再编制会计分录，此处大家可以先编制会计分录，再通过借贷平衡关系倒推所得税费用。

149 斯尔解析▶ （1）（1分+1分）

借：长期股权投资　　　　　（400×60%）240
　贷：投资收益　　　　　　　　　　　　　　　240
借：投资收益　　　　　　　（300×60%）180
　贷：长期股权投资　　　　　　　　　　　　　180

（2）

①母公司股权投资与子公司所有者权益的抵销：（2分+2分）

借：股本 2 000

资本公积 1 800

盈余公积 （600+400×10%）640

其他综合收益 100

未分配利润——年末 [500+400×（1-10%）-300]560

商誉 200

　贷：长期股权投资 （3 200-180+240）3 260

　　少数股东权益 [（2 000+1 800+100+640+560）×40%]2 040

借：投资收益 （400×60%）240

少数股东损益 （400×40%）160

未分配利润——年初 500

　贷：提取盈余公积 （400×10%）40

　　对所有者（或股东）的分配 300

　　未分配利润——年末 560

②内部交易固定资产抵销：（2分+1分）

借：营业收入 500

　贷：营业成本 300

　　固定资产 （500-300）200

借：固定资产——累计折旧 （200/5×6/12）20

　贷：管理费用 20

③内部交易存货抵销：（1.5分+1.5分+2分）

借：营业收入 （200×10）2 000

　贷：营业成本 2 000

借：营业成本 [（200-40）×（10-9）]160

　贷：存货 160

借：存货——存货跌价准备 （1.2×160-32）160

　贷：资产减值损失 160

提示：该批存货在合并报告主体中账面价值为1 440万元（160×9），其可变现净值为1 408万元[160×（10-1.2）]，发生减值32万元，个别报表中多计提的存货跌价准备（1.2×160-32）需要转回。

④内部债权债务抵销：（2分+2分）

借：应付账款 （200×10×1.13）2 260

　贷：应收账款 2 260

借：应收账款——坏账准备 20

　贷：信用减值损失 20

🛫 **应试攻略**

（1）做此类型题目时切忌不要急，按顺序做，首先，编制调整分录，包括将净资产由账面价值调整为公允价值（此题目未涉及）；将长期股权投资由成本法调整为权益法。其次，编制抵销分录，而抵销分录大概会考核两项，即将母公司的长期股权投资与子公司的所有者权益抵销，此抵销分录属于固定模板，找准数字填入即可；母公司对子公司投资收益的抵销，此抵销分录也属于固定模板，同样也是找准数字填入即可。

（2）此题目剩余内容考核了固定资产、存货和债权债务的抵销，这里需要提醒同学们的是，存货跌价准备的抵销应以存货中未实现内部销售利润为限。

150 斯尔解析▶　　（1）（1分）

借：交易性金融资产——成本	1 200	
投资收益	20	
贷：银行存款		1 220

（2）（1分）

借：交易性金融资产——公允价值变动	100	
贷：公允价值变动损益		100

（3）

甲公司取得乙公司控制权属于非同一控制下企业合并。（1分）

理由：甲公司和A公司不存在关联方关系。（1分+1分+1分）

借：长期股权投资	（1 300+6.5×1 000）7 800	
贷：交易性金融资产——成本		1 200
——公允价值变动		100
股本		1 000
资本公积——股本溢价		5 500
借：资本公积——股本溢价	100	
贷：银行存款		100

（4）（1分+2分+2分）

借：长期股权投资	（500×60%）300	
贷：投资收益		300

提示：乙公司2×22年度实现净利润800万元，投资前实现净利润300万元，投资后实现净利润500万元（800−300）。

借：股本　　　　　　　　　　　　　　　5 000
　　资本公积　　　　　　　　　　　　　　500
　　盈余公积　　　　　　　（3 000+80）3 080
　　其他综合收益　　　　　　　　　　 1 200
　　未分配利润——年末　（2 300+500-80）2 720
　　商誉　　　　　　（7 800-12 000×60%）600
　　贷：长期股权投资　　　　　（7 800+300）8 100
　　　少数股东权益［（5 000+500+3 080+1 200+2 720）×40%］5 000
借：投资收益　　　　　　　　　　　　　300
　　少数股东损益　　　　　　　（500×40%）200
　　未分配利润——年初　　　　　　　2 300
　　贷：提取盈余公积　　　　　　　　　　　80
　　　未分配利润——年末　　　　　　　2 720

（5）（1分+1分+1分+1分+1分+1分+1分）

借：长期股权投资　　　　　　　　　　1 140
　　贷：未分配利润——年初　　　　　　　　300
　　　投资收益　　　　　　　（1 400×60%）840
借：股本　　　　　　　　　　　　　　5 000
　　资本公积　　　　　　　　　　　　　500
　　盈余公积　　　　　　　（3 080+140）3 220
　　其他综合收益　　　　　　　　　　 1 200
　　未分配利润——年末　（2 720+1 400-140）3 980
　　商誉　　　　　　（7 800-12 000×60%）600
　　贷：长期股权投资　　　　（7 800+1 140）8 940
　　　少数股东权益［（5 000+500+3 220+1 200+3 980）×40%］5 560
借：投资收益　　　　　　　　　　　　　840
　　少数股东损益　　　　　　（1 400×40%）560
　　未分配利润——年初　　　　　　　2 720
　　贷：提取盈余公积　　　　　　　　　　 140
　　　未分配利润——年末　　　　　　　3 980
借：应付账款　　　　　　　　　　　　　500
　　贷：应收账款　　　　　　　　　　　　　500
借：营业收入　　　　　　　　　　　　　500
　　贷：营业成本　　　　　　　　　　　　　500
借：营业成本　　　　　　　　（50×70%）35
　　贷：存货　　　　　　　　　　　　　　　35

借：少数股东权益　　　　　　　　　　　　　　　（35×40%）14

　　贷：少数股东损益　　　　　　　　　　　　　　　　　　　　14

　　提示：此交易属于逆流交易，未实现内部交易损益在子公司，子公司少数股东需要按比例分摊此部分未实现内部交易损益，内部交易损益=500-450=50（万元），未实现内部交易损益=50×（1-30%）=35（万元），少数股东应分摊未实现内部交易损益=35×40%=14（万元）。

151（1）2×24年1月1日乙公司可辨认净资产的公允价值=5 900+100=6 000（万元）。

　　商誉=5 700-6 000×80%=900（万元）。（2分）

　　少数股东权益=6 000×20%=1 200（万元）。（1分）

　　（2）（1分）

借：存货　　　　　　　　　　　　　　　　　　　100

　　贷：资本公积　　　　　　　　　　　　　　　　　　　　100

　　（3）（2分）

借：股本　　　　　　　　　　　　　　　　　　　2 000

　　资本公积　　　　　　　　　　（1 000+100）1 100

　　盈余公积　　　　　　　　　　　　　　　　　900

　　未分配利润　　　　　　　　　　　　　　　　2 000

　　商誉　　　　　　　　　　　　　　　　　　　900

　　贷：长期股权投资　　　　　　　　　　　　　　　　　5 700

　　　　少数股东权益　　　　　　　　　　　　　　　　　1 200

　　（4）（1分+1分+2分+2分+2分+2分+1分+1分）

借：存货　　　　　　　　　　　　　　　　　　　100

　　贷：资本公积　　　　　　　　　　　　　　　　　　　　100

借：营业成本　　　　　　　　　　　　　　　　　100

　　贷：存货　　　　　　　　　　　　　　　　　　　　　100

将成本法核算的结果调整为权益法核算：

借：长期股权投资　　　　　　　　［（600-100）×80%］400

　　贷：投资收益　　　　　　　　　　　　　　　　　　　400

借：投资收益　　　　　　　　　　　　　　　　　160

　　贷：长期股权投资　　　　　　　　　　　　　　　　　160

调整后的长期股权投资的账面价值=5 700+400-160=5 940（万元）

抵销分录为：

借：股本　　　　　　　　　　　　　　　　　　　2 000

　　资本公积　　　　　　　　　　　　　　　　　1 100

　　盈余公积　　　　　　　　　　　　　（900+60）960

　　未分配利润　　　　　　（2 000+600-100-60-200）2 240

　　商誉　　　　　　　　　　　　　　　　　　　900

　　贷：长期股权投资　　　　　　　　　　　　　　　　　5 940

　　　　少数股东权益　　　　　　　　　　　　　　　　　1 260

借：投资收益 400
　　少数股东损益 100
　　未分配利润——年初 2 000
　贷：未分配利润——年末 2 240
　　　对所有者（或股东）的分配 200
　　　提取盈余公积 60
借：营业收入 1 200
　贷：营业成本 900
　　　固定资产 300
借：固定资产 （300/5×6/12）30
　贷：管理费用 30

✈ 应试攻略

（1）在计算商誉时，一定是按可辨认净资产的公允价值为基础计算的，所以，需要将可辨认净资产的账面价值调整为公允价值，进而计算合并商誉和少数股东权益。同时，商誉的计算也可以通过抵销分录得以验证。

（2）需要提醒同学们的是，无论是调整分录还是抵销分录都不是会计账簿中的正式分录，所以购买日调整和抵销后，在资产负债表日仍需要重新编制。

（3）本题的思路为：首先编制调整分录，包括将净资产由账面价值调整为公允价值、将长期股权投资由成本法调整为权益法；其次，编制抵销分录。

（4）关于固定资产的抵销需要说明的是两个问题，第一，如果是子公司账面已存在的固定资产账面价值与公允价值不同，无须考虑增加当月不计提折旧的问题，因为该固定资产并非新增；第二，如果是内部交易，需要考虑增加当月不计提折旧的问题。